湛庐 CHEERS

与最聪明的人共同进化

HERE COMES EVERYBODY

地球之肺与人类未来

EVER
GREEN

[美] 约翰·里德
John W. Reid
[美] 托马斯·洛夫乔伊
Thomas E. Lovejoy 著

王志彤 译

浙江科学技术出版社

你对地球森林环境了解多少?

- 与支离破碎的小片森林相比,巨型森林不仅更具生物多样性,碳储量也更大。这是真的吗?（　）

  A. 真

  B. 假

- 亚马孙雨林是面积最大的巨型热带森林吗?（　）

  A. 是

  B. 否

- 世界上现存的巨型森林有几个?（　）

  A. 2

  B. 3

  C. 4

  D. 5

献给卡罗尔、杰西卡、查理、妈妈和爸爸

————————

约翰·里德

献给贝茜、卡塔和安妮

————————

托马斯·洛夫乔伊

地球之肺，世界上仅存的五座巨型森林

天堂鸟和交叉斧头图案装饰着她的黄色派对礼服。她打着赤脚，走在夹杂着树根和岩石，铺满潮湿落叶的一条小径上。她用棕色的小手抓着身旁的蕨类植物以保持平衡，在一处陡峭的、稍微侧身就可以伸手触摸到地面的斜坡上，她降低了自己的重心。她穿过齐肩高的石灰岩间的缝隙，岩石里的古老珊瑚被挤压到无处可逃，只能用力向上生长，开始作为山体的一部分而存在。女孩的双脚似乎根本感觉不到岩块坚硬而又锋利的边缘。头发剃得短短的她转过头，送给我们一个微笑，然后就消失在路的尽头（见图 0-1）。

阿纳斯塔西娅（Anastasia）是莫莫家族一名两岁大的成员，这个家族世世代代生活在新几内亚西部的这片森林里。与她共同生活的还有她的母亲索皮安娜·叶斯纳（Sopiana Yesnath）、一位名叫玛丽安娜·海（Mariana Hae）的家族朋友（见图 0-2），还有阿纳斯塔西娅的姑姑芬斯·莫莫（Fince Momo），以及一只名叫"猎人"的瘸腿、尖耳的猎狗，与她形影不离。我们几位访客争相跟上她们的步伐。我们脚下的这条路通往充满繁茂枝叶的溪

谷和被林木覆盖的曲折山脊。3个小时后，我们到达了一处平地，刚好够我们搭设帐篷和生起篝火。近旁，一条清澈的小溪从覆盖着球茎状石灰岩的溪床上流过，这些石灰岩是由来自高山上的远古贝壳中那可溶解的碳酸钙沉积而成的。

图 0-1　阿纳斯塔西娅的背影

　　趁着莫莫姑姑带着猎狗出去捕鱼打猎，我们搭建起了帐篷。随后，玛丽安娜带我们到附近散步。她向我们指了指一小块颇为齐整的土地，说它属于一只美丽的天堂鸟。雄性天堂鸟总是爱用它的喙将自己领地内的各种杂物清理干净，以此展示它强大的交配能力。它的两根尾羽上有着绿色的环形图案，喙和爪子都是蓝色的，亮绿色的胸脯像眼镜蛇的兜帽一般伸展开，背部则是黄棕色的。这只鸟的身上也有一些红色羽毛，而点睛之笔则是它喙的内侧那一片橙绿色的皮肤。我们跟着玛丽安娜，紧抓着树枝，顺着几乎是悬崖的陡坡向下攀爬。她下行的速度看起来只比自由落体慢那么一点点，动作丝滑得如同液体在流动。接近陡坡的底部时，我们注意到一棵结满果实的兰撒树。这些果实跟猕猴桃一般大小，薄薄的果皮包裹着美味、酸甜、半透明的白色果肉。可惜它们并非触手可及。玛丽安娜像蜘蛛一般攀爬上树，给我们摘下了成串的果实。最终抵达狭窄的谷底时，我们脱下衣服，扑通一声跳入了伊里河翡翠般的流水中。

图 0-2　站在西巴布亚伊里河边的玛丽安娜·海

这里是一片巨型森林的心脏地带，是地球上现存的 5 块大面积繁茂森林区域之一。新几内亚丛林是其中面积最小的。这是一个位于澳大利亚北部的岛屿，面积是美国加利福尼亚州的两倍，几乎完全被树木覆盖。它的西半部属于印度尼西亚，而东半部则是一个独立的国家——巴布亚新几内亚。

面积稍大于新几内亚丛林的是刚果雨林，它位于非洲潮湿的赤道中部地区，包括刚果民主共和国、刚果共和国（面积比刚果民主共和国小得多）、喀麦隆、加蓬、中非共和国和赤道几内亚的部分地区。

亚马孙雨林是其中面积最大的巨型热带森林，其面积大约是刚果雨林的两倍。它覆盖了南美洲的大部分区域，由 8 个独立国家和法属圭亚那共享，这 8 个国家是巴西、秘鲁、哥伦比亚、玻利维亚、厄瓜多尔、委内瑞拉、圭亚那和苏里南。

遥远的北部地区则拥有地球上最大的两片巨型森林。它们被称为北方针叶林（boreal forest），以希腊北风之神波瑞阿斯（Boreas）的名字命名。它们的边界取决于一年中最温暖月份的平均温度范围（10 ～ 20 摄氏度）。[1]北美洲的北方针叶林始于阿拉斯加的白令海岸边，横跨阿拉斯加州，向东南方向贯穿加拿大，一直延伸到大西洋沿岸。

另一处北方针叶林，也是所有巨型森林中面积最大的森林——泰加林。它几乎完全处于俄罗斯境内，东边始于太平洋沿岸，横贯整个亚洲，向西延伸至遥远的北欧，北边则从北极圈开始，向南延伸至中亚地区。

巨型森林中最完整的核心部分被称为"未受侵扰的原始森林"（Intact

Forest Landscape）。这一术语在 20 世纪 90 年代末由一群俄罗斯科学家和环境保护人士所组成的一个团队提出，用来描述他们在保护森林免受工业采伐时最需要得到优先保护的森林区域。20 世纪末期，俄罗斯经济逐渐向西方开放，木材企业正迅速进入俄罗斯的原始森林。环保人士不仅提出了一个精准的定义，同时还绘制出一幅地图。"未受侵扰"这个形容词是指至少 500 平方千米的范围内不存在道路、输电线、矿山、城市和工业化农场的林地。这一面积相当于 6 万个专业足球场、146 个纽约中央公园或一片边长为 22.4 千米的正方形土地。2008 年，该团队帮助绘制了全球所有此类森林的地图。在全球范围内，目前约有 2 000 处"未受侵扰的原始森林"，约占全球所有林地的 1/4。它们主要集中在五大巨型森林中。

我们的星球需要巨型森林和其中未受侵扰的原始森林来保持运转。自工业化时代以来，全球平均气温已经上升了 1 摄氏度。曾经百年一遇的火灾、干旱、洪水和风暴，现在每年都在发生。2020 年，澳大利亚迎来了历史上最热的夜晚，加利福尼亚州山火燃烧的面积是以往的两倍，而在史无前例的大西洋飓风肆虐的季节里，人们需要用到拉丁和希腊字母表中的所有字母来命名这一季中的所有风暴。在干涸的马达加斯加，人们正在遭受饥饿；在大堡礁周边过热的海域里，大片珊瑚正面临前所未有的灭亡困境；北部地区的永久冻土层正在隆起。气候危机已经不再只是停留在理论和猜测的领域，它已成为真实的存在。

联合国政府间气候变化专门委员会（Intergovernmental Panel on Climate Change）提出，我们需要将地球变暖的趋势稳定在不超过 1.5 摄氏度的水平，从而避免未来可能发生的社会危机和生态灾难。我们最常听到的气候解决方案，比如停用煤炭或改用电动汽车，是希望通过中断燃烧地下燃料产生二氧化碳这一工业过程来解决问题。这些策略是绝对必要的，但它们忽略了岩石和大气层之间的东西：生物圈。如果不能从整体的角度考虑我们星球的生物圈，特别是保护我们的大森林，那么保持地球宜居性的数学计算是不可能得到正向结果的。联合国政府间气候变化专门委员会发现，所有将地球变暖限制在 1.5 摄氏度的行动方案，都要求必须在 2030 年之前扭转滥伐森林的趋势。[2]

在地球的整个生命周期中，碳在 4 个领域之间以惊人的数量转换，即大气、海洋、地下空间和生物层。植物通过光合作用，将大气中的碳转化为生物物质。当条件合适时，例如在沼泽中，未分解的植物物质会积聚并被压缩到煤层中。石油和天然气的形成则得益于浅海，大量的微型动植物在那里死亡并被掩埋，最终被压缩在一起。

此前，植物曾两次大规模地对大气进行脱碳。第一次是大约 4 亿年前，它们和真菌一起扩张到了干燥的土地上。当植物发展出了内部的维管系统后，它们才真正存活下来，这使得它们能够在自身内部维持水的流动，从而能在更为干燥的环境中大量生长。大气中的二氧化碳含量从百万分之几千下降到百万分之几百。后来，在 2.52 亿年前，西伯利亚一组火山爆发，这使大气中的二氧化碳含量升高，地球由此变暖，海洋中的化学成分也被改变，从而造成了陆地上和海洋中大多数物种的灭绝。[3]

生物圈逐渐恢复，在幸存者中出现了新的物种。大约 1 亿年前，一种最终使人类的出现成为可能的东西出现了：花。一个新的利用花朵繁殖的陆生植物群出现了，它们取代了针叶树，成为地球大部分地区的主要植被。它们是通过缩小自身基因组的规模来做到这一点的，这意味着它们可以拥有更小的细胞，从而在每片叶子上增加更多的叶脉和碳吸收孔。[4] 它们疯狂地生长，不断吸取大气中的碳，直到大气中的碳含量达到目前的水平，使得人类和现存生物群中的其他物种得以在这种环境下繁衍生息。现在的开花植物有枫树、桃花心木和玫瑰等 30 万种。

从地质学角度来看，人类的工业和农业发展转瞬之间就重新改造了天空，同时也在使海洋碳化。人类社会需要重组自己的生产结构，尽可能多地将碳留在地下。我们还需要将碳留在或归还到生物圈中。碳含量最高的生态系统是森林，而其中那些受到人类干扰最少的森林的碳含量是最高的。在热带地区，未受侵扰的原始森林的碳含量是所有热带森林平均碳含量的两倍。[5] 与那些有道路穿过或被农场包围的丛林相比，未受侵扰的原始森林更湿润、更繁茂、更不易着火，植物物质也更加丰富。至于地下植物碳，我们星球上最大的碳库存埋藏在完好无损的北方针叶林下面的深层土壤和泥炭层中。北方针叶林地区拥有 1.8 万亿公吨① 的碳，相当于 2019 年全球碳排放量的 190 倍。[6]

在未受侵扰的原始森林中留住大量的碳，成本是十分低廉的，因为这些森林地处偏远，存储过程也十分简单。在热带森林中存储碳物质的成本只是在美国或欧洲减少能源和工业碳排放成本的 1/5。[7] 而与砍伐森林后重新种植的成本相比，它的成本是重新种植的 1/7。令人惊讶的是，这一点在大多数国家的气候计划中仍然被忽视，甚至从未被提及。[8]

仅仅凭借将大量的碳储存在它那毫无特色的"地毯"中这一点，巨型森林就足以称得上非凡无比。不仅如此，在枝叶繁茂的树冠下，这些生态系统

---

① 碳和二氧化碳的重量以公吨为单位，几乎所有关于导致气候变暖的气体和作为其中一部分的固体元素的讨论都使用这个单位。——编者注

还拥有老虎、熊和重达 4.5 千克的带有扇形羽冠的美洲角雕。巨型森林拥有
几乎所有种类的天堂鸟（见图 0-3），还有巨型水獭、蟒蛇、黑猩猩、倭黑
猩猩和大猩猩。地球上的大多数昆虫、树木、蘑菇和淡水资源都存在于巨型
森林里，一些止痛剂、抗肿瘤药物、胃药、麻醉剂、视力增强剂、镇静剂等
也来自巨型森林。

图 0-3　天堂鸟的一种——翠鸟

注：在西巴布亚，一只天堂翠鸟与莫莫家族共享着这片领地。

原始森林中的生活充满了骚动。它们是地球上最原始且生物多样性最丰
富的土地。在北方，灰熊、狼、猫科动物、北美驯鹿和鲑鱼等大型标志性生
物依赖着森林存活，同时维持着森林的生态系统，来自热带和温带地区的

30 亿只迁徙鸣禽和水禽也同样如此。其中，热带雨林是生物多样性最丰富的地区，经常会有尚未被科学界所认识的新生命形态被发现，而且其中并不只有生物学家才会喜欢的微型生物。自 2000 年以来，已有 20 种猴子在巴西被发现，仅 2019 年就发现了 3 种。[9]

在巨型森林里，人类的多样性同样令人惊叹。在地球上现存的大约 7 000 种语言中，有 1/4 左右在五大巨型森林地区得到使用。亚马孙地区就有超过 350 种已知语言，还有一些在森林之外无法听到的语言，因为它们是由未曾与外界接触的部落使用的。亚马孙地区语言的语法多样性让语言学家们感到惊讶，它们展示了人类思维在交流艺术中的无限创造力。[10] 在刚果雨林，即使在与他们的农民邻居相处了数千年之后，俾格米人（pygmy）① 仍然保持着他们作为森林专家和灵媒的角色。俄罗斯境内原住民文化的源头甚至可以追溯到老虎那里。在加拿大和美国阿拉斯加州，数十种本土文化与严寒的北方森林保持着古老的联系。新几内亚的岛屿森林是地球上语言最丰富的地方，它的总面积不到美国国土面积的 1/10，却拥有超过 1 000 种语言。巨型森林为人们提供了一种社会生态位，能让生活在其中的人产生差异并保持多样性，也能使他们在全球思想和殖民语言的同质化中得到缓冲。

2000—2016 年（综合数据可查的最近一年），超过 10% 的未受侵扰的原始森林受到切割乃至损毁。在遥远的北部地区的北方针叶林区，煤炭、石油和天然气的开采以及由此带来的地震测线、道路和输气管道是这些地区面

---

① 俾格米人是一个概括性的术语，用于指代生活在刚果的各种身材矮小的人，他们的血统可以追溯到数万年前，这个名字在学术界和非正式场合都很常用，不具贬义性。

临的主要威胁。在北方针叶林的南部，由于树木生长得更高大，离工厂更近，伐木作业在许多原始森林中留下了痕迹。在整个北方针叶林区，在短暂的北方夏季中肆虐的林火也比过去烧得更旺、发生得更频繁。在热带地区，伐木和修路是原始森林面临的主要灾祸。道路让猎人更容易攻入丛林深处的动物们的藏身之所，也使得在以前还很偏远的荒野上进行耕种成为可能，尤其是在亚马孙河流域广阔的平原上。和北部地区一样，气候的变化和人类活动的压力正给赤道森林带来更多的火灾和生态动荡。

为了保持地球的宜居性，人类必须摆脱将森林变成草地、灌木丛、土地和人行道的恶习。各国可以从给那些管理着大片巨型森林的林中人提供支持开始。原住民的文化、精神信仰和实际生存都与森林息息相关，他们控制着大约 1/3 的原始森林。[11] 他们是最了解森林的人。当我们行走在芬斯·莫莫的西巴布亚故乡时，她很好地向我们证明了这一点。她为我们指出了能够用于制作床垫、锅架、屋顶、绳袋、传统服装、箭杆和长矛的不同植物；用于治疗咳嗽、胃病和疟疾的不同草药；给猪肉调味的香料和生火的燃料；甚至还有一种在水中浸泡后能使狗成为更好的猎手的灵丹妙药。她特别提醒我们注意那不显眼的、相当小的卡佩斯瓦尼（kapeswani）叶子。这是她的家族象征。在她所说的梅布拉特语（Maybrat）中，这个名字代表着鬼魂，指的是幽灵吸血的癖好。在家中进行剖宫产分娩时，这种叶子被用作凝血剂。它也是一种很好的红色染料。芬斯·莫莫发誓，她的家族将不惜一切代价保卫他们的森林。

在新几内亚岛上，90% 的森林为原住民所有。在太平洋的另一边，巴西的 1988 年宪法使其在法律上承认了原住民对其祖传领地的权利，这也使巴西在保护原住民权益这一方面成了世界领先者。巴西邻国哥伦比亚也实行了同样强有力的保护措施。它们与亚马孙河流域的其他国家一同确认了数亿英亩[①]的原住民森林。事实证明，这些土地上储存的碳被排放到大气中的可能性，远远低于亚马孙地区的其他任何地方。[12] 在加拿大，原住民正在当地政府的支持下重新确立他们对其祖传领地的控制权，政府认可原住民是保护自然的老师和合作伙伴。

强化这些趋势是保护巨型森林的一种实用且合乎道德的方式。原住民的自治范围应该扩大到其全部祖传领地，而不是仅仅局限于他们居住的小村庄。从法律上来说，土地与原住民社区应该是不可分割的。传统的领地管理形式应该受到尊重，而不是被简单的所有权取代。

对于原住民领地以外的其他土地，设立保护区是一种行之有效的解决办法。事实上，设立保护区可以说是现代国家历史上最伟大的关于环境保护的成功案例。1990 年，地球上仅有 4% 的土地处于保护区范围内。而在过去的 30 年间，各国政府共同努力将这一数字翻了两番，使之达到了 17%。大多数国家表示，到 2030 年，将全球保护区总面积再增加近一倍，以保护全球 30% 的土地。

现代公园最早出现在北美，美国约塞米蒂国家公园和黄石公园分别建立于 1864 年和 1872 年。在约翰·缪尔和西奥多·罗斯福等颇具浪漫主义的美国户外活动爱好者和俄罗斯科学家的推动下，现代公园在 20 世纪初前后在俄罗斯和美国开始真正地兴起。近年来，多国政府共同保护了亚马孙河流域

---

① 2.47 英亩相当于 1 公顷，公顷是环境保护工作者和科学家们在描述森林面积时最常用的公制单位，1 平方千米等于 100 公顷。因此，后文使用公顷来描述森林的面积。——编者注

和刚果盆地的数亿亩巨型森林。人们设立并有序运行着相关保护基金，使得国际社会能够为这些保护地区的人员配备和物资供应所产生的适度费用提供援助。然而一些公园的建立有强加于人的嫌疑，也直接引发了当地的抵制，这为世界其他仍待建立的保护区带来了经验与教训。进入 21 世纪后，一系列具有创新性的公园类型开始出现，特别是在亚马孙地区，以适应人口和受保护森林面积双双增长时人与自然之间不可避免的互动。

至少有一半未受侵扰的原始森林既不属于保护区，也不属于原住民领地，它们的总面积大约有 5.7 亿公顷。巨型森林需要更多的自然保护区，同时也需要更多的资金以及为员工提供更多培训。其实，加强森林保护的成本十分低廉：每年每 40 公顷只需 1 ～ 2 美元。

为了保护好巨型森林，无论是在原住民领地，在公园还是在其他区域，最重要的举措都是限制道路的铺设。在热带地区，几乎所有的森林砍伐都发生在道路两旁或大型通航河流的沿岸。即使是那些很少出现公开砍伐森林现象的地方，比如刚果，道路也为猎人们打开了丛林，破坏森林的行为接踵而至。在北方针叶林区，道路也是过度捕猎和森林火灾的导火索，同时会阻止水流流向树木茂密的湿地。由于位置偏远且面积广阔，对巨型森林的巡查受到了极大的限制，因此森林中的道路越是稀少，违法破坏森林的情况也会越少。

美国对林中无路化的追求可以追溯到 20 世纪 20 年代。当时美国的一位生态学家奥尔多·利奥波德（Aldo Leopold）是西南地区的林业局官员，他意识到道路和完整的生态系统无法兼容。在他的管辖范围内，由于道路的过度铺设，林地不断衰败，溪流正在干涸。他在地图上搜寻到一片尚未铺设道路的林地，于 1924 年在新墨西哥州的一个多山的角落，建立起了第一个国家森林保护区，并将其命名为吉拉（Gila）。[13] 这一做法逐渐推广开来，于 2001 年达到顶峰，当时林业局将美国剩余的 2 350 万公顷的无道路国家森林纳入保护，包括位于阿拉斯加东南部的美国最后几处完好无损的温带森林。

这些策略为未来保留了希望，生机勃勃、维持地球可持续发展的森林将造福我们的后代，尽管他们不会知道我们的名字。但保护巨型森林需要的不仅仅是战略和战术，更需要情感。在现代世界，森林的存在和特征，甚至森林本身，通常都被当作客体。我们人类则是作用于它们之上的独立主体，如果我们从语法的角度考虑，几乎所有这些动词在道德上都是可以容忍的：切割、挖掘、清理、收集、管理、稀释、燃烧。

然而这种独立与分隔在森林民族中却是罕见的。阿纳斯塔西娅·莫莫的族人可以追溯到 5 万年前的新几内亚森林中的祖先。和这里的大多数氏族一样，莫莫家族的起源故事也可以延伸至前人类王国。他们认为黑凤头鹦鹉是他们的祖先，就像坦布劳乌山脉上环绕我们飞行的那些凤头鹦鹉一样。附近的其他氏族则将这一角色归于树袋鼠或蒙面蛇，这些动物的祖先一直与他们共享森林的荫凉。我们多年来遇到的人以及我们为本书的写作而采访的人都在反复述说着他们与这些人类以外的、维持着森林生态的不同形态的生物之间存在的亲属关系以及对其肩负的责任。关于人类和动物完全熟悉同一种语言的时代的记载比比皆是，甚至有些至今仍在流传。为了让现代人类保住这些巨型森林，保住它们所维持着的、我们所知道的唯一一个拥有森林的星球，我们需要像照顾自己的家庭一样照顾这个世界。我们需要尝试一种新的语法，其中的主语和宾语、人类和其他一切都会被同等对待。当然，从物质和演化的角度来看，我们绝对都是一样的。

EVER
GREEN

第 1 章

维护现有森林系统，将管理权
还给森林

2017 年 10 月 9 日，黎明来临之际，约翰向窗外望去，看到东方正泛出红光。奇怪的是，几分钟过去了，那光芒却没有变亮，日出似乎停止了。他出门来到院子里，伸出一只手，大小不一的灰色雪花正在无声地落下。他从一株杜鹃花上拂下一片烧焦的杂志页面，上面印着的 10 年前的滑雪者看起来很高兴，微笑着邀请读者到俄勒冈州的本德度假。

天空变成了烟黄色。此时，加利福尼亚州塞巴斯托波的大部分街道空无一人。然而，当地一所高中校园里却挤满了装甲车和国民警卫队，附近的居民正从一辆平板卡车上卸下装满水、橘子和能量棒的板条箱，将物资分发给那些睡在体育馆帆布床上的被疏散人员。原来，大约 10 千米之外的一座小城圣罗莎着火了。当地的克玛特超市、乔氏超市以及整个街区都被熊熊燃烧的大火包围了。在接下来的几天里，随着大火的肆虐，每个人都了解了什么是 N95 型口罩，接待了被疏散的朋友，在手机上注册了"紧急警报"，同时前往避难所提供帮助，并在互联网上收看治安官的每日简报。

始于卡利斯托加的塔布斯巷的这场火灾的规模是该地区前所未有的。夜里，大火在有着橡树、冷杉、月桂树和七叶树的山林中快速地燃烧，发出巨大的噼啪声。此外火势迅速地向山下蔓延（这对于山火是不常见的），仿佛分别朝着南部和西部掷出了火球，最终将圣罗莎一个又一个街区变成了垃圾场。尽管索诺玛县 50 万居民中的大多数人都没有受伤，但他们对世界的认识发生了永久性的改变。

我们生活在变化的气候中，并且已完全进入了直到最近才开始被谈论的未来中。2020 年，一年一度的山火如同惯例般地第 4 次燃烧起来，火灾轻而易举地创造了加利福尼亚州被烧焦面积的新纪录，轮番将这块区域染成橙色、深褐色以及《纽约时报》的一位湾区作家所描述的"黄灰色，就像一位吸烟者的牙齿颜色"。[1] 9 月的一个星期三，旧金山的整个天空都变红了，整座城市如同处在暗室灯光的照射下。媒体的报道和科学界的讨论终于不再含糊其词：被干旱炙烤的景观和肆虐其中的大火，是不断变化中的地球气候所造成的结果。

希望以上发生的这一切足以改变我们的生活方式。世界各地的人们都需要重新适应，每个社会都需要根据自己的具体情况进行调整，但总体而言，我们需要对能源系统、交通、制造业和饮食都做出改变。人类总人口数量需要稳定下来并逐渐减少，以降低我们对地球所提供的有限能源、食物、交通和其他东西的需求。在所有这些方面都已经出现了进步的迹象。

为了应对气候的挑战，我们还必须完成另一项重要任务：拯救世界上最大的森林。我们的星球是一个相互关联的物理 - 生物系统，在这个系统中，大面积的森林保持着当地和全球的稳定性和宜居性。它们代谢了我们的经济体无情地排放到空气中的碳，这一过程还使得维持生命的水在环境中得以循环。这项物理工作是通过一种生物机制完成的，它包含了上百万不同物种的数万亿个生物体，并在不停地进行物质和能量的交换，从一个有机体到另一个有机体，从大地到天空，再从天空返回大地。

在我们的地球上，碳被储存在 4 个地方。第一个地方是岩石圈，其英文单词 lithosphere 来自希腊语，意思是"岩石球"。古老的光合作用所产生的固体碳以可燃物质形态（如石油、天然气和煤炭）和其他的物质形态（如石墨和钻石）被储存在地球的岩石层中。第二个地方是大气层，其英文单词 atmosphere 同样来自希腊语，意思是"蒸汽球"，其中的碳元素主要以二氧化碳气体的形式存在。第三个地方是水圈（hydrosphere），即地球的地表水，其中 97% 是海洋。当海洋从空气中吸收二氧化碳后，海水会更加碳酸化，就像一种微微起泡的苏打水 ①。

最后一个地方是生物圈（biosphere），即处在岩石和空气之间的生物层。植物通过微小的孔隙吸收二氧化碳分子，将碳分解，用以促进其自身的生长。碳约占植物重量的一半。生长的植物会掉落下叶子、球果、种子、花、树枝等，而最终树干和草茎也会成为土地的一部分。一些被分解的生物量回到空气中，而另一些则回到土壤中，其比例取决于腐烂的速度。在被掩埋的碳中，有一部分在亿万年后被压缩成我们现在正在大量燃烧的化石燃料。至于留在地上的碳，素食动物会吃掉这些植物并将碳吸收到自己身体中，反过来，它们又被肉食动物吃掉，这些肉食动物才是碳的顶级收集者。

碳在这 4 个领域的分布随着时间的推移而不断变化。在快速冷却的时期，地球将许多植物变成了煤炭。当地球上出现广阔的浅海时，海底就变成了微

① 二氧化碳气体溶于水会生成碳酸，化学式为 $H_2O+CO_2 = H_2CO_3$。——编者注

型动植物的巨大"坟场",这些动植物最终被转化成了石油和天然气。在我们这个物种存在的 20 万年间,大气中的二氧化碳含量在 0.00 017 ~ 0.00 028 范围内波动。过去的一万年被称为全新世气候最宜期(Holocene Optimum),在这个时期内,气温一直非常稳定,仅比目前的气温水平低了一点点。这正是农业、工业和人口爆炸性增长等人类戏剧得以上演的气候舞台。这些剧情转折得到了全新世气候最宜期的支持,现在随着我们不断从生物圈和岩石圈中提取碳并将其转存到大气和水域中,这样的时期正在结束。

联合国政府间气候变化专门委员会是报告这一未知气候事件的官方科学机构。成千上万的科学家为它的公告撰稿,对我们的星球在未来会变成什么样子等问题进行解释。这取决于我们还会将多少碳从地面转移到大气中。2018 年和 2019 年发布的两份报告称,我们需要拯救森林以保护地球。[2] 其中一份报告的结论是,如果我们将长期变暖的趋势控制在 1.5 摄氏度而不是 2 摄氏度,世界的状况将大大改善;另一份报告则分析了,为实现这一目标,我们需要如何改善对待地球土地的方式。在 21 世纪的前 10 年,仅因热带森林遭到砍伐,每年就会增加约 50 亿公吨的二氧化碳排放。就规模而言,这超过了整个欧盟同期的整体排放量。如果不是未被砍伐的热带森林重新吸收了大约一半的温室气体,那么这种来自生物圈的温室气体的喷射将更加令人不安。[3]

联合国政府间气候变化专门委员会建议,到 2030 年,森林遭到损毁的情况必须得到彻底的遏制。同时,该委员会认为,到 2050 年,森林面积需要每年增加 3 440 万公顷。这将有助于我们将大气碳预算保持在全球气候变暖 1.5 摄氏度的范围内,降低破坏生态系统和引发重大社会动荡的风险,减少使用核能等高风险技术的需求。[4] 另一项分析发现,停止对热带森林的砍伐将使全球碳排放量减少 16% ~ 19%。[5]

几十年来，围绕着 2 摄氏度的升温上限目标，国际上组织了多轮气候谈判。这一数值来自物理学家们所领导的委员会，他们没有意识到 2 摄氏度的升温将对地球的生物圈造成的全面影响。我们从过往的气候变化中得知，物种对气候变暖的反应是不同的，每个物种都有自己的节奏和方向。它们不会跟整个生物群落一起同步前进，而这将导致生态系统的分裂，物种要么灭亡，要么重新组合成新的自然类型。例如，珊瑚动物和制造珊瑚礁的藻类之间的伙伴关系正在瓦解；海水变暖会导致珊瑚驱逐海藻，而海藻的光合作用却是珊瑚赖以生存的基础。随着珊瑚礁的崩塌，鱼类要么适应，要么面临死亡。

在陆地上，树皮甲虫和它们的针叶树宿主之间的共存关系也在动摇。温暖的冬天使大量的昆虫得以存活下来，而干旱却限制了树木产生树液毒素，本来在气候潮湿的时候，树木可以凭借树液毒素击退昆虫。在美国西部、加拿大的不列颠哥伦比亚省、欧洲和西伯利亚地区都发生了大规模的树木死亡事件。犹他州的一名研究人员报告说，甲虫吞噬了该地区所有的松树，连电线杆都开始遭到啃噬。[6] 我们如今所看到的破坏程度比前工业化时期的水平还要高出一个层级，而通过这一戏剧性的变化，我们不难知晓，森林很快就会陷入困境。联合国政府间气候变化专门委员会表示，从 1.5 摄氏度到 2 摄氏度的升温目标的调整，将使陆地生态系统受到的影响从"中等"变为"高等"。[7]

2 摄氏度的目标也会给小的岛屿国家带来危险，其中有 41 个国家在联合国气候会议上组成了一个谈判联盟。马绍尔群岛、基里巴斯和马尔代夫等国家的情况尤其严峻，因为那里没有地方可供人们逃离。但就因房屋将无法居住而受到影响的人数而言，海平面的上升可能会对 6 个亚洲大陆国家造成更大的破坏。[8] 在岛屿国家领导人的敦促下，2015 年巴黎气候大会表明将努力把温度上升幅度控制在 1.5 摄氏度。[9]

所有的森林都能在防止地球变暖方面起到作用，但其中巨型森林对气候最为重要。未受侵扰的原始森林占热带森林总面积的 20%，却储存了低纬度地区 40% 的地上森林碳。[10]一项由昆士兰大学的肖恩·麦克斯韦尔（Sean Maxwell）领导、11 位合作者参与的新研究表明，原始热带森林的碳效益是联合国政府间气候变化专门委员会和其他机构估算的 6 倍。[11]这是因为，一片面积较大的森林在被道路或农场破坏后的几年里，它的边缘会逐渐干枯，风呼啸而入，在树林间肆虐。这导致山火更容易入侵，同时过度捕猎也会消灭能够传播种子的动物。除了遭到砍伐的森林空间所蒸发出来的碳含量之外，在接下来的几十年间，每亩被砍伐的林地将额外向大气排放 2.3 公吨的碳，而如果被砍伐的热带森林仍然存在的话，它们本可以吸收掉这些碳。

森林碎片化的后果在北方针叶林中是类似的。即使是少量的森林砍伐也会造成森林边缘变得炎热干燥，进而使森林内部升温，其影响范围远比被实际砍伐的小块林地大得多。这进一步使林中的下层植被变得高度易燃。伍兹霍尔研究中心（Woods Hole Research Center）的气候科学家迈克尔·科（Michael Coe）是一位亚马孙研究专家，他与温带和北方针叶林专家合作，在 2020 年对所有纬度的森林气候动态进行了研究。迈克尔·科表示，与热带地区相比，北方针叶林的碎片化会更直接地导致森林其余树木的焚毁。"任何一块边缘地带，不一定是大的边缘地带，都会引起问题。"针对北方森林，科如此说道。

如果原始森林不受破坏，它们将会带来双重的气候效益，既能通过从大气中吸取二氧化碳来帮助地球降温，同时还能通过蒸发和蒸腾作用给当地的环境带来清凉。蒸发是我们熟悉的液态水的汽化过程，而在这里指的则是森林所有植物表面上的水分由于温度升高而变成蒸汽。蒸腾作用则是指叶片内部产生的蒸汽通过气孔逸出。这一组合过程被称为"蒸散"。就像出汗能使人降温一样，当水变成蒸汽时，它会吸收能量并降低周围环境的温度。你可以在森林内部感受到这种"空调"效应，这比在没有树的荫凉处，比如在遮阳篷下要更凉爽。

热带森林和北方针叶林在吸收和储存碳的时候有着不同的节奏。热带森林一年四季都在蓬勃生长，从二氧化碳中提炼出固体生物质，并将其塑造成树木、灌木、蕨类植物、地被植物、兰花以及其他的植物。热带森林的传粉者、散播种子者、细菌和真菌伴侣的数量和多样性都难以估量。飘落的树叶和死去的树木会腐烂成为一层薄薄的土壤，雨林的根部会立即吸收其中的养分，从而生长出更多的植物物质。全年无缺的液态水支持着植物的生长，同时不断地从植物中蒸发和蒸腾，上升形成云层，云层聚结、移动、变重，形成雨水洒落到另一片树林上。然后，同样的过程就会周而复始地不断循环（见图 1-1）。

相比之下，北方针叶林就是位于天空和地下碳储存库之间的耐心而具有季节性的光合作用界面。在北方针叶林的北部地区，树木需要很多年才能长得和人一样高。在整个生态系统中，它们在短暂的夏天生长，并不断地将针叶、叶片、球果和树枝撒在森林的地表层。一些物质落入缺氧的水中，慢慢地发生彻底的变化，就像保存在实验室罐子中的标本。由于这里的冬天太冷，微生物无法将植被转化为土壤。因此，这些植物的"沉积物"堆积在了越来越厚的土壤和被称为泥炭的原煤沉积物中。泥炭是一种半分解层，包含了北方生态系统中 47% ~ 83% 的碳。[12]

图 1-1　亚马孙雨林

注：就像亚诺马米原住民领地上的森林一样，亚马孙雨林创造了自己的雨水并储存
了碳。

资料来源：©Sebastião Salgado。

　　平均而言，北方针叶林中 95% 的植物碳储存于地下，而在热带森林中，这一比例则为 50%。北方针叶林平均地下碳含量每亩 25.6 ～ 32.8 公吨，是热带森林土壤平均水平的 5 倍。[13] 2015 年的一项研究发现，北方森林碳储量的规模是联合国政府间气候变化专门委员会 2007 年估算值的 4 倍，是 2011 年更全面的碳储量估算的两倍。[14] 怎么会有这么多的隐藏碳未被发现？这是因为研究人员挖掘的深度不够。土壤中碳储量的估算是以地下一米以上的土壤碳为基础的，而事实是，有很多的碳埋在更深的地方。北方针叶林土壤碳的平均埋藏深度为 1.3 ～ 2.3 米。[15]

直到现在，人们才充分认识到，未受侵扰的原始森林是气候危机及其解决方案的核心。1992 年，在巴西里约热内卢召开的联合国地球峰会上签署了一个气候公约，该公约在很大程度上忽视了森林，而同时签署的另一个有关生物多样性的公约则强调了森林的重要。在那些努力将保护森林排除在气候协议之外的人中也存在一些环保倡导者，他们认为森林碳难以测量，若是鼓励各国贸然进行森林减排，可能反而会导致工业二氧化碳污染的实际增加。近年来，随着航空和卫星技术的进步、数据的广泛可用性和计算能力的提高，到 2010 年，森林碳的测量问题基本上得到了解决。与此同时，热带森林国家也开始在气候公约的谈判中发挥出更为重要的作用。在过去的 5 年中，随着气候危机紧迫性的不断加剧，研究人员开始认识到巨型森林的气候优势。

早在气候危机引起广泛关注之前，生物学家就对未受侵扰的原始森林展现出了强烈的兴趣，这不仅仅是为了关注构成自然界一切的碳，更是因为它们是一种拥有无数物种且健康而复杂的生物系统。森林中的捕食、授粉、种子传播和繁殖都是自然发生且广泛存在的。森林中有军队、殖民地、驮兽和权势等级；有微型动物群落、巨型动物群落、勇敢的移民和稳定的原住民。哈比鹰捕食蜘蛛猴，灰熊捕食鲑鱼，树蛇捕食树蛙，猪笼草吞食蚂蚁，蚂蚁吃掉真菌。正如我们之前所暗示的，生物学家会期待在一片巨大的热带森林中找到一种科学家以前从未见过的生物，这不是毫无理由的。2018 年，在玻利维亚的马迪迪国家公园（Madidi National Park）完成的一项为期 3 年的研究发现了 124 个新物种，其中包括 84 种以前未知的植物、19 种鱼类、8 种两栖动物、5 种蝴蝶（加上 8 个亚种），以及 4 种哺乳动物和 4 种爬行动物。[16]

生物学家早就认识到，更大的生态系统中存在更多的物种。查尔斯·达尔文在访问加拉帕戈斯群岛中的诸多小岛时就注意到了这种关系，他不仅在那里发现了一些非常奇特的物种，比如海洋鬣蜥，而且他还发现，总体而言，岛上的物种数量很少。[17] 在 1967 年出版的一本具有突破性的小书《岛屿生物地理学理论》（*The Theory of Island Biogeography*）中，罗伯特·麦克阿瑟（Robert MacArthur）和爱德华·威尔逊（Edward Wilson）[①] 提出了一个简明的方程式，描述了岛屿面积与其生物群丰富性之间的关系。年轻的麦克阿瑟博士和威尔逊博士讨论了实际存在的岛屿，并用它们来隐喻被人类改变的环境中所存在的孤立的栖息地碎片。[18]

栖息地的碎片化以前并没有引起太多的科学关注或环境问题，因为这些碎片栖息地中的物种是逐渐消失的。然而，对于这些岛屿的比较研究使这个问题得以成为焦点。20 世纪 70 年代爆发了一场激烈的争论，争论的焦点是，在区域总面积相同的条件下，是一个大的区域还是几个较小的区域可以更好地保护生物多样性，从而可以在战略定位层面来记录栖息地的变化。这被称为"单一大面积或几个小面积"（single large or several small）辩论。

该辩论在科学家群体中进行得如火如荼，但他们缺乏数据来支持各自的立场。唯一的信息来自一个地点，即 1914 年巴拿马运河竣工时在加通人工湖上创建的一个名为巴罗科罗拉多岛的热带森林岛屿。这片位于曾经由美国管理的运河区的土地，现在仍然由美国史密森学会管理。作为热带雨林地区的一个野外考察点，它拥有卓越的基础设施和住宿条件。巴罗科罗拉多岛的

---

① 社会生物学之父、世界知名的蚂蚁研究专家，其著作《蚁丘》是他于晚年创作的唯一一部小说，该书中文简体版已由湛庐引进，由浙江教育出版社于 2022 年出版；其著作《社会性征服地球》的中文简体版也已由湛庐引进，由浙江教育出版社于 2023 年出版。——编者注

管理者准确地称它为"世界上被研究得最深入的热带森林"。[19] 到了 20 世纪
70 年代，这个面积达 23 389 亩的岛屿上的物种正在明显地减少。然而，单
一的岛屿动态只能为我们提供一个薄弱的基础，用以预测地球陆地上如同海
洋般遍布的牧场和农田中孤立的森林将如何发展。

　　1973 年，汤姆成为世界自然基金会美国办事处的项目负责人。他认识
到，世界自然基金会需要更多地了解栖息地碎片化的情况，否则他们无法确
定他们的保护项目规模是否足以拯救生物物种。他记得，巴西的森林法要求
土地所有者在砍伐森林用于牲畜养殖或种植作物时，至少要保留 50% 的亚
马孙雨林。他于 1976 年向美国国家科学基金会提出，如果能说服巴西的土
地所有者们以特定的方式留下这 50% 的林地，这将是一个对巨型森林碎片
化现象进行实验的好机会。在美国国家科学基金会和位于玛瑙斯的巴西国家
亚马孙研究所的支持下，他向负责发展畜牧业的巴西政府机构提出了一个请
求：请他们要求牧场主在他们牧场的周围以大小不一的正方形形状留下他们
所应保留的林地。该机构同意了。

　　这项实验于 1979 年开始。最终，参与实验的地块包括 5 块面积为 1 公
顷的林地，4 块面积为 10 公顷的林地，以及 2 块面积为 100 公顷的林地。
实验人员同时还在连片的森林中建立了相匹配的对照区。到 2002 年，该实
验项目已经得出了一个关于森林碎片化的简单答案：大面积的未受侵扰的原
始森林非常重要，并且森林的面积越大越好。[20] 就连 100 公顷的保护区对于
森林内部的鸟类物种来说也太小了，其中一半的鸟类在不到 15 年的时间里
就离开了这些区域。森林的边缘相比森林内部总是更热、更干燥，树上大片
大片缺水的树叶要么枯萎，要么被风吹落。这里的藤本植物更多，灌木丛更
厚，菌菇则更少。需要连续的树木覆盖的物种也逃走了。例如，黑蜘蛛猴

（见图 1-2）需要在大面积的森林中快速地移动，以获取分布广泛的树上的更多果实，因此它们立即抛弃了所有已经碎片化的森林，逃进了附近连绵成片的森林中。

图 1-2　玻利维亚原始雨林中的黑蜘蛛猴

相比之下，吼猴是食叶动物，对食物也并不特别挑剔。因此，它们留在了所有的碎片化森林中。因两眼之间的尖顶羽冠而得名的白羽蚁鸟，也无法在碎片化森林中存活。蚁鸟总是跟随着行军蚁大队觅食，靠捕食被蚂蚁军队驱猎的虫子为生。虽然 100 公顷的土地足以容纳一个蚁群，但每个蚁群每月只出行一周左右。因此，为了避免一次性挨饿数周，白羽蚁鸟需要轮流跟随几个蚁群。100 公顷的碎片化森林对鸟类来说顶多只有原来的 1/3。[21] 蚁鸟离开了，这也意味着蚁鸟的粪便也消失了，这等于剥夺了黑框蓝闪蝶赖以生存的食物。于是，它们也离开了。

像黑尾硬尾雀这样的鸟类也遇到了问题。这种鸟通过翻转林地上的树叶来寻找昆虫。碎片化森林很难抵挡大风的冲击，其边缘 400 米范围内的树木常被刮倒在地。由此产生的空隙被伞树属的树木填补，这是一种你几乎可以在亚马孙地区的所有路边、河岸或再生牧场看到的树木。伞树属植物的叶子就像有裂片的雨伞，可以很容易地长到 30 厘米那么宽，这对于黑尾硬尾雀来说太大了。对于大多数食虫鸟类和蝙蝠，以及树栖哺乳动物、蜣螂、矛牙野猪和兰花蜂来说，即使是林中一块狭窄的空地它们也无法逾越，更不用说几十米高的无树地面，如最常见的高速公路。这足以阻止它们将碎片森林作为栖息地。[22]

至少有 4 种生活在白唇野猪产生的泥潭里的青蛙从碎片化森林中消失了，因为帮它们挖池塘的野猪不再使用这些森林中的"孤岛"。这些两栖动物被奶牛牧场常见的"多面手"青蛙所取代。

这一森林碎片化的研究项目及其象征性的方块林地催生了一个新的研究领域，该领域会重点研究当大森林变小时会发生什么。它的研究成果充分地表明，森林碎片化已成为一个紧迫的环境问题。数以百计的来自巴西和其他国家的研究生已经通过学习实验地块中的植物、动物、土壤和碳取得了这一研究领域的高等学位，还有更多的人正在研究世界各地纷乱无序的森林碎片化现象。这一科学体系已经证实了达尔文最初的观察：完好无损的自然比破碎零乱的自然更具多样性。

因此，与支离破碎的小片森林相比，巨型森林不仅更具生物多样性，而且碳储量还更大。这就又提出了一个诱人的问题：是否存在一种将生物多样性与碳储量联系起来的普遍机制？

在未受侵扰的刚果原始雨林中，就存在一个关于这种联系的明确例证：大象。它们只采食小树的树叶，这使得大树可以占据更多的空间，获得更多的光线，生长出比灌木的茎干密度更大的木材。大象也喜欢采食大树结出的硕果。当你在非洲森林里看到它们肥沃的粪便时，你经常会发现其中正在孕育着未来的森林巨树。大象在刚果共和国的诺娃贝尔多基国家公园（Nouabalé-Ndoki National Park）里繁衍生息。2016—2017 年的普查显示，该公园内拥有 3 000 多处密林，或者说，每 7.8 平方千米的面积就有一处密林。[23] 用一种不那么科学的方法来衡量，频繁地躲避森林中的大象是参观该地区时的常规操作。在 2019 年 10 月的一次访问中，约翰因两次遭遇大象而不得不逃之夭夭。这片未受侵扰的原始森林的碳含量比没有大象出没的其他刚果森林的碳含量要高出 15%。[24] 考虑到大象"塑造"的森林带给人的宽敞之感，这一发现是引人注目的，在某种程度上，也是十分令人惊讶的。

在诺娃贝尔多基国家公园附近进行的另一项研究表明，一般来说，捕猎（不仅仅是捕猎大象）会减少森林中的碳含量。[25] 没有砍伐和狩猎发生的森林平均每公顷会有 455 公吨的生物量，而遭到过砍伐但没有狩猎活动的森林的生物量是 358 公吨，减少了 20% 以上，除此之外，则是既遭到砍伐又存在狩猎活动的森林。这些森林基本上都失去了其中的大象、豹子、大猩猩、野猪和森林羚羊，只剩下 301 公吨的生物量和由"松鼠和小鸟"组成的残余动物群。其中失去的大多数动物都是食草动物。显然，它们吃掉的植物越多，生长出来的植物就越多。

在大西洋的对岸，亚马孙兰花蜂生活在未受侵扰的森林中。这些会飞的"宝石"有着绿色、蓝色、紫色和橙色等一系列泛着金属光泽的色彩，有些看起来简直就像是从超级英雄的动漫中直接飞出来的。它们有着闪亮的身体部位，雄蜂的后腿上穿着沉重的"靴子"，舌头甚至比身体都长。雄蜂飞降在兰花上，用它前腿上的大刷子迅速沾满兰花的香味。它们把"古龙水"装在后腿的靴子里，用来向身材魁梧的雌性求爱。雌性兰花蜂则忙着为森林中最大的树木之一——巴西栗授粉。这种树的花是黄白色的，只开一天，花盖很厚。兰花蜂依靠其发达的肌肉组织撬开花盖，为花朵授粉，最终形成了包裹在几乎无法穿透的木质外壳中丰润、油脂丰富的巴西栗果实。

但坚硬的外壳拦不住刺鼠。这种大型啮齿动物经常在林地中觅食，用它坚固的下颌和凿子般的牙齿来获取巴西栗的果实，在每个果荚中它只吃一点，剩下的则藏起来以备今后享用，但最后却忘了藏在哪里。被遗忘的果实最终都长成了新的巴西栗树。如果人们侵扰了原本完好无损的蜜蜂栖息地或过度捕杀刺鼠，茂密而巨大的巴西栗树将从环境中消失，从而导致碳储量的损失。

过度捕猎传播种子的动物，如蜘蛛猴、绒毛猴和貘，可能会使亚马孙雨林的碳储量整体减少 2.5% ～ 5.8%。在其中一些地区，降幅可能高达 26% ～ 38%。[26] 一项相关数据收集的研究表明，动物群对森林碳的维持和再储存都很重要。[27] 貘是南美雨林中最大的陆地动物种群。在一些人看来，它们是很好的美味佳肴，长相可笑，也很害羞。但其实，它们是巨型森林碳储存过程的重要参与者。据专家们估计，在未受侵扰的森林中，每公顷每年有2 950颗种子被貘排泄，而在从人类侵扰中恢复的森林中，它们排泄的种子数量是森林受到侵扰时的3倍。

森林的生物多样性和碳储存之间存在着很大的联系。此外，很明显，齐全的物种使得森林能够更好地适应气候变化。这是因为，在一片仍然拥有大量且多样的原生生物的森林中，如果一个物种无法抵挡环境变化的冲击，它很容易被其他植物或生物所取代，无论怎样，生态的空白很快便得以填补。[28]

到目前为止，还未有人发现一条将生物多样性与森林碳最大化联系起来的自然法则。在一些情况下，两者同时存在，在广阔的森林地区，两者都达到了非常高的程度。但大自然需要昆虫、鸟类和蝙蝠为密度较低的树木授粉和传播种子。在阳光能从树冠层开口处照射进来的丛林中，还有一些生物能茁壮成长。大猩猩就在寻找这样的地方，以便享用到快速生长的软茎植物。

然而，气候变化的紧迫性迫使许多科学家、经济学家和环保主义者思考每样东西中的碳含量，甚至是大象体内的碳含量。[29] 碳，一种元素，已经变成了一种货币，成为化学核算系统中用来描绘人类文明生存路径的计量单位。当然，这种做法的危险性在于，它从概念上把森林生态系统的复杂性简化成了一个无色的想法，并且小到可以放进烧杯里。

一些研究表明，当动物消失时，森林会释放植物碳。那我们应当如何看待森林动物，即使它们的消失对碳的影响微乎其微？我们是否可以除去东南亚某些森林中的长臂猿？毕竟在那些森林中，花粉和种子仅仅通过风来传播。[30] 如果北方生物（包括著名的驯鹿）对泥炭的生产贡献太少，那么它们的未来又会怎么样？

一种工程思维也可能让我们思考，是否可以在森林中强制增加一点生物量。一些科学家认为，通过增强基因来增加光合作用并把碳从植物向土壤转移，这确实可以实现；也就是说，给丛林榨汁是可行的。[31] 另一个在科学论文中被提出的想法则是，将北方针叶林全部砍掉。这样冬天的雪就能更多地反射阳光。[32] 这是行不通的，因为砍掉整片北方针叶林（见图 1-3）并阻止其重新生长是不可能的，而逐渐将其夷为平地将释放出更多的碳，这比通过反射阳光降温所能弥补的碳含量还要多。[33] 伍兹霍尔研究中心的迈克尔·科表示，无论如何，"任何会破坏生物多样性的工程性解决方案都是馊主意，因为它总会产生意料之外的后果"。

人类对碳的近视使人们看不清兰花蜂和巴西栗树的真正意义。巨型森林是地球生态系统的关键。它们为能量和物质的故事提供了生动的舞台，我们尝试分别用物理学、生物学和化学知识来描述它们，但实际上这是一件事，我们还不能完全理解其复杂性和意义。兰花蜂通过帮助花朵授粉而造就了巴西栗，间接促进了刺鼠的繁殖；巴西栗树则从空气中吸收碳，使水分回到空气中，形成将在 160 千米外制造雨水的云朵；雨水成为溪流的水源，而通过溪流从亚马孙河口迁徙来的鲶鱼，被水獭或人捕获，其丰富的蛋白质使得森林更有生气。兰花蜂造就了这一切，这一切反过来也造就了兰花蜂。除了气温计上的读数，失去森林还将改变更多的东西。风、雨、火和洋流将被改变。如果我们失去太多的树木，一切都会改变。一切都将解体。

图 1-3　北方针叶林中的白杨

注：这是生长在加拿大不列颠哥伦比亚省北部育空边境附近的北方针叶林中的白杨。

　　野生的巨型森林为我们提供了一个简单而现成的解决方案，以实现碳储存，保持当地气候的稳定，以及维持各种不同的、各有所用的、神秘而美丽的碳基生命体的生存。这些森林不需要实施任何工程，也没有出乎意料的副作用。[34] 无论是出于节俭、基于常识，还是考虑到规避风险和对自然美的欣赏，这种解决方案都会是最优选择。我们必须采取一种明智管理地球的方法，那就是，使包括巨型森林在内的一些部分实现自我管理。

EVER

第 2 章

未受侵扰的原始森林，
地球运转的核心

你可能会认为，像巨型森林这样大的目标很容易被发现。从广泛的意义上来说，你是对的。飞行员、宇航员和卫星图像的读者都可以告诉你，在亚马孙、中非、东南亚的陆地和岛屿上都存在大片的热带森林。他们也可以证明俄罗斯北部和北美都存在着巨型森林。美国东部、中国南部的部分地区和斯堪的纳维亚半岛的森林看起来也相当茂盛。然而，一方面，卫星图像上超大的绿色色块并不能反映出哪些森林已经满布伐木的道路，或遍布建筑物和矿井，另一方面，它也无法反映出哪些森林才是那些需要大量空间或深深密林以繁衍生息的生物的完美避难所。仅凭粗略的浏览，并不能看出哪些大块绿地能凭借其自身的完整性而拥有大而稳定的碳储量、健康的区域小气候和至关重要的河流。

直到 20 世纪 90 年代末，人们在谈论独特的巨型森林时仍然在使用诸如"原初的""未开发的""原始的"等措辞。这些表达隐含着"不可改变的、人类存在之前的纯粹"的含义，这是具有误导性的；而实际上人类已经在地球上的森林中居住了数万年，并且现在仍然居住在那里。更重要的是，由于缺乏明确的定义，我们也无法对原初的、未开发的原始森林进行地图绘制。1997 年，位于美国华盛顿特区的世界资源研究所尝试提出了一个新的定义，并据此绘制了一张地图。带着一点狂野的西方浪漫主义精神，他们确定了一些标准，界定了世界上的"边境森林"。[1]这些标准细致入微，考虑周全，同时适当地侧重于生态完整性这一条件。这些标准能将最具生物多样性的繁茂森林包括在内，也包括了那些几乎不受人类影响、其中几乎所有的原生树木和几乎全部的动植物都是自然生长和消亡的地方。聚集在热带和北方地区的相当有限的一小部分森林符合了这些标准。

　　大约在同一时间，俄罗斯和芬兰边境沿线发生的一系列事件，使得绘制一张大而精细的森林地图成为迫切的需求。长期以来，俄罗斯和芬兰一直在边界问题上争吵不休。最近的一次冲突是在1939—1940年发生的冬季战争。这场战争造成了数十万人的伤亡。最后，苏联人占了上风，沿着双方的国境线建立了一个宽达40千米的非官方的禁军事区，禁止任何砍伐和其他的发展项目。50多年来，该地区得以逐渐恢复，并成长为一片壮观的森林，被称为"芬诺斯堪底亚[①]绿带"。在1984年首播的BBC纪录片《生命之源》（The Living Planet）的一集中，敏捷的戴维·爱登堡（David Attenborough）[②]戴上头盔和护目镜，爬上一架非常高的梯子，从一棵空心的芬兰松上的巢穴里掏出一只大灰鸮幼鸟。从这棵树上就能看到苏联的边境，爱登堡介绍说，这里有着高质量的栖息地，大灰鸮在食物匮乏的时候就会回到这里。

　　在这位博物学家跳下梯子的几年后，这片美丽的森林向木材生意开放

---

① 芬诺斯堪底亚（Fennoscandia），指科拉半岛、斯堪的纳维亚半岛、卡累利阿及芬兰地区的地质及地理名词。——编者注

② 自然博物学家、探险家和旅行家，多年来与BBC的制作团队一起，实地探索过地球上已知的所有生态环境，被世人誉为"世界自然纪录片之父"。——编者注

了。欧洲的木材商开始购买俄罗斯的树木为企业提供木材，包括瑞典家具制造商——宜家。起初没人注意到这件事。瑞典人拉尔斯·莱斯塔迪乌斯（Lars Laestadius）是一名森林专家，曾在世界资源研究所工作。他说："人们看不见的东西自然就没人注意，很多正在发生的事情也没人看到。"幸好，斯堪的纳维亚以及欧洲其他地区的环保主义者最终关注到了这场破坏，并将宜家等制造商作为声讨目标，展开了对公众的宣传活动。

绿色和平组织（Greenpeace）的活动家和宜家的代表展开了对话。但宜家并不打算放弃用木材制造家具，而新开放的俄罗斯就在隔壁，并且拥有世界上最大的森林。最终双方商定，不再从某些特殊的森林中获取木材。宜家称其为"自然"森林，而绿色和平组织则使用"古老"一词。当然，我们希望双方所指的是同一种森林。宜家要求得到一张地图，为此，在绿色和平组织的支持下，宜家向"边境森林"地图的绘制者世界资源研究所提供了一笔资金。"他们给了我一笔钱，让我为他们绘制一张具有可操作性的俄罗斯森林地图。"莱斯塔迪乌斯说。他很快就发现，"边境森林"地图明显在指导木材砍伐方面并不具有"可操作性"。"这些地图太粗略了，无法深入当地……在进入森林业之前，我是苏联研究这个专业的学生，因此我希望这些地图由俄罗斯人在俄罗斯绘制。否则，它们将不会产生任何影响和作用。"莱斯塔迪乌斯也知道，加上"边境"这样有明显美国观念痕迹的标签，会破坏俄罗斯对这些森林的接受度。

1998 年，由俄罗斯环保人士组成的一个小组开始绘制新地图。小组成员包括在莫斯科为绿色和平组织工作的年轻植物学家阿列克谢·亚罗申科（Alexey Yaroshenko），俄罗斯非营利组织生物多样性保护中心（Biodiversity Conservation Center）的生态学家彼得·波塔波夫（Peter Potapov）和绿色和平组织的生态学家志愿者斯韦特兰娜·特鲁巴诺娃（Svetlana Turubanova）（后与波塔波夫结婚）。他们以前的教授奥尔加·斯米尔诺娃（Olga Smirnova），俄罗斯科学院（Russian Academy of Sciences）古森林生态学方面的一位权威专家，为他们提供顾问咨询。

为了解决宜家方面的问题，该小组首创了一种方法来确定哪些森林受工业、基础设施、农场和定居点的影响最小。这些森林就是环保人士想要禁止砍伐的地方。该方法的主设计师是亚罗申科。虽然现在已经50多岁了，但亚罗申科看起来仍然十分年轻，充满自信。2020年年中，他在他的乡间住宅里和我们视频通话时表示，他们当时并不是在寻找所谓的避开了所有与人类历史互动的原始森林。"未受侵扰的原始森林并不是指从未受到人类的影响、完全野生的森林。它们应该是森林最后的遗存，与古老的人类影响保持着平衡。它们避开了现代工业的发展。"亚罗申科在20世纪90年代末读过塞拉俱乐部（Sierra Club）①杂志上的一篇文章，该文章使用纸版地图精确定位了地球上那些最原始的自然森林。而这些森林正是他希望宜家及其木材供应商们不要涉足的地方。因此，他的团队所做的第一步便是打开旧式地图，并将上面现有的道路、铁路、城镇和其他工业化区域进行数字化定位。

第二步是检查那些已公开的卫星图像。在20世纪末，唯一提供俄罗斯森林公共图像的卫星，是一颗名为"资源"（Resurs）的对地观测卫星。其图像的每一个像素都代表着边长150米左右的一个正方形地块，能足够精确地识别大的空地和农场，但仍无法识别较小的干扰，如道路。因此，该团队有选择地从美国国家航空航天局和美国地质勘探局尽可能多地购买了其运营

---

① 塞拉俱乐部，美国的一个环境组织，创立于1892年加利福尼亚旧金山。——编者注

的陆地卫星拍摄的图像，这些图像的精度是"资源"卫星图像的 25 倍。此外，他们还去实地考察了 67 个地点，查看地面的真实情况是否与从太空拍摄的照片一致。他们绘制了所有面积至少达 5 万公顷和宽度至少达 10 千米的所有林地的地图，长虫状的细条林带则不在其列。这些大森林被认定为未受侵扰的原始森林。这些地貌包括湿地、高山草甸、湖泊、山峰以及一个健康的森林生态系统中其他自然无树的部分。

2019 年，我们在彼得·波塔波夫和斯韦特兰娜·特鲁巴诺娃（见图 2-1）位于马里兰大学的实验室中见到了他们。黑眼睛的特鲁巴诺娃是科米人（Komi），是在乌拉尔山脉的西坡上土生土长的原住民。乌拉尔山脉中南北走向的科迪勒拉山系是欧洲和西伯利亚的分界。她在攻读古生态学博士学位时主要研究古森林。"我来自森林茂密的地区，我喜欢去采蘑菇！"特鲁巴诺娃笑了。"对我来说，这是很自然的，这是森林，是我的家，我想保护它。"头发花白的波塔波夫则拥有生态学和自然资源管理的博士学位，同时精通地理信息系统方面的技术。他不假思索地使用"邪恶"等非专业术语来咒骂那些破坏森林的企业。他们与亚罗申科一样，都将他们的理想和现实主义精神坚定地结合在一起。他们以绘制地图所需的精确度来看待世界，并基于他们自己的环保主义价值观来展望世界的未来。

特鲁巴诺娃和波塔波夫将这种观念归功于他们的导师奥尔加·斯米尔诺娃。斯米尔诺娃曾带领他们实地考察了俄罗斯"根森林"中的失落的世界。当被问及俄语如何表述"极其完好的天然森林"时，他们提供了"根森林"这个术语。学生们被斯米尔诺娃所选择的偏远的、未经砍伐的森林中那复杂的生物网络给迷住了。斯米尔诺娃告诉他们，天然森林"是有生命的东西"，而不仅仅是一些从地面长出来的树木。斯米尔诺娃如今 80 岁了，已经在俄罗斯的森林中工作了60多年。当我们在2020年的一场视频通话中与她讨论森林时，她还引用了20世纪20年代和30年代的学术论文。微笑着的斯米尔诺娃博士坐在她的公寓里，看起来就是个可爱的俄罗斯老奶奶。但后来她发来了她的实地考察照片，照片中这位八旬老人正位于乌拉尔森林的中部，她从头到脚穿着迷彩雨具，在初夏的冰雹和风雪中给一群俄罗斯年轻人讲课。

图 2-1　特鲁巴诺娃和波塔波夫

注：特鲁巴诺娃、波塔波夫和同事们绘制了"未受侵扰的原始森林"的第一张全球地图。

斯米尔诺娃介绍说，"根森林"中有 8 种蚯蚓，而在曾被砍伐过的森林中只剩下两种。在我们 6 月份的交谈中，她热情地谈论着一种在这个时节的古森林中随处可见的艳粉色花朵。她拼命地寻找它在英语中所对应的名字——peony（牡丹）。在我们视频通话前的一封电子邮件中，她强调了一片古老且未受侵扰的原始森林的复杂性。"这是一个由林间空地、青草、嫩枝和树苗组成的复杂组合，即便是枯树的树干里也满是生命体。在那里，土壤动物、蘑菇、苔藓、微生物和其他的生物共同生长。"斯米尔诺娃告诉波塔波夫和特鲁巴诺娃，有些森林会比其他的森林更加有生机，它们往往是那些面积比较大的森林（见图 2-2）。

图 2-2　一片未受侵扰的原始森林

注：位于贝加尔湖附近的萨彦山脉上。

俄罗斯人选择了 5 万公顷这个面积值，作为未受侵扰的原始森林的门槛阈值，第一个理由是因为只有大于这个面积的森林才足以囊括和处理各种自然过程,包括小型林火、被风吹倒的树木,以及发挥对湖岸和河岸的保护作用。[2] 对于需要足够大的生存空间的物种来说,比如老虎、驯鹿、熊和狼,这样的大森林能在它们的全生命周期中发挥重要的作用。森林内部也能受到很好的保护,免受外界的干扰。他们的第二个理由是,大面积森林的保护成本相对更低,一片大森林比许多片小森林更容易巡查。当被问及在其他森林类型中设置小面积阈值是否有意义时,波塔波夫和特鲁巴诺娃为选择 5 万公顷的下限提供了第三个理由:在俄罗斯这样横跨欧亚大陆的大国里划分小块的完整区域,这被证明是完全不现实的。

2001 年,该团队与多个俄罗斯组织和世界资源研究所的全球森林观察(Global Forest Watch)① 项目合作,将其地图扩大到俄罗斯位于欧洲的地区。[3] 2003 年,他们绘制了横跨西伯利亚和俄罗斯远东地区的未受侵扰的原始森林地图,从而最终对整个俄罗斯的巨型森林实现了覆盖。

这种分析讲述整个地球森林故事的潜力,在地理学家马特·汉森(Matt Hansen)这里得到了延续。汉森是马里兰大学全球土地分析与发现实验室(Global Land Analysis and Discovery)的负责人。2006 年,汉森雇用了波塔波夫,在那之后不久,美国政府首次允许公众免费访问其 30 年的陆地卫星图像档案。20 世纪 80 年代,美国航空航天局曾试图用这些图像赚钱,但一张图像高达 4 400 美元的离谱价格导致买家寥寥无几。于是美国航空航天局在 1999 年将价格降至 475 美元,然后在 2008 年底开始免费提供这些图像。[4] 这样一来,图像的下载量猛增。在这项免费政策实施之前,购买用来绘制一张

---

① 全球森林观察是一款免费森林在线监测和预警系统,它能通过最新卫星技术等提供全球森林情况的实时数据。——编者注

全球森林地图所需的卫星图像至少需要 200 万美元，而且这还仅仅只是原始素材。凭借免费的卫星图像和当时仅成立 10 年的谷歌公司的计算能力，汉森的团队已经能够将卫星图像拼成一幅有人居住的大陆地图，一幅 1 500 亿像素的马赛克拼图，每个马赛克代表一个 30 米 ×30 米的正方形地块。

2008 年，波塔波夫、亚罗申科、特鲁巴诺娃和 12 位其他合著者出版了第一张经过同行评审的世界未受侵扰的原始森林地图。地图显示，2000 年未受侵扰的原始森林的总面积为 131 000 万公顷，其中 84% 位于热带和北方地区。未受侵扰的原始森林占地球"森林地带"（依据 2000 年的定义，即有树木生长的地方）的 23.5% 和地球陆地总面积的 2.6%。2017 年在《科学进步》（Science Advances）杂志上发表的一篇备受瞩目的论文中，波塔波夫、汉森、特鲁巴诺娃和其他人更新了这一地图。他们发现，从 2000 年到 2016年，由于砍伐、林火、农场和牧场的扩张，以及采矿、石油和天然气行业的干预，大约 10% 的未受侵扰的原始森林已经被损毁或变得支离破碎。[5]

并不是每个人都认可"未受侵扰的原始森林"这一概念。主要的反对意见是针对它设定的面积标准。一些科学家指出，5 万公顷的标准过滤掉了对保护生物多样性极为重要的小面积区域。举例来说，巴西境内大西洋沿岸的雨林高度分散，但那里到处都是地球上其他地方没有的动植物品种，它们被称为"地方品种"。在全球共 2 000 处未受侵扰的原始森林中，这片曾经巨大的雨林只剩下符合标准的 3 处，并且面积都不太大。而另一处森林生物多样性的中心——印度的西高止山脉，则连一处未受侵扰的原始森林都没有。

另一方面，未受侵扰的原始森林的面积阈值在某些地方又显得过小。许多分布广泛的迁徙物种和生态活动过程需要的林地远超 5 万公顷。[6]加拿大科学家注意到了北美驯鹿觅食所需的广阔区域，以及林火和物种迁徙等事件所造成的大规模的地貌景观动态变化。为确定哪些森林需要保护，森林保护规划必须在比5万公顷更大的范围内进行，以容纳这些物种和生态事件的发生。[7]

像所有好的指标一样，面积阈值使用时很方便，但它并不完美。麦克阿瑟和威尔逊的《岛屿生物地理学理论》一书清楚地表明，岛屿面积越大，并不必然带来更多的物种。[8]面积规模与造成多样性的某些生态特性有关，包括栖息地多样性、种群规模和迁徙机会。对面积困境的一种解决方案是取消最小面积阈值，而对森林的年龄和质量进行筛选。2018年，特鲁巴诺娃带领一个小组，在巴西、刚果民主共和国和印度尼西亚这3个占据世界上大部分热带丛林地区的国家对他们称之为"原始"的森林进行了区分。特鲁巴诺娃所说的"原始"并不代表"最初的"或"从未被触及的"。她所认为的原始森林包括那些在几十年来的陆地卫星图像中一直保持不变的森林，以及那些在最近的图像中，看起来与未受侵扰的热带森林一样的森林。这种森林的林冠纹理凹凸不平，因为树木的高度各不相同，其中包括特别高的"突现物"，而且与受人类影响的森林相比，林冠的颜色通常更暗。这些特征因大陆而异，因此该小组针对每个区域进行了专门分析。例如，亚马孙地区有更多的棕榈树，婆罗洲森林中的树木比任何其他热带森林中的树木都生长得更高。特鲁巴诺娃的团队还查看了一组超高分辨率图像样本与实地的对应情况，以确保在陆地卫星镜头中的原始森林与现实生活中的看起来一样。

由此绘制出的新地图包括了许多被原来那幅世界未受侵扰的原始森林地图排除在外的原始热带森林。在巴西，特鲁巴诺娃定义的原始森林中的30%未被纳入原先的地图中。在刚果民主共和国，这一比例达到了40%。在印度尼西亚，高达 66% 的森林被排除在适用 5 万公顷最小面积的地图之外。换句话说：在人口众多的群岛国家印度尼西亚，相对野生的"根森林"大约是未受侵扰的原始森林的 3 倍，那里的大多数森林都可以通过海岸到达。印度尼西亚国境内的新几内亚雨林是最后一大片相对集中的原始森林，其面积足够大，符合未受侵扰的原始森林的标准。由于亚马孙地域广阔、人迹罕至的地理特征，巴西境内的大部分原始森林的面积都超过了 5 万公顷的面积下限（见图 2-3）。

图 2-3　巴西里约内格罗盆地的森林

注：这片森林既"原始"又未受侵扰。

资料来源：©Sebastião Salgado。

2020 年，《科学进步》杂志发表了有关巨型森林探索的另一个版本的论文。[9]由国际野生生物保护学会（Wildlife Conservation Society）的科学家带领的 40 多位合作者，将世界上的森林逐个像素地进行了标记，他们根据森林的健康程度将其分成了高、中、低三个等级。对每个像素的评级取决于几个因素：是否包含农场、路面或其他自然栖息地的替代物；这些干扰物在相邻像素上出现的程度；以及每个森林像素与其他森林像素连接的好坏程度。该研究发现，40% 的森林健康状况良好，它们主要集中在 5 个地区：俄罗斯北部地区、北美北部地区、亚马孙地区、刚果盆地和新几内亚岛。

对于这些森林系统分类法，我们并不是其中任何一个的铁杆支持者。但它们都将我们的注意力引导到了大致相同的地方，并且以不同的方法，向我们展示了魔法仍在发挥作用的地方——维持地球运转所必不可少的那些巨大的、功能齐全的核心森林。

虽然我们将重点关注这 5 处巨型森林，但还有其他我们希望探索的地方。巴塔哥尼亚和婆罗洲的森林，在那些没那么"巨大"但仍然惊人且重要的森林名单中名列前茅。巴塔哥尼亚未受侵扰的温带森林西临太平洋，东至安第斯山脉。这片潮湿狭窄的地带主要位于智利境内，那里生长着壮丽健康的森林，其中的一部分位于一系列宏伟的公园保护区内。在太平洋的另一边，婆罗洲岛的森林中心仍然未受侵扰且物种丰富，其中包括地球上现存的 90% 的红毛猩猩。马来西亚和印度尼西亚的定居点、油棕种植园和伐木公司包围了森林，它们除了向森林内部扩张，无处可去。婆罗洲岛正处于不可逆转的森林碎片化的边缘，这对仍然未受侵扰的新几内亚森林来说，是已经敲响的警钟。

现在，让我们离开卫星的宏观视角，穿过云层和林冠，去大森林内部四处看看。

EVER
GREEN

第 3 章

北方森林，泰加林与北美巨型
森林

泰加林

通往巨型森林的旅途，往往始于像斯柳江卡这样的城市，它坐落在西伯利亚中南部贝加尔湖的西南角。未受侵扰的北方针叶林环绕着湖泊，而斯柳江卡作为西伯利亚大铁路上的一个站点，是通往保护着数百万公顷土地的通金斯基国家公园（Tunkinsky National Park）的门户。

2019 年春末的一个早晨，我们从斯柳江卡火车站出发，漫步穿过城中广场，经过一座苏联时代的铁路纪念碑，找到了一处公交车站，在那里我们可以乘公共汽车进入国家公园。12 点 30 分，迷你公交巴士准时进站。我们上了车，挤到后排座位上。这条公交线路蜿蜒穿过茂密的白桦林，经过一处低洼的山口，进入通卡山谷。贝加尔湖是世界上容量最大、最深的淡水湖，它填满了向西延伸的 1.6 千米深的豆荚状裂谷，推动锯齿状的萨彦岭向北延伸，而圆润的哈马尔－达班山脉则向南延伸至蒙古国。郁郁葱葱的森林覆盖着山谷两侧的山坡，再往上，便是长长的林木线和被白雪覆盖的山峰。

在我们前排的座位上，一位金发"巨人"在手机上浏览照片。约翰的女儿——21岁的杰西卡不时朝这位年轻人壮如树干的手臂投去热切的目光。他注意到了这一点，开始用俄语与她交谈。他给她看了一些照片，让她瞪大了双眼。照片上是一头死去的熊，体形大得简直不像真的，它的爪子就像棒球手套。这名自称是一位精锐伞兵的年轻人说，这只熊在贝加尔湖以北的树林里，将6名金矿矿工的肢体撕得七零八落。没等我们开口询问，他直接向我们展示了照片作为证据。这场大屠杀看起来既骇人听闻又充满戏剧性。20分钟后，我们下了车，开始探索西伯利亚的森林。通金斯基地区旅游局的最高级别长官谢尔盖·马特维耶维奇（Sergei Matvyevich）接待了我们（见图3-1）。

图 3-1　通金斯基地区旅游局官员谢尔盖·马特维耶维奇

注：照片中的马特维耶维奇正在通金斯基国家公园的树林里。

没聊多久，他就告诉我们那个有关熊的故事是虚构的。50 多岁的马特维耶维奇看起来十分健壮，弯曲变形的双腿是他常年骑马的例证。他经常参加竞走比赛，攀登萨彦岭中比较低的那些山峰，哪怕与更年轻的选手竞争也不在话下。他满头银发，高高的颧骨上紧绷着古铜色的皮肤，看起来像是一位英俊的电影明星。他是布里亚特人（Buryat），这个民族的祖辈居住在贝加尔湖周边。如今，布里亚特人主要生活在俄罗斯布里亚特行政区，贝加尔湖的南边和东边，以及蒙古国。

"你在森林里迷过路吗？"约翰问马特维耶维奇。

马特维耶维奇没听懂，从后视镜里看了看坐在后座上负责翻译的杰西卡。他扭头看了看乘客座位上的提问者，然后又回头看了看翻译，同时关掉了四驱车上播放着蒙古国民谣的收音机，"问的是什么？"

"你在森林里迷过路吗？"

马特维耶维奇听完大笑起来。"我从来没有在森林里迷过路，当然没有！我们在森林里长大。它就是我们的家。"他的一只手放在方向盘上，另一只手指向窗外匆匆闪过的落叶松、白桦树、西伯利亚松、白杨和云杉。山谷中点缀着一些带有蔓叶花饰百叶窗的木屋。马特维耶维奇再次打开收音机，跟着它高亢地唱了起来。根据歌曲所表达的昂扬的情绪，你不禁会猜想这首歌一定是关于那些史诗般的战斗的，而实际上，这首歌唱的是这位歌手的妈妈如何沏出令人惊叹的茶。马特维耶维奇说，大多数蒙古国歌曲都是关于茶、父母和马。

马特维耶维奇带我们到了山谷的北侧，在那里，我们沿着一条平坦的小径，穿过松软的白桦树林，它们硬币大小的橙绿色叶子在阳光下闪闪发光。被当地人称为雪松的西伯利亚松树，在白桦树的树枝间洒下长长的深绿色针叶。秋天，针叶树那富含油脂的松子洒落在森林的地面上。树林间点缀着满山红那洋红色的小花朵。地上到处都是紫罗兰、耧斗菜、西伯利亚鸢尾和开着小小的白色花朵或大大的黄色花朵的银莲花。5月中旬，更加盘根错节的森林已准备好在短暂而疯狂的夏天绽放出更多的花朵，漫山遍野都长着樱桃、黑色和红色的醋栗、越橘、蓝莓和蕨类植物。

今天早上的早些时候，这里有过短暂的降雪，但现在树林里阳光普照，气温上升到了可以只穿一件 T 恤衫的程度。我们啃了一口野洋葱，马特维耶维奇笑着调侃说，这将排除我们在这一天接下来的时候进行任何浪漫活动的可能性。然后，我们伸展四肢，躺在一片诱人的富有弹性的林地上仰望松林，松软如纸的落叶和苔藓上还留有落雪的痕迹。一只布谷鸟在仍然光秃秃的落叶松间朝着山坡鸣叫。

巨型森林中最大的这一块，有时被称为欧亚北方针叶林。这个名字很准确，因为这片森林确实横跨欧亚两个大陆，但它也模糊了这样一个事实，即这些森林其实几乎完全位于俄罗斯境内。俄罗斯及其森林的面积大到需要两个大陆才能装下。这个生态系统一直延伸到斯堪的纳维亚半岛，但那里的大部分森林因道路建设和密集的木材开采而变得支离破碎。我们通常会把这片森林称为俄罗斯北方针叶林或**泰加林**。为了清楚起见，我们用大写 T 开头的 Taiga 来表示俄罗斯人给他们的这整片北方森林所起的名字，小写的 t 开头的 taiga 则作为科学术语，专指所有北方针叶林中纬度最高或高海拔的边缘林带，它们最终会过渡到苔原地带（tundra）。①英语中 tundra 一词其实起源于位于**泰加林**南部边界的蒙古国，在西伯利亚雅库特语中，它的含义是"无法穿越的森林"。[1]

在莫斯科飞往**泰加林**东端的堪察加半岛的航班上，如果天气允许，你可以在接下来 9 个小时的航程里一直看到窗外的林木。在俄罗斯境内，这一世界上最大的森林覆盖了 8 亿公顷的范围，相当于美国本土 48 个州（即除了阿拉斯加和夏威夷的其他州）的总面积。[2]斯堪的纳维亚半岛还有 505 万公顷的林地也包含在内。**泰加林**整整跨越了 10 个时区。

这片森林主要由苏格兰松、西伯利亚松、桦树、冷杉、云杉、桤木、杨树、白杨和几种落叶松组成。[3]它们的比例取决于纬度、海拔、土壤、降水、坡向（山体朝向的方位）以及与人类和林火的接触历史。俄罗斯与斯堪的纳维亚半岛交汇的遥远西部，是**泰加林**地区唯一一处在更新世时期完全被冰川覆盖的森林，是桦树和松树的混合林区（见图 3-2）。

在森林被砍伐或烧毁的地方，白桦总是率先重新长出来的树种，其中大部分位于俄罗斯境内的欧洲部分和西伯利亚的西部。[4]松树则遍布芬兰和俄罗斯接壤的边境地区，而西北部的其他地区和乌拉尔山脉的大部分地区则是由云杉和冷杉组成的常绿森林。东西伯利亚在贝加尔湖的西北部存在一大片苏格兰松林。否则，落叶松将在东部林区占到主导地位。

落叶松占到**泰加林**中树木的 1/3 以上，约 2 651 万公顷。落叶松构成了

---

① 在本书中，我们用加粗的中文字体来表示 Taiga，与 taiga 作出区分。——编者注

地球上最大的单纯林，也就是说在这片森林区域中，绝大多数树木是同一树种。多产的落叶松（在北美也被称为美洲落叶松）属于一个小的类别：落叶针叶树。一年中的大部分时间，落叶松都展示着其坚硬的树皮。总有一些人会尝试把它的枝条弯折成奇怪的角度，想看看树皮的另一面到底有什么东西。6月，它们会长出小束的橙绿色针叶，不辜负俄罗斯人为这种树所取的可爱的名字 listvenitsia。翠绿色的皱边枝叶能维持 3 个月的时间，然后开始变黄脱落。在地球上的 6 万个树种中，只有 20 种树会长出针叶，并在冬季脱落。其中一种是水杉，在 1941 年于中国发现它的残存树种之前，人们一直认为它已经灭绝；还有 3 种是生长在沼泽中的柏树；其余的 16 种皆为落叶松。

图 3-2　贝加尔自然保护区中被积雪压弯的"醉"白桦林

　　绿色和平组织的现任俄罗斯负责人，植物学家阿列克谢·亚罗申科解释道，针叶的脱落是树木适应大陆中部生活的体现，那里远离海洋的温和影响，树木被夹在永久冻土层和烈日之间。冰冻的土地使树木无法吸收到足够的水分。如果落叶松的针叶不在冬天到来前脱落，冬日里强烈的光照也会使针叶变脆。地球上没有任何一种树能像落叶松那样抵御寒冷，它们生长在高达北纬 72 度的地区，比阿拉斯加最北端的海岸更靠北。[5]

　　西伯利亚落叶松富含紫杉叶素，这是一种能提供色彩和香气的类黄酮，恰好对腐蚀树木的一些真菌具有毒性。[6]这使落叶松具备了出色的抗腐性，也解释了为什么你可以看到用落叶松木建成的房屋和教堂，它们能经受住长达几个世纪的西伯利亚寒冬。然而，落叶松木也是难以把控的，如果得不到仔细处理，它就会开裂并发生扭曲。马特维耶维奇解释说，在他正在帮助儿子建造的木屋中，最底下的三到四排使用的都是落叶松木，这样可以防止地面的水分腐蚀墙壁。而剩下的则使用更易处理的其他种类的松木。

　　俄罗斯大森林靠近太平洋的边缘地带，是体现其生物多样性的重点区域。这里更为温暖的气候条件，尤其是在其遥远的东南部，有利于更多种类的树木生长，包括橡树、枫树、红豆杉、菩提树、白蜡树、黑桦树和杨树。[7]东北虎和豹子在像新英格兰地区一样堆积着落叶的森林中漫步，鲑鱼在溪流中游弋，宛如在太平洋西北部的海洋中。在其中产卵的有 6 种太平洋鲑鱼，其中一些成了世界上最大的布拉基斯顿鱼猫头鹰的食物。大多数猫头鹰的飞行羽毛具备降噪消音的功能，此外它们敏锐的听觉有利于其捕捉陆地生物。与之不同的是，鱼猫头鹰飞行时动静很大，而且它们的听力也不太好。但没关系，因为隔着水面，鱼和鱼猫头鹰听不到彼此的声音。这些鱼猫头鹰能在严酷的冬天生存下来，并通过水的折射来判断猎物的位置。

而只有这里的成熟森林，才能为这高达 0.6 米的猛禽提供足够大的树来筑巢。[8]

20 世纪初，俄国陆军军官弗拉基米尔·阿尔谢尼耶夫（Vladimir Arsenyev）使**泰加林**东南部这一物种丰富的偏僻角落在俄国广为人知。他将自己探险任务中的笔记写成了通俗的叙述，虽然在其故事叙述中保持了一定的自由度，但他详细记录了这里的植物群、动物群、地理、地质和气候，以及他与在那里狩猎和采集人参的中国人、韩国人、俄国人以及原住民的交往。阿尔谢尼耶夫是一名梅里韦瑟·刘易斯（Meriwether Lewis）①式的士兵兼自然学家，他崇拜自己的原住民同伴德尔苏·乌扎拉（Dersu Uzala），后者也是 1975 年上映的由日本导演黑泽明执导的同名电影的主人公。和刘易斯的向导萨卡加维亚（Sacagawea）一样，阿尔谢尼耶夫的这位同伴也曾在几个紧要的关头将这位探险家解救了出来。[9]

俄罗斯 25% 的森林区域都由树木繁茂的生态系统组成，这些生态系统满足未受侵扰的原始森林最低为 5 万公顷的要求。这一比例比 2000 年下降了 10%。[10] 在**泰加林**的北部，56% 的森林损毁归因于林火，41% 归因于石油、天然气和矿石的开采，剩下的一小部分则是由于森林砍伐。在**泰加林**的南部，树木生长得更为高大，因此伐木占了森林损毁的 54%；23% 来自能源和采矿业，21% 来自林火。[11] 一些林火是由闪电引起的，但俄罗斯政府和绿色和平组织一致认为，根据该非政府组织在莫斯科的测绘团队的报告，绝大多数林火（这个比例高达 90%）是人为的。地图分析员通过将美国国家航空航天局关于新火灾的空间数据与道路的高分辨率地图以及人类存在的其

---

① 18 世纪美国的探险家、军人和公共管理者。——编者注

他标志相结合，得出了这一结论。[12]

　　2019 年 8 月中旬，俄罗斯联邦林业局报告了在东部森林发生的波及 239 万公顷林地的火灾。[13] 这大约是整个西伯利亚林火易发季节的平均值，比加利福尼亚州 2020 年破纪录的林火面积还多 40 万公顷。林火一下子就会全烧起来。2019 年，我们曾去过该地区，就在西伯利亚发生大火的那个夏天刚刚开始的时候，我们驱车穿过未设防的森林，来到了 2016 年曾发生过林火的一个地区。3 年后，现场的情况依然可怕。松树和桦树的残留树干光秃秃地立在裸露的山坡上，就像是我们本不该看到的景色。就在我们开车前来的一个月前，一场森林大火烧毁了距离此处向东几小时车程的一个村庄。林业官员随即宣布禁止任何人进入西伯利亚的大片林地。我们在林业官员的带领下，通过了数百个用于实施这一政策的带粉白相间条纹的路障。约到大腿高的不算结实的木杆挡住了通往林地每一条泥泞小路的入口。立在一旁的标牌则宣称，任何人只要进入树林，就会被处以 4 000 卢布 ① 的罚款，不管你只是四处走走、点燃篝火、放生一条狗、发动一辆全地形车、骚扰野生动物还是偷伐树木。这一罚款数目，大约是布里亚特人月均收入的 20%。[14] 当我们问布里亚特当地的一位朋友，这些措施是否有效时，他笑了："只有那些遵守法律的人才会被挡在林外。"

　　油气勘探给**泰加林**带来了长期的、多方面的威胁。彼得·波塔波夫在一次视频采访中说："尤其是在已经铺设了油气管道的西伯利亚地区。""我认为这是一种驱动力。我们看到了重要管线网络的扩张，人们安装了泵，铺设了管道和道路。随着这一网络的向南拓展，更靠近道路基础设施和消费者，

---

① 约合人民币 450 元。——编者注

你会发现对森林的砍伐与这一扩张是并行的。因为，伐木总是从这些道路沿线开始，然后逐渐深入森林内部。但更主要的影响当然是林火。而很多火灾都是从基础设施那里开始的。这并不意味着进行勘探的人会烧毁森林，也有可能是后来使用这些道路的猎人意外地引发了林火。"波塔波夫后又补充说道。采矿业，尤其是金矿业，对当地的森林、水系和野生动物也具有极大的破坏性。

俄罗斯**泰加林**是很多奇珍异兽的家园，其中包括世界上最大的老虎，以及老虎的猎物——体形小巧、长着尖牙的西伯利亚原麝。此外，还有世界上最大的鲑科鱼类——哲罗鲑鱼，它可以长到 2 米长，体重超过 45 千克，甚至可以活到 55 岁。除了这些独特的生物之外，当然也还有北美人所熟悉的那些森林动物。堪察加半岛拥有世界上最大的棕熊栖息地。[15] 俄罗斯的森林里有麋鹿、猞猁、驼鹿、狼獾、北美野牛和北美驯鹿（它们在欧亚大陆被称为驯鹿）。这些动物们在北美地区常见的树木（松树、冷杉、云杉、桦树、白杨、杨树和落叶松）间游荡。

泰加林和北美针叶林有着相似的动物群落和树木种类，这是因为它们曾同属一片环绕极地的超级巨型森林，只是在最近的年代里才被北大西洋切断。大约 1.1 万年前，白令海的冰雪还没有融化，你甚至可以从挪威步行到加拿大纽芬兰。人们曾带着驼鹿步行前往美洲，而马和野牛能从美国阿拉斯加迁徙至俄罗斯。猛犸象被发现埋在海峡两岸的永久冻土层中。在强烈冰川作用的最后一个时期，一个被称为白令陆桥的无冰区曾将今天的俄罗斯、美国阿拉斯加和加拿大育空地区连接成一片巨大的绿草青青的避难所，来自两边大陆的食草动物在那生活了数千年。

北美巨型森林

北美巨型森林占地 6 亿公顷，位于北美大陆的北端。[16] 但它并非位于最北端，最北端那里是苔原，即一片寒冷的荒野和草原，那里气候寒冷干燥，高大的植物无法生长。美国和加拿大北部大森林的覆盖范围几乎是美国得克萨斯州的 9 倍，自阿拉斯加中部起，横穿加拿大，环绕哈德逊湾，一直延伸到大西洋的海岸边。北美巨型森林也有一个属于温带的边缘地区，它沿着美国的阿拉斯加州和加拿大不列颠哥伦比亚省的太平洋海岸线向南延伸，这是一片以针叶树为主的林区，与俄罗斯远东地区生活着各种鲑鱼的林区相当。[17] 海洋的暖流使得这部分森林免受极端温度的影响，并将满溢的雨云送上岸边，由此创造了地球上最大的、位于美国和加拿大境内的 2 024 万公顷温带雨林。

北美森林的北端部分是世界上最完好的森林。其中近 80% 的林区符合未受侵扰的原始森林的标准。在 2000 年至 2013 年间，这里只有 3.3% 的森林遭到了碎片化或完全损毁，是同期全球森林平均损毁率的 1/3。如果把加拿大看作一个整体，包括它的南部城市和该国的商业林地，我们发现在 2016 年，该国的森林中仍然有 51% 的未受侵扰的原始森林，自 2000 年以来，森林的损毁率为 5.8%。[18]

在卡斯卡－德纳人（Kaska Dena）的语言中没有"森林"一词，他们的传统领地包括横跨加拿大育空地区、不列颠哥伦比亚省和美国西北地区共约 2 400 万公顷的森林。他们对森林的一种表达是 ts'udón，大致可以翻译为"浓密的云杉"。当你参观育空地区时，你会发现这个说法是合理的；那里的世界似乎是由白云杉构成的。这些树木覆盖着雪山的低坡地带和地毯般的山谷地面。与更南部的枝条疏散、摇曳不定的美国黑松不同，这里的云杉在风中被急拉猛拽。有些长得又窄又高，看起来就像烟斗通条一般。还有一些则是优雅的圆锥形，像哥特式大教堂的尖顶。2019 年 10 月下旬，育空南部云杉的树顶变成了棕色，看起来仿佛因患了枯萎病而死亡，但仔细观察就能发现，那里结出了大量的软球果。这是一个丰收的年份，这意味着这片树林作为一个群体，选择产生大量的种子来兑现其储存的大量碳水化合物。种子的数量是如此之多，以至于那些吃种子的松鼠和田鼠都无法跟上这样的节奏。这会使数以万亿计的种子得以留存，从而孕育新的云杉。从历史上看，这种情况每 10 ～ 12 年发生一次，并且这并非个别树木的决定。为了压制种子的采食者，树木必须同时结果。仅凭环境条件，还不能完全解释这一惊人的同步现象，因为相距 2 400 千米以上的树木都会在同一年结果。[19] 在不列颠哥伦比亚省更南部的森林中，树木已被证明可以通过生长在树根间的真菌群落进行交流，菌落在树根间形成菌丝网络，即线状真菌连接器。[20]

在北纬 61 度左右，即距离北极圈往南 5 个纬度左右的地方，你可以找到国际野生生物保护学会最北端的办公室。它与加拿大野鸭基金会（Ducks Unlimited Canada）共享一栋不起眼的单层建筑，位于毗邻阿拉斯加的加拿大育空地区的首府怀特霍斯的轻工业区内。当我们到达这里时，几米开外的育空河正在 10 月寒冷早晨的阳光下蒸腾着。我们脱掉帽子和外套，坐下来喝了一杯咖啡。尽管周围有 6 亿公顷的森林，但如果你走进国际野生生物保护学会和加拿大野鸭基金会的联合办公区，希望讨论一些关于树木的话题，你可能需要保持耐心。因为，那里的科学家首先需要讨论一下水、火和冰。

原因在于，有关这个巨型森林的故事实际上可以分为两个。第一个是关于冰川。在最近的地质时期，劳伦泰德冰盖和科迪勒兰冰盖在北美的大部分地区来回移动。在 2.6 万年～ 2.5 万年前，冰川向南曾最远推进到印第安纳州，直到 1 万年后才开始消退。[21] 冰川来来回回，由此产生了这片由湖泊、池塘、沼泽、湿地和河流组成的迷宫般的地带。这也是加拿大野鸭基金会驻扎在此的原因。他们是一群可敬的猎人兼环境保护人士，坚守在此地，保护着野鸭和天鹅栖息的湿地。

来自加拿大野鸭基金会的杰米·凯尼恩（Jamie Kenyon）轻声细语地解释道，我们其实身处一片非常潮湿的森林中。在詹姆斯湾和哈德逊湾的周边，75% ～ 100% 的"陆地"实际上都是处于水中的。[22] 人们一般认为大部分的湿地应该位于平坦的地方，因为重力会使水从坡地里流出。但在这里，即使是小山，也可以像海绵般柔软而吸水。一天，当凯尼恩和同事手脚并用爬上一片陡峭的斜坡时，他们偶然发现了一种小小的云杉和橙色的泥炭藓，这两种生物本来只能在湿地中被找到。他们随即在坡上开始挖掘，并发现了一层厚厚的富含碳的泥炭。原来，两人正在攀爬的是一处罕见的斜坡沼泽。

对于一只昆虫的幼虫来说，所有静止的水体都是良好的生存环境。当春天水面解冻时，这些 6 条腿的生物组成的巨大群体就会在此大量繁殖。而鸟类则从美国本土的 48 个州、加勒比海地区、中美洲和南美洲飞来，在此尽情捕食并交配繁殖。这趟飞行非常值得。经过一个夏季，随着新生的、饱食无忧的莺鸟、鹬鹬、雀鸟、唐纳雀、画眉、野鸭、大鹅和天鹅等的加入，这些迁徙者的数量将从 10 亿～ 30 亿增加到 30 亿～ 50 亿。到了秋天，它们就和其他物种一起，迁徙至北半球更为温暖的荒野中去，那里是它们的后院。仅在美国的大陆地区，就有 10 亿只北方鸟类前来过冬。[23]

林火则是该地区的第二个故事，由国际野生生物保护学会的唐·里德

（Don Reid）（见图 3-3）和希拉里·库克（Hilary Cooke）讲述。里德身材高大，手指纤长，戴着金属框架眼镜，是办公室里的前辈，和善而冷静。仅仅是和他在一起就会让人感觉很放松。头发乌黑且长着雀斑的库克充满活力，给人的感觉与里德迥然不同。"我对啄木鸟很感兴趣。"她对她的博士论文所研究的这种鸟类充满热情。但库克似乎对办公室外的大森林的方方面面都充满了热情，包括林火。

图 3-3　国际野生生物保护学会生物学家唐·里德

注：照片中的里德正处在福克斯湖畔一片被林火烧过的地带。

里德和库克向我们解释道，如果能将北方针叶林的历史像电影一样快速回放，你会发现火苗一直在这片地区跳跃，这里的所有区域每 100～200 年都会被焚毁一次，具体的时间间隔则取决于具体的地域。可以说，这片森林是被林火塑造而成的。里德和库克非常礼貌地给世界未受侵扰的原始森林地图挑了个毛病，在那些地图上，火灾留下的痕迹很容易与伐木留下的清晰的切割线相混淆。这使得大片林地看似不再符合未受侵扰的原始森林的标准，从而造成一种令人沮丧的印象，使人误以为北方针叶林的情况看起来比实际情况更糟。如果从未受侵扰的原始森林的损毁中扣除火灾带来的影响（波塔波夫和他的同事们的工作对此提供了帮助），我们预估的损毁将下降 70% 以上。[24] 大部分林火是由闪电引发的，而几十年来，由于火灾后不同的再生阶段，森林由此形成了一片片错落有致的景观。

林火发生后，森林里会充满经过精巧进化的喜好高温的昆虫。例如，黑火甲能使用胸部的红外感受器来寻找被烧毁的树木。白点墨天牛能闻到一种叫作单萜的挥发性化学物质，这种物质由垂死的树木大量产生，并能通过烟雾传播到很远的地方。这些昆虫会立即对火做出反应，甚至在火焰熄灭之前就可以到达燃烧的树林处并开始取食烧焦的木头。反过来，这些甲虫又能成为黑背三趾啄木鸟的食物，这种啄木鸟在被大火烧毁的云杉树上筑巢。黑顶白颊林莺在从这片大森林迁徙到另一片大森林亚马孙之前，也以这些火虫为食，然后和鹦鹉以及巨嘴鸟去到亚马孙雨林的溪流沿岸过冬。在林火燃烧光谱的另一端，则是生长得最为成熟的森林，其中密布着云杉和松树，林地里覆盖着滋养驯鹿的地衣。森林生长发展的每个时期都会产生独特的动植物群落。

以白靴兔为例。对这种动物的研究是唐·里德的专长。它们的后爪很宽，可以在雪地上分散体重，皮毛的颜色可以在冬天的白色和夏天的灰棕色之间切换。为了研究白靴兔，里德收集了它们的粪便，并通过记录粪便总量的增减来跟踪野兔种群的数量变化周期。野兔的总数量，每 8 ～ 10 年就会暴涨和暴跌一次。首先，这些动物跟家兔一样繁殖，直到种群数量达到峰值，随后又会下降到最大值的 1%。其次，粪便也能告诉里德，野兔是在哪里繁衍生息的。这位科学家提出带我们去看白靴兔的森林栖息地，他指的是林火烧过的地带。

我们从怀特霍斯向北驱车一个小时，穿过茂密的云杉林，突然间，森林失去了它的色彩。里德把车开到了一条冰冻的土路上，两边是一片闪着光的梦幻般的风景，新生的树叶边缘凝结着冰晶，看起来像是自己散发出的光。光秃秃的白杨在这里占据主导地位，监管着不多的几棵桌面圣诞树大小的云杉。里德把车停下来，领着我们登上了一座小山，山上覆盖着薄薄一层刚刚够留下动物足迹的积雪。这里是福克斯湖畔一片被林火烧过的地带。

我们花了一段时间才找到一组踪迹。4 只爪子的足迹聚在一起，仿佛这足迹的主人的四肢被捆在了一起，后爪还略先于前爪。里德解释说，你得发挥想象力才会想到这只兔子正在逃避一只猞猁的追捕。兔子强壮的后腿将兔子从雪地上弹射起来，这大大的"雪鞋"落在娇小的前爪的前面，随时准备着下一次起跳。这就造成 4 只爪子的印迹仿佛聚集在一起的感觉，而且后爪还略微在前面。里德对着如此稀少的兔子足迹摇了摇头。看来这片森林还不是很适宜野兔们的生存。

动物在寻找栖息地时有两个标准：食物充足且自身成为食物的可能性较低。白靴兔会在新生的嫩叶和嫩芽离地不超过 0.9 米或 1.2 米的地方生活；它能用后爪保持平衡，冬天的雪地也更有利于它们的生存。但野兔也需要树木的覆盖，最好是针叶树，以遮挡捕食者的视线，包括大角猫头鹰、猞猁、美洲貂、北苍鹰和土狼。在大火过后的 15 ～ 50 年，被大火烧毁的地方对于野兔来说是完美的生存空间。在这个阶段，较高大的云杉和白杨会挡住猛禽的视线。灌木则阻碍了猫科动物、犬科动物和黄鼠狼家族成员的进攻。同时，仍然有很多只及膝高的白杨、柳树、松树和云杉的柔嫩枝叶可供野兔食用。相比之下，在更远一点的南部森林，到处都是由于伐木造成的小面积林间空地，猫头鹰和老鹰栖息在空地边缘的高大树木上，等待着经过的野兔。1998 年，福克斯湖地区的大火烧毁了约 4.5 万公顷森林。21 年后，它为野兔们提供了充裕的食物。但野兔成为其他物种的食物的可能性仍然太高，因为落叶白杨无法给野兔提供足够的遮掩，而针叶树的生长速度又低于正常的生长速度。里德说针叶树生长速度变低可能是因为夏季变得更炎热更干燥了。

为了进行比较，我们往南走了几千米，进入了躲过大火的成熟树林。虽然云杉林里没有笔直的小路，但迂回前行也很容易，只需不断地推开低处的枝条。午后的阳光透过树枝斜斜地照在一条正在缓慢结冰的小溪上。除了红松鼠外，一切都很安静。玫瑰花和鲜红的玫瑰果装点了森林的底层，在这里我们还发现了松鼠的松果贮藏室。有证据表明，松鼠在选择储存松果的位置时很有远见：它们会选择那种在冬天能有树枝在它们的食物上方挡住雪花的地方。

在一些地方，我们的鞋陷入苔藓中深达 15 厘米。起初，苔群还会稍微抵抗一下，然后就让步了。里德把手伸进一个他自己踩下的鞋窝里，从里面拔出一根长满苔藓的树枝，鞋窝的深度甚至有他小臂的一半高。由于苔藓本身的松脆度及其生长季节的短暂性，我们知道，我们的足迹对苔藓所造成的伤害需要很长的时间来修复。里德证实了这一点，但他似乎没有过分担心我们短暂踩踏对 6 亿公顷森林所造成的破坏。古老的云杉林对于人类来说是可爱的散步之地，对松鼠来说更是一笔财富，但对野兔来说就显得太老了。新的枝叶生长在野兔够不着的地方，浓密的树冠遮住了如柳叶等它的其他食物。在这里，野兔有足够的掩体来避免猫头鹰的追踪，却没有足够的食物。如果没有林火发生，整个北方针叶林区的野兔数量将大幅减少。

然而，随着气候变化的加速，林火的情况正变得越来越复杂。自20世纪60年代和70年代以来，加拿大林火的发生次数不断增加。据估计，1959—2014年，每年林火烧过的面积都比前一年要多出3.3万公顷。如今的林火季节比以前提前一周开始，推迟一周结束。全国各地的变化趋势各不相同，东部的潮湿地区变化相对较小，而西部内陆地区的火情急剧扩张。[25] 在林火发生更频繁的地方，驯鹿会挨饿，因为它们喜欢的地衣往往生长在更古老的森林中。在新生的树木胸径能够达到足够的围长来容纳啄木鸟的巢穴之前，林火便会再次侵袭。幼树结出的球果更少一些，因此以此为食物的松鼠和田鼠也挨了饿，同时也意味着捕食这些毛茸茸生物的捕食者的食物也减少了，土壤中"种子库"的库存量更少，因此云杉种子（见图3-4）发芽的机会也更少。育空地区的黑云杉林，历史上每80～150年才燃烧一次，但它在1991年遭到林火侵袭后，14年后再次遭遇林火。虽然云杉已经习惯了在自己的灰烬中再生，但由于第一次大火后再生的树木太年轻，在第二次大火后它们已无法再提供生长的种子。[26]

过热的林火会深入到泥炭层，高温会以一种冬眠的方式被保存在地下，直到春天和熊一起结束冬眠。它们会焚烧土壤中的种子，并继续烧焦白杨树强壮的树根，本来，在"正常"的林火过后，这些树根会长出新的树木。然而，如今的林火已经可以把森林烧毁，最终形成一片满是柳树的灌木丛。因为柳树的小种子长有绒毛，所以能在没有动物帮助的情况下随风散播。[27]

图 3-4　红松鼠在育空地区一片成熟的森林中储存的云杉球果

　　回到办公室后，希拉里·库克拿出一张地图，上面描绘着 22 世纪的
育空地区将呈现出的主导自然景观。直到最近，植被类型还被称为"生物
群落"（biomes），这个名称来自"莫比乌斯生物群落"（biotic communities
of Möbius）一词，是为了向 19 世纪的德国动物学家卡尔·莫比乌斯（Karl

Möbius）致敬。生物群落的分类基于植被。这些分类给人的印象是，一个地方的植物是不变的，就像当地的地质情况一样。而在气候变化剧烈的北方地区，生物群落的标签不再是永久性的。库克展示的地图使用了一个新词"气候群落"（cliomes），这个词是美国阿拉斯加和加拿大研究人员在气候规划合作中发明的。[28] 因为气候发生了变化，气候生物群落也随之移动。到 21 世纪 90 年代，树木将进入北部的冻土带。而在南部地区，草原则有可能会取代森林。育空地区可能会失去 18 个气候生物群落中的 7 个，但同时增加一个以前从未有过的气候生物群落。[29] 一些几个世纪以来都保持着生物群落稳定性的地方，预计会在这一过程中经历多个气候生物群落的来回迁移。

在这种新的现实中，自然环境保护主义者不能指望将生态环境永久地保存在琥珀里。库克说："我们要保护的是舞台，而不是演员。""保护舞台"一词来自国际自然保护组织大自然保护协会的马克·安德森（Mark Anderson）和查尔斯·费雷（Charles Feree）于 2010 年发表在期刊 *PLOS ONE* 上的一篇论文的标题。[30] 在他们看来，人们应该停止对多样的地质和物理空间进行开发，从而让大自然自身来应对气候变化，而不是试图保护每一个物种在其当前栖息地中的安全。有些物种会灭亡，有些物种会适应并存活下来，还有一些会迁移，甚至可能是在人类的帮助下迁移，并在新的舞台上茁壮成长。从更大的意义上说，一整片野生且不断变化的巨型森林，正是大自然需要适应多变气候的一个舞台。

排在气候变化之后的采矿业无疑成为北美针叶林区分布最广的环境威胁。从高空俯瞰，法罗矿就像是有人在森林中相隔 16 千米的两个地方分别投下了一枚炸弹，然后在弹坑之间修建了一条道路，并在附近增加了一些功能分区和一个高尔夫球场。从怀特霍斯往北驱车 4 小时左右便可到达法罗，它位于佩利河畔卡斯卡－德纳人的传统领地中。一些卡斯卡－德纳人邀请我们去了解他们关于创建一个非常大的保护区的计划。该计划的很大一部分是对传统领地进行分区，将采矿业限制在不太影响他们所依赖的生态系统的那些地区。

法罗矿曾经是世界上最大的露天铅锌矿。它在 1969 年至 1997 年间运营，现在则是加拿大清理成本排名第二的有毒物质清理场，主要来自 7 000 万公吨的尾矿残渣，而有价值的矿物已从中被提取走了。[31] 另外为了获取矿石，还有 3.2 亿吨的废石被挖掘出来。处理这些废料的工作将于 2022 年开始，这将会花费 4.5 亿～ 5 亿加元，而在此期间，政府为避免环境灾难的发生已经投入了 5 亿加元。该矿的运营商安维尔山脉矿业公司（Anvil Range Mining Corporation）在矿场关闭后破产，转手把欠债的账单塞给了加拿大的纳税人。

情况本可能变得更糟。卡斯卡人的长老约翰·阿克拉克（John Acklack）和克利福德·麦克劳德（Clifford McLeod）带领我们乘坐四驱车沿着古老的采矿勘探线路进入灌木丛，去看看矿主们最初考虑挖掘的一个地方。我们在雪地小径上开了几个小时，最后停在了游泳湖边（见图 3-5）。在白云杉林环绕的湖岸边，层层的涟漪轻拍着残冰。他们的族人为了捕捉一种被称为"吸盘鱼"的产卵鱼，每年都会来这里的传统露营地待上几周。20 世纪 60 年代，阿克拉克和麦克劳德在这里的一个勘探队营地工作。本来勘探队已在这片湖底发现了矿石，幸亏他们后来又在靠近主干道的一处更加干燥的地点也发现了矿石，这片湖面才得以保存下来。

图 3-5　白云杉林环绕着卡斯卡 - 德纳地区的游泳湖

注：该湖位于一处未开采的铅锌矿矿床之上。

　　在北方地区开采铜、金、锌、铅、钼和其他金属的公司辩称，矿山留下的"脚印"其实很小。他们的脚印比喻暗示着一些小而无害的东西。而为了理解采矿可能造成的影响，我们需要想象这脚印会遍布这个地方的各个角落，尤其是在挖掘地点的下游。我们需要记住，北美巨型森林是一片充满水的森林，到处都是小溪、河流、湖泊、沼泽、泥坑、湿地和池塘。这就是法罗矿成为一场灾难的原因。流经尾矿和废石的水会含有过高的酸性物质，并带着有毒的金属渗入河流、湖泊和地下水中。法罗的尾矿被浅浅地保留在罗斯溪一个 8 千米长的筑坝区内，每年的维护成本约为 4 000 万美元。[32] 尽管这座大坝还完好无损，但近年来，直接接触该矿的部分溪流中的锰含量已达到政府标准的 20 倍，铁含量则高于标准的 75 倍，锌含量高达安全水平的 15 倍。[33] 如果像 2015 年和 2019 年巴西的两座采矿大坝那样，对尾矿废料的围堵失败，附近汇入育空河的佩利河将处于危险之中，同时也会将鲑鱼、野鸭、熊和人类都置于危险之中。

阿拉斯加州拟建的卵石矿，将对由小溪、池塘、湿地和森林组成的冰川景观构成类似的风险，幸运的是该计划已被暂时搁置。那里的水流入布里斯托湾，那里有世界上最大的野生鲑鱼渔场。当地渔民和原住民领导人共同抗议在这片国有土地上进行金铜矿挖掘，称这将威胁到河流和盛产红鲑的海湾。仅在 2020 年，就有 5 800 万条鱼回流入海湾。[34] 开发该矿还需要建设道路，这会导致更多的勘探并给鱼类带去更大的生存危险。2020 年 9 月，作为卧底的环境保护主义者记录了卵石矿公司高管们的内部谈话，他们声称正在寻求批准的这个矿区将只是一个面积 9 倍于此的综合开发区的开始。[35] 这个矿区项目于 2020 年 11 月被美国陆军工程兵团否决。

在地球的这一地区，通往矿场的道路被称为"资源道路"。该术语暗示了获取资源的狭义目的。然而，这里的公共道路网非常有限，需要更多的限速 96 千米或以上的车道。实际上，这些表面上用途单一的所谓"资源道路"将会有更多的用途，它们分流并辐射到一个由较小的土路组成的网络中，然后连接上可由雪地摩托和四驱越野车通过的小径。这样一来，猎人可以轻而易举地捕捉到森林中的每一只驯鹿和驼鹿。一个拥有这种基础设施的地区将不再成为大型动物的避难所。卡斯卡人抱怨说，这个区域以及他们领地上其他有着类似道路的地方，已经被法罗矿周围的外来人过度侵扰了。[36]

地震测线是另一个相关的问题。它们是石油公司引爆一排排炸药后清理出的狭长地带。对爆炸回声冲击波进行分析，我们能知道哪里有石油和天然气。彼得·波塔波夫回忆起他第一次分析加拿大卫星图像时的困惑。"你可以看到几十年前进行的勘探痕迹。它看起来就像一个覆盖在森林上的网格。当我们第一次看到这样的图像时，我们心想，'卫星出了问题！'"但这网格是真实存在的。阿尔伯特省有超过 160 万千米长的地震测线。[37] 在邻近的西北地区，根据当地政府的说法，"地震测线是人类造成的最大的景观干扰因素，没有之一"。[38]

这种干扰对林地驯鹿尤其不利，它们成了北方针叶林碎片化后被煤矿包围住的"金丝雀"。驯鹿是加拿大的标志，它的形象被印刻在加拿大每一枚 25 分硬币上，也是北方地区多个不同的原住民民族的文化传统和民族身份的核心。在这片水森林中，驯鹿的繁衍在一定程度上得益于一种特殊的适应，即它们中空的绒毛毛囊，这使它们能更好地漂浮在水面上。驯鹿迁徙时可以游过大湖和河流，深入沼泽和其他散布在北方的湿地中。这种会漂浮的有蹄类动物以水生植物的嫩枝为食。

最著名也更容易看到的荒原驯鹿会成群结队地穿越北极苔原，来到北方针叶林过冬。而林地驯鹿则完全是森林生物，容易因森林受到侵扰而遭受影响。林地驯鹿完全生活在森林和附近的山脉中，经常迁徙，以免过度消耗它们赖以生存的地衣，同时也有利于躲避狼群。加拿大 51 种北方兽群中有 36 种陷入了危机。[39] 道路和地震测线的出现加强了狼群和人类捕猎者的杀伤力。[40] 他们在森林中的行进更加轻松，可以轻易地深入驯鹿曾经安全的藏身之处。

此外，在呈线性分布的空地上生长的灌木丛和草地吸引了鹿和驼鹿前来采食，从而形成了一个数量更大的被捕食动物群。这对狼群来说可是无法抗拒的自助餐，会将它们的注意力吸引到原本可能不被注意到的属于林地驯鹿的区域。

北美驯鹿对北美巨型森林碎片化的早期反应是一种警告，通过气候变化的作用，碳气体有可能变得与煤矿竖井中的一氧化碳一样致命。在全球范围内，北方针叶林中储藏的碳含量相当于全球 190 年的碳排放总量。埋在地下的碳就像一头熟睡的野兽，而我们人类还尚未完全了解它对地表扰动的敏感性。在一个更加干燥的气候中，由于测线网格、道路、电力线、矿井、管道和砍伐等人类活动使得森林的地表温度变得更高，从而增大了发生林火的可能性，也使得土壤更快地释放出二氧化碳。[41] 目前我们尚无法精确地预估这些变化会在多大程度上破坏北美针叶林的碳稳定。我们还没有足够的时间弄清楚这个问题。但也许驯鹿的衰减正好告诉了我们所有关于这个生物物理系统对干扰的耐受性的知识。这是一个我们只能进行一次的实验。我们究竟想捅这头沉睡的野兽多少下呢？

EVER
GREEN

第 4 章

南方雨林，亚马孙、刚果与新几
内亚雨林

亚马孙雨林

让我们来到亚马孙雨林，这里有没有类似北美巨型森林中亲水的大驯鹿一样的动物呢？答案是，非貘莫属。这种食草动物的体形与设得兰矮种马相仿，是亚马孙地区最大的陆生动物，也是犀牛的远亲。它有着短短的鬃毛，水汪汪的两眼之间长着一个下垂的长鼻子。而且，尽管体格粗壮如桶，貘的步伐却十分轻盈。10 月初的一个夜晚，在亚马孙一个偏僻角落的河边，一只貘走出丛林，来到河滩上。它的四蹄踏在沙子上悄无声息，张开的脚趾留下鸟一般的足迹。它聆听着，那是由鹦鹉和金刚鹦鹉粗厉的尖叫声、鸣禽的颤音、蝉虫的嗡鸣以及长得形似火鸡的凤冠鸟发出的沉闷的撞击声共同组成的鸣曲奏。灵长类动物的乐章，则由吼猴那令人振奋的吼叫与伶猴发出的尖叫声相互应和而成。而貘则涉水而过，静静地游过了河湾。

玻利维亚马迪迪河的这一块区域是观察貘的好地方。这里的热带森林没有受到侵扰，完好无损。数以百计的野猪成群结队地出行，巨大的带着斑纹的鲶鱼在碧绿的河水中游动。在其他地方已遭受到砍伐的大树，在这里得以在森林天际线的上方高高地伸展开它那瞭望台般的树冠。这个地方位于亚马孙河充满活力的西部地区，被森林覆盖的平原和山脉的生态系统在这里融合。安第斯山脉是一个不稳定的、地质年龄较小的地层，它的山体非常陡峭，还会不断地崩裂形成碎石，滚入小溪和河流。这些小溪和河流裹挟着沙石，为低处的丛林带来了富含矿物质的沉积物。这个过程不仅养活了大树，还促进了创世界纪录的生物多样性的形成。貘（见图 4-1）经常出没于马迪迪河一处马蹄形河湾处，这个地方位于马迪迪国家公园内，公园里有 1 028 种鸟类，现有记录的每 10 种地球鸟类中就有一种在这里。[1] 走入这个生态系统，你会立即成为这里的食物链的一部分。除了最勇敢的渔民和毒品走私者，所有人都被沙蝇和蚊子赶跑了。这里有电鳗、黄貂鱼、水虎鱼、凯门鳄、毒蛇、能杀死狼蛛的黄蜂以及因为咬人剧痛无比被称为子弹蚁的蚂蚁，它们也被用于各种成年仪式。此外这里还有美洲虎、巨型水獭以及身形瘦长、手尾并用在树枝间穿行的黑蜘蛛猴。

在谷歌搜索引擎中输入"亚马孙"一词，翻过前 5 页满是美国公司的搜索结果，你会在世界自然基金会的网站上找到介绍这个世界最大雨林的条目。它占地约 5.67 万公顷，仅比地球陆地总面积的 1% 多一点，却拥有地球物种总数的 10%。[2] 亚马孙盆地的河流主河道总长 6 598 千米，几乎是密西西比河的两倍，共有 1 000 多条支流汇入其中，其中有 17 条的长度都超过 1 600 千米。[3]

和所有的巨型森林一样，用复数形式来描述亚马孙地区更加准确。从天空俯瞰，这片森林是一个连绵不断的看似统一的绿色色块。但实际上这是一片大森林中的几块森林。如果按河流的颜色分类，至少可以将其分为 3 个亚马孙雨林。首先是清澈的蓝色河流，如从巴西古老、风化严重的中部高地由南至北流下的欣古河和塔帕若斯河。当塔帕若斯河的水位在夏天下降时，白色的沙滩露出来，就像无盐的加勒比海，吸引着当地人前去游玩。

图 4-1 马迪迪河边的貘

　　西北部森林中的水主要来自内格罗河及其哥伦比亚境内的一些支流，如沃佩斯河。这些河流有着和红茶一样的颜色。在内格罗河中畅游，便是在尽情享受地球上所有主要河流中最软的水（从矿物质的角度来说），遭遇食人鱼或凯门鳄的风险也相对较小。这条淤泥含量较低的河流富含从森林沙质地面上的树叶中滤出的有机酸。[4] 河水的高酸度和低营养度则意味着，首先，河边咬人的昆虫会比其他地方的更少。当我们在内格罗丛林里露营时，是不需要蚊帐的，而在亚马孙的其他区域，蚊帐常常是为了避免睡眠被蚊虫干扰的必备品。其次，少虫的森林意味着这里的食物链更为贫瘠，市场上出售的鱼也更小。森林中有些地方覆盖的土壤太薄，以至于树根只能在岩石上盘成一个富有弹性的垫子。而几乎没有土壤的环境优势在于，内格罗地区几乎没有引起农业综合开发企业的兴趣，所以仍然处于原住民群体的合法管理之下。原住民通过几个世纪的堆肥和精心耕种，将小片的丛林地块培育成了被誉为"黑金"的肥沃土壤，并由此繁衍生息。亚马孙河的干流及其西部支流则是"白色"的河流（见图4-2），在大多数这样的河流里，你不会愿意在其中游泳。

图 4-2 巴西朱鲁阿河"白色"的河水

从 10 月到次年 3 月，倾盆大雨反复袭击其在安第斯山脉的上游源头，使河水变成了富含沉积物的"浓汤"。这里亚马孙河水的"白色"，其实是一种从浅珊瑚色至深棕褐色的变化，这取决于河流中淤泥的矿物成分。河水每年都会泛滥，从而给森林带去丰富的养料，使得森林里生长着各种不同的物种：水果、昆虫、蝙蝠、鸟类、猴子、蛇、青蛙、猫科动物、海豚和鱼。一些鱼甚至能从水中跃起，直接从树枝上摘取果实。几乎失明的粉红色海豚有着高度灵活的脊骨，可以在被水淹没的树木间穿梭狩猎。与世界上大多数海豚不同的是，它们的颈椎骨与头骨不是合为一体的，就像人类的一样，这是一种使头部能够灵活旋转的适应性演化。正如我们在马迪迪所看到的，一个想在赤道的高温中泡个澡凉快凉快的天真游客可能会被什么东西咬到或刺伤，比如黑色的、戴着"眼镜"的凯门鳄之类的鳄目动物。

将长达 6 600 千米的干流部分称为"亚马孙河"，其实有点将支流的问题过于简化了。当然，这避免了巴西人和安第斯人对应该从哪里开始使用这个名字的意见分歧。距离亚马孙河口最远的支流，是源自雪山的秘鲁曼塔罗河和阿普里马克河。这两条河流汇入埃内河，形成坦博河，最终流入向北蜿蜒 1 460 千米的乌卡亚利河。伊基托斯是一座人口约 50 万的城市，在其上游约 113 千米处，伊基托斯河与秘鲁的另一条大河马拉尼翁汇合。秘鲁人和附近其他西班牙语国家的人认为，这一交汇处才是亚马孙河的起点。然而，当它向下游奔流 629 千米到达巴西境内时，巴西将其重新命名为索利蒙伊斯河，这是它在接下来 1 700 千米的行程中使用的名称。在马瑙斯，浑浊的索利蒙伊斯河吸纳了内格罗河，并在通往大西洋的余下旅程中成为巴西人口中的亚马孙河。这条河以希腊亚马孙女勇士的名字命名，而原因则是西班牙的探险家弗朗西斯科·德·奥雷利亚纳（Francisco de Orellana）曾描述过自己在 1542 年于特龙贝塔斯河口附近与非常高大凶猛的女人进行过搏斗。

与北美针叶林一样，亚马孙也是一片水森林，但原因与冰川无关。亚马孙雨林拥有全世界河水总量的 20%，相当于尼罗河、密西西比河和长江三条河流水量的总和。从 12 月到次年 4 月，雨季带来的高水位将亚马孙盆地 20% 的土地变成了湿地。这里的植物每天能向天空输送大约 27 万亿升的水蒸气，相当于这片森林每 5 天就能吐出一个塔霍湖。[5] 早上，你常常能看到雾气从树冠上袅袅升起，仿佛童话里升起的篝火。这些蒸汽凝聚成"飞行的河流"，乘着赤道的风向西移动，而地面的河流则沿着一个不易察觉的斜坡向东流向大西洋。

巴西科学家埃内亚斯·萨拉蒂（Eneas Salati）在 20 世纪 70 年代推翻了此前公认的植被只是气候所造成的结果、两者没有交互影响的观点。[6] 他收集了从大西洋到秘鲁边境地区的不同地域的雨水样本，并分析了其中的氧同位素，从而对整个盆地的水进行了研究。相对较重的含有氧 -18 同位素的雨水会率先从云中坠落。如果所有的降水都直接来自海洋，那么内陆地区的降雨中氧-18 同位素的含量将明显低于海岸附近的降雨中氧-18 同位素的含量。但在萨拉蒂的样本中，情况并非如此。他得出结论，森林正在创造自己的气候，将来自初始海洋降雨中的水分送回向西移动的气团中，再次形成降雨，如此循环 5 ~ 6 次。萨拉蒂表示，气候和森林在不断地互相影响。当亚马孙巨型森林的水分最终抵达安第斯山脉时，它会上升、冷却成雨并降落到亚马孙盆地最遥远的山脉支流中。剩余的水分则分散在四处，灌溉着这片大陆除智利以外的所有国家的生态系统、森林、农场和城市。[7]

我们很难知道亚马孙的生物最高级是什么。据估计，亚马孙盆地的鸟类超过 1 300 种，这里至少有 3 000 种鱼类、370 种爬行动物、420 种两栖动物、430 种哺乳动物和 40 000 种植物。[8] 这些数字之所以都是整数，是因为没有人真正知道亚马孙究竟有多少物种。这里还有与欧洲国家面积相当的地区尚未受到研究。当你仔细观察或倾听时，你对于"物种"的概念就会陷入混乱。

以鸟类为例，马里奥·科恩－哈夫特（Mario Cohn-Haft）会说鸟语。这位美国鸟类学家在马萨诸塞州西部长大，总爱在树林和沼泽中闲逛，寻找他从未见过的东西。几十年前，他冒险来到亚马孙河流域研究鸟类，至今仍居住在那里。他在那里找到了一种终生源源不断的新鲜感。到目前为止，他能分辨出大约 3 000 种鸟的叫声或歌声——远远超过已知的 1 300 种亚马孙鸟类（见图 4-3）。没错，科恩－哈夫特能辨识的鸟比列入统计的鸟类还要多。

科恩－哈夫特针对这一情况做了解释。19 世纪末 20 世纪初，在经历了科学界对鸟类发现的繁盛期后，到 1950 年，新发现的鸟类数量逐渐减少。生物学家们认为他们已经找到了几乎所有的鸟类。"这颗星球上已有 10 000 种鸟被发现，"科恩－哈夫特说，"但现在，如果画出这条曲线，你会发现我们正处于一个指数增长的时期，一个新发现的鸟类数量呈爆炸式增长的时期。"鸟类学家以前会通过比对博物馆抽屉里的标本，来确定不同物种的存在，并根据外观来区分那些无法听到其声音的生物。而科恩－哈夫特则自己深入森林中，去发现不同的鸟类种群，例如音乐家鹟鹩，在河流一边的种群的叫声就与河流另一边长相相似的种群的叫声不同。现有物种的定义基于其生育后代的能力。但科恩－哈夫特曾观察到长相相同但叫声不同且无法交配的鸟类，这一点已通过基因测试得到验证。

图 4-3　巨嘴鸟

注：图中巨嘴鸟位于巴西马米拉瓦可持续发展保护区（Mamirauá Sustainable Development Reserve）内的一片沼泽森林中。

科恩－哈夫特说："我们不断发现新的鸟类，这很好，但我们也在不断修正我们对于物种概念的认识。"一种鹟䴕变成了 6 种。人们尚不清楚它们是不能交配还是不喜欢交配。无论是哪种方式，亚马孙地区无数河流沿岸的楔形地带中微妙分化的生命形式，似乎正处于成为完全不同的有机体的早期阶段。"我们只是在不断地、彻底地修正对于在亚马孙发现的每一种生物的认识，不仅是鸟类，还包括蛇、蜥蜴、青蛙和其他的一切物种。"科恩 - 哈夫特说。2020 年，人们在马瑙斯附近发现了一种新的身上有着精美纹路的花斑蟾蜍，其皮肤分泌的毒素具有一定的医学价值。[9]根据其物理特性、叫声以及与之前被误认为是其近亲的物种的基因比对综合判定，这种两栖动物是一个全新的物种。

亚马孙河流域生物多样性的原因有以下几个。首先是气候和地质的变化，它们使河水变成了棕色、蓝色和白色等不同的颜色，河水的颜色代表了河水中矿物质含量的多少。其次，亚马孙河道很宽，这阻碍了不善游泳的物种的扩散，例如荷兰灵长类动物学家马克·范·罗斯马伦（Marc van Roosmalen）笔下的侏儒狨猴，这是一种重约 170 克的猴子，1998 年首次在马德拉河和阿里普阿南河之间的三角洲丛林中被发现。即使是飞行能力相当强的鸟类，有时也会因河流的阻隔而停下，拒绝横穿一个没有树木的空间。随着森林沿着安第斯山脉爬升，这里形成了一个名副其实的物种宝矿。这里的微气候就像大阶梯上的台阶，每一个台阶都有着独特的生物、树木和微观生物的组合。我们在炎热平坦的热带雨林中看到的那只正游过马蹄湾的貘，距离一只眼镜熊其实只有几十千米，但它永远不会遇到眼镜熊，因为后者正在安第斯山坡上一片凉爽的云雾森林里啃食着兰花的球茎。

无论你是第一次走进亚马孙雨林，还是几十年来都在不断对它进行探访，它总能让你大吃一惊。多年来，汤姆守着他位于马瑙斯北部丛林中的研究营地，将无数的日夜用于在林间搜寻探索。他几乎看到了那里的一切。在他的营地乃至整个亚马孙地区，最令人眼花缭乱，也最常见的景象之一是一种蓝色的大闪蝶所带来的。它那明信片般大小的身躯在林间肆意飞舞，翅膀在飞行中闪耀着蓝色的女王般的光芒，美丽极了。一天傍晚，汤姆正准备迎接一群来访者，这时他眼睛的余光瞥见了一只大闪蝶，但它好像有点不对劲。它的飞行跟平常相比，看起来像是喝醉了一般。这位飞行员显得异常苍白乏力，而且体形硕大。于是，汤姆开始了对它的林间追逐。最终，当它停下时，汤姆意识到，他所看到的其实是白女巫蛾——美洲最大的飞蛾。这种飞蛾非常罕见，科学家们甚至还没有发现过它的幼虫。

　　到现在人们在亚马孙地区仍然有大量的新发现，在一定程度上是因为，在南美洲殖民史的前 4 个世纪里，该地区一直没有受到重视。16 世纪，探险家们尝试在丛林中找到一座传说中的黄金之城，在进行了几次徒劳的探险之后，探险家和他们的资助者们基本上就放弃了对这一地区的搜索，转而致力于开发该大陆的山脉和沿海地区。值得注意的例外是维多利亚时代的 3 个英国博物学家：阿尔弗雷德·拉塞尔·华莱士（Alfred Russel Wallace）、亨利·沃尔特·贝茨（Henry Walter Bates）和理查德·斯普鲁斯（Richard Spruce）。从 19 世纪 40 年代到 19 世纪 60 年代，他们在亚马孙盆地不断探索并收集标本，尝试理解物种的起源。后来，到 19 世纪后期，自行车得到广泛使用，当时的自行车使用的是由橡胶制成的实心轮胎。而这要得益于自学成才的化学家查尔斯·古德伊尔（Charles Goodyear）在 1839 年的发现，他发现天然橡胶和硫黄粉混合加热后，可以成为富有弹性且性能稳定的橡胶。沿袭罗马火神伏尔甘（Vulcan）的名字，这个过程被称为硫化（vulcanization）。而未经硫化加工的橡胶在遇热时会变得黏稠，受冷时则会变得坚硬。在炎热的天气里，经硫化加工而成的橡胶轮胎不会变软粘在地面上，在冬天也不会发硬破裂，这让骑车变得更加有趣，此外它对那一时期的另一项发明也非常有帮助——汽车。

人们对橡胶的需求突然激增，这引发了寻找含有天然橡胶的巴西橡胶树的疯狂热潮。这种树木的生长集中地一般是哥伦比亚、秘鲁、厄瓜多尔、玻利维亚和巴西西部地区的河流上游。这些地方都是真正偏远的丛林，在欧洲殖民者在殖民新大陆的头 400 年中几乎都从未光顾。在早期欧洲探险家带来的瘟疫中幸存下来的亚马孙原住民们，又面临着新的残酷入侵。

采集天然橡胶需要找到数百棵分散的橡胶树，在每棵树的树皮上划出长长的对角线凹槽，收集从中流出的胶乳，将它们带回营地，集合成巨大的球状，然后运输至最近的通航河流。橡胶企业主总是希望找到既能够在森林中生存，又不善于为自己谋求高薪的工人。他们使用暴力奴役了他们在那里发现的一些当地人。而另一些人则在哄骗和利诱下成为负债累累的苦工。可以说，当地的一些部落与外来者进行了有利可图的交易，这让这些部落在与邻近部落的长期战争中占了上风。橡胶业的繁荣也吸引了大批移民进入亚马孙地区。

1876 年，英国人亨利·威克姆（Henry Wickham）将 7 万颗橡胶树种子从巴西带到英国皇家植物园邱园（Kew Royal Botanic Gardens），其中 2 700 颗种子在那里成功发芽。这些培育好的幼苗又被送往英国在亚洲的殖民地。在亚马孙河流域，种植橡胶树的尝试总是被一种真菌所妨碍，但在马来西亚和英国其他的热带殖民地并不存在这种真菌。因此，橡胶种植业在那里蓬勃发展，在最初的幼苗抵达那里大约 40 年后，成片的橡胶树林成熟了，这一下子颠覆了亚马孙地区的经济。1910 年，橡胶的价格达到了峰值。[10] 但到了 1920 年，由于来自亚洲的橡胶供应量如海啸般上升，橡胶的价格跌至谷底。[11] 由此，从经济的角度来看，亚马孙地区陷入了几十年默默无闻的状况。

如今，亚马孙地区几乎所有的森林砍伐都与道路相关。横穿亚马孙的高速公路和其他几条联邦公路穿过森林，尤其是在丛林与巴西发达地区交汇的南部和东部。在安第斯山脉，有几条公路从高原蜿蜒而下抵达雨林中的城市，从而导致森林面积的大规模减少。在五大巨型森林中，只有在亚马孙雨林，因修建道路而推动的农业扩张成为未受侵扰的原始森林碎片化乃至损毁的主导因素，其中牧场和农场带来的森林损毁约占其总数的65%。在紧随其后的非洲热带地区，也只有23%的森林损毁源自农场和牧场的开发。[12]

一开始，森林中的道路往往只是伐木工人为进入偏远地区而推平的崎岖小路。他们总是选择性地砍伐最有价值的树木。而定居者们经常购买在巴西被称为格里莱罗斯（grileiros）① 的运营商伪造的地契。这个名字来源于前数字时代伪造土地契约的方法：把伪造的地契放在一个盒子里，盒子里放入蟋蟀任其排便，直到地契看起来像是古旧的文件一般。格里莱罗斯现在同时在多家机构注册虚假地契，这样一来，一个伪造的地契就可以成为另一个的证据。

自耕农们沿着泥泞的林间小径，砍掉了路两边几十亩地里剩下的树。当旱季到来时，他们焚烧土地，在灰烬中种植豆类、玉米和一种名为木薯的含淀粉的块茎。几年后，农民们在附近反复地砍伐和烧荒，要么扩大种植，要么转向更新的土壤。他们可能会进行多样化种植，为了喂养几头牛而种植一些营养含量不高但耐寒的非洲草。通常他们会保留一部分树林，为他们的栅栏、建筑和燃料提供木材。有些人可能会种植一些可可树，这些可可树在森

---

① grileiros，葡萄牙语，意为土地掠夺者。——译者注

林的林下叶层生长得很好。当这样的定居者变得越来越多时，他们便形成了一个新的社区，通常这些社区会有一个乐土一般的名字，比如新希望、新进步、新生活、甜蜜的荣耀，或者以圣人的名字来命名。

很快，更有钱的人会随之而来。生产率下降的小农场被收购兼并。剩下的树木被砍伐，用来种植更多的草，喂养更多引入的适应热带地区的南亚奶牛。此时，在大大小小的农场主的敦促下，市政府或州政府可能会铺设道路，因为到目前为止，这片地区在雨季还是泥泞难行的。最后的结局通常是半吨重的奶牛四处游荡，不断压实和损害土壤，直到土壤变得贫瘠。如果土地仍然适宜种植且比较平坦，大豆种植者可能会购买土地并种植豆科作物，以出口到欧洲和亚洲。尽管类似的亚马孙故事有很多不同的版本，但大多数都只是改变一下开凿道路、砍伐树木和开发农业的顺序而已。

在雅伊尔·博索纳罗（Jair Bolsonaro）担任巴西总统的第一年（2019 年），巴西森林损毁的速度比前一年加快了 34%[13]，到 2020 年更是达到了 12 年来的最高水平[14]。这位新的国家元首没有选择耗时且需国会支持的新政策，而是通过宣传他个人对这种行为的支持和削减执法预算加速了对森林的损毁。新的数据表明，21 世纪 10 年代中期在博索纳罗之前的统治者当权期间，森林砍伐的趋势已经开始加剧。而在此之前，巴西在 2000—2012 年取得了森林砍伐率下降 80% 的惊人成就。在这一期间，巴西实施了一系列协调一致的政策，有足够的执行预算，建立了保护区，并欢迎国际资金的流入，在很大程度上控制了新的雨林道路的铺设。在那 10 年的时间里，巴西第一次向世界表明，一个面临森林大规模损毁压力的国家可以拯救它的巨型森林。

刚果雨林

与亚马孙地区一样，刚果盆地拥有大片未受侵扰的原始森林在很大程度上要归功于道路的相对缺乏。该地区的道路往往缺少能横跨热带雨林中大量宽阔河流的桥梁。因此，在那里进行陆地旅行需要一定的决心与耐心，并有赖于渡船船夫的心情。这就是为什么在2019年11月的一个下午，约翰和他的同伴们用了一个小时，在逐渐暗淡的夕阳中，以令人兴奋而又紧张的速度沿着穿过丛林的土路快速前行。

桑加河上运载汽车、卡车和人的渡轮只在白天运行。结束了对刚果最完整、野生动物最丰富的森林宝藏之一，即被称为古阿卢戈三角洲的长达一周的访问后，我们踏上了返程。桑加河将该三角洲与中非共和国铺设的道路、城镇和总体上的"文明"阻隔开来。我们在几辆满载木材、木薯和木炭的卡车间行驶，抵达了渡口。在河的对面，小城韦索的灯光闪烁着。我们的司机下了车，在河边的水泥坡道上和一个被称为经理的人打着招呼。有人打电话给河另一边的人，想看看能否说服渡轮船工再跑一次；在河的这一边，除了挤在车里，我们找不到别的能睡觉的地方。在东边，一片森林湿地景观绵延数千千米，有零星的村庄散布其间。就在天空变成非常可爱的三文鱼般红灰相间的颜色时，我们收到了渡口当天已经关闭的消息。

事实证明，我们还有另一种选择，那就是一种被称为独木舟的船在那天晚上可能还能渡河。为了寻找独木舟，我们驱车向上游走了一小段路，来到一个名叫雅卡的村庄，是经理（原来这就是他的名字，而不是头衔）带我们去的。很快，我们便在飞扬的尘土中忙碌地卸下行李。此时已是黄昏时分，雅卡的居民们都在各自的门前放松休息，看着我们忙活似乎成了他们的娱乐项目。孩子们则在两棵从水里长出来的大树周围的浅滩上戏水。

在我们等待独木舟的时候，一辆满载乘客的敞篷小货车抵达，车上的乘客带着行李鱼贯而行，来到了河边。一辆出租车则送来了 3 位打扮漂亮的女士，她们带着好几个孩子，也一齐走到河边，等待着独木舟。一个戴着金属框架眼镜、看起来像位学者的年轻人出现了，他带着一只山羊从山上下来。我们问经理，是不是不应该把我们的箱子搬到岸边，而应该直接放到河边的泥地上占据有利的位置，以确保我们在独木舟上能获得位置。他起初对这个建议不予理睬，后来，随着越来越多的潜在乘客聚集过来，他同意了，于是我们把行李移到了离水更近的地方。

终于，我们看到了独木舟的船首灯光，它正缓缓地穿过大树，往岸边靠近。它看起来很窄，真的就像一条独木舟。那几位穿着考究的女士和几十个在黑暗中四处游荡的人，我们 4 个美国人和 4 个刚果自然资源保护主义者组成的团队，那位"学者"和他的山羊，还有经理，都想登上这艘纤细的"飞船"，但全都能上去的想法显然是荒谬的。在经理的示意下，我们扛起行李，朝着已经在淤泥中搁浅的独木舟的船头走去。时不时听到人们用法语和该地区的通用语林加拉语大喊，但并没有拥挤或推搡。约翰估计，轮到他上船时，如果运气好，可能还能挤在船头的一个角落，还得把"学者"的山羊抱起来放在自己的大腿上。

事实上，在独木舟上居然还有行走的空间。约翰缓慢地走了一半，把行李放在左舷边一个干燥的地方，继续往前走。两边都有木凳，他继续向前来到距船尾 1/3 处的一个可以自由活动的地方，坐在女士们身边。他的旁边是一位身穿红色格子连衣裙、头戴相配套的头饰的年轻母亲，身边坐着她的儿子。独木舟继续吸引着岸边的人群。一个男孩端着一个装有汽油的深煮锅走过，并把它交给了一个拿着手电筒查看发动机的船员。喊声还在继续，一部分是来自约翰周围的女人们，她们大声地命令人们后退、起立或交换座位。他的法语水平足够他连蒙带猜地思考要怎么做。他站了起来。一位穿着蓝色连衣裙的女士却命令他坐下。人们对着经理大喊大叫。

最终，河岸上已经空无一人，而独木舟的船头却牢牢地陷进了淤泥中。随着船上的人们最后一次起立再坐下，以使更多的人移向船尾，船头终于自由了。马达发出轰鸣声，领航员驾驶着长长的独木舟驶出雅卡的天然水潭，经过古树，驶向桑加河的主河道。在星空、夜晚的空气以及不会游泳的人们的一丝恐惧之中，乘客们渐渐陷入沉默。只有几块手机屏幕的一点点亮光在船上闪烁着。

这艘船由一整块约 20 米长、1.5 米宽的木头制成。要做一艘上好的独木舟，你需要一棵比船身长得多的树，树干至少要有 36 米长，以避开破裂和扭曲的部分，还得有至少 1.8 米的直径。这艘船用的是巴蒂木，这种木材很重，耐腐蚀和虫害。这棵树中间被挖空，变成了一块平坦的地板，底部则是密实的、令人安心的龙骨结构。

世界上很少有森林能够长出如此巨大、笔直、沉重的树木，可以造出这样的独木舟，能够承载六七十个人以及货物和动物，在漆黑的夜间横渡一条大河。毗邻着面积更大的刚果民主共和国的刚果共和国的北部森林就是这样一个地方。在地球的热带森林中，刚果雨林拥有体形最大的树木。[15] 一旦你走进这片雨林，便仿佛置身于巨人之中。鳍状的板根在一些巨树的底部延伸。另一些则直接从地下长出来，又胖又圆，好像它们的树干一直延伸到了很深的地下，才让位于树根。对于一个已习惯亚马孙雨林交织的棕榈和藤蔓的人来说，刚果雨林是毫不收敛、宏伟壮丽、垂直向上的。

这是地球上第二大的雨林。刚果盆地有 200 万公顷潮湿的热带森林，还有 100 万公顷的边缘次生林以及邻近高原上的干燥林地。[16] 约 60% 的热带雨林位于刚果民主共和国，刚果共和国、加蓬和喀麦隆各占约 10%，还有一小部分位于中非共和国和赤道几内亚。刚果河发源于东非的山区，呈一条近 4 800 千米的抛物线形向西北延伸，然后向西南弯曲，在其入海口的内陆形成了一系列的大瀑布。刚果雨林的西部和东端呈现出最丰富的生物多样性：加蓬境内大西洋沿岸的森林是盆地低地中最潮湿、物种最丰富的区域。大象、豹子、大猩猩和森林水牛经常走出森林，在大西洋海滩漫步。这里的河马甚至会冲浪。

在东部，艾伯丁裂谷山麓和山地森林的生物多样性则部分来源于其地形、土壤和海拔的多变。[17] 这个地质裂缝周围的区域是一个物种宝库。[18] 这里是非洲一半以上的鸟类、40% 的哺乳动物和令人惊叹的多种多样的蝴蝶的家园。国际野生生物保护学会的中非项目负责人艾玛·斯托克斯（Emma Stokes）说："这是刚果东部具有极高生物多样性的一片疯狂地带。这里有獾狐狓、山地大猩猩、东非低地大猩猩，谁知道还有多少种鸟和草药以及其他的一切！你去的每个国家公园都有一些独特的、大的和不同的东西。不仅仅是一种独特的鸟，还可能是一种独特的大猩猩。"

那里的保护压力也更大。东部刚果有 3 样东西是其西部地区所缺少的：丰富的矿产资源、肥沃的土壤和大量的人口。在刚果民主共和国东部的伊图里省、北基伍和南基伍省，人口密度为每平方千米 69 ～ 100 人。[19] 加蓬位于刚果盆地的西部，每平方千米只有 8 人，而其总人口的 1/3 都居住在首都利伯维尔。[20]

刚果雨林的东部地区缺少一个在其西部至少能以最基础的形态存在着的东西：政府。在西部，加蓬、刚果共和国和喀麦隆的政府控制着他们的领土。在远离首都金沙萨的刚果民主共和国东部，刚果雇佣兵、各种民兵以及来自邻国乌干达和卢旺达的部队在事实上实施着高度的自治。东部的森林损毁如实反映了这些具有挑战性的环境。从 2001 年到 2018 年，刚果民主共和国失去了 4.2% 的原始森林。刚果共和国和加蓬这两个刚果西部国家则分别损失了 1.4% 和 1%。[21]

刚果西部有着整个非洲数量最多的森林象和大猩猩的群落，还有各种其他的灵长类动物、被称为小羚羊的森林羚羊和一种有着安全背心般亮橙色体毛、耳朵软塌的野猪。刚果西部还有数万公顷的大瓣苏木属单优势种群落森林。通常，在 1 公顷的热带森林土地上会杂生着几十种，有时甚至是数百种的树种。而在这里，在一些潮湿、贫瘠的地方，通常巨大的大瓣苏木占了树木的 80%。这种树运用了一些技巧来实现这一点：首先是它的"光塑性"（light plasticity），这意味着它的幼苗在荫凉或阳光下都能生长良好。其次是它是与地下真菌的关系，这种真菌使得大瓣苏木能在贫瘠的土壤中成长壮大。一旦大瓣苏木的幼苗开始生长，它往往会在那里长久地生存下去：钻探取出的泥芯显示，在一些特定地点发现的大瓣苏木花粉可以追溯到 2 700 年前，而附近的混交林则显示，这里的物种因气候的变化而频繁更替。[22]

盆地西部低地的另一个显著特征是，这里是世界上最大的热带泥炭地。尽管它的范围比英格兰的国土面积都大，但这一点直到 2012 年才被发现。

在刚果共和国和刚果民主共和国共有的沼泽森林中，这个在此以前一直隐藏着的系统吸收了约 300 亿吨碳，相当于美国约 20 年的化石燃料排放总量。[23]

仅在 160 年前，欧洲人对刚果几乎还是一无所知。多亏茂密的森林以及河流入海口附近难以逾越的瀑布，该盆地在当时的地图上就是一片空白。俾格米人是在刚果生存时间最长的原住民，而在欧洲人的想象中，他们并不比森林精灵更真实。外界怀疑非洲大陆的两条大河，刚果河和尼罗河有一个共同的源头。亨利·莫顿·史丹利（Henry Morton Stanley）是第一个穿越刚果盆地的白人。在他于 1874 年至 1877 年的第一次探险中，这位探险家确定刚果河与尼罗河并无关联。此后不久，史丹利开始为比利时国王利奥波德二世（Leopold Ⅱ）效力，他代表他的雇主宣称，他获取了被称为刚果自由州的殖民地的 60% 的流域土地。[24] 英国作家约瑟夫·康拉德（Joseph Conrad）曾在 19 世纪 90 年代担任行驶在刚果河上的蒸汽船船长长达 3 年，他将利奥波德统治时期的暴行浓缩为小说《黑暗的心》（*Heart of Darkness*）的主人公马洛船长所说的两个词："愚蠢又贪婪"。[25] 这位虚构的船长描述了欧洲人以站在船的甲板上射杀当地人为乐的真实历史。

当利奥波德二世以非营利的使命为借口，以为刚果人民带来进步的名义获得了他的个人殖民地时，奴隶制在所有的欧洲国家已被废止。然而，在刚果，利奥波德反而奴役了这里的人民。他在刚果的代理人以杀戮和致残的手段胁迫当地人民免费为他们收集象牙和橡胶。然后，他们又以没有收集到足够的象牙和橡胶为由，继续残害人民。在 30 年里，大约有 1 000 万刚果人死亡，这占了刚果总人口的一半。这种因掠夺橡胶而引发的种族灭绝是曾在亚马孙河流域发生过的橡胶业"繁荣兴盛"故事的非洲版本。

　　最终，当时垄断刚果航运业务的利物浦公司（Liverpool firm）的职员埃德蒙·莫雷尔（Edmund Morel）指出，当船只返回殖民地时，只为利奥波德的代理人带来了枪支和弹药，而不是为当地的工人带来他们可以用工资买到的商品。莫雷尔开始了一场漫长的对比利时国王在刚果实施的奴隶制度的讨伐，最终取得了成功。利奥波德成了人们泄愤的对象，最终被比利时议会以支付一笔可观的遣散费的方式赶下了台。但他的杀戮体系为后来占领了今天的刚果共和国、加蓬和中非共和国的法国人和占领了现在的喀麦隆地区的德国人所继承。历史学家认为，这些地区的原住民在法德占领时期与利奥波德统治时期有着相似的死亡率。此外，利奥波德离开后，比利时政府接管了他留下的企业并继续经营，用胁迫缴纳人头税的方式让并不情愿的工人继续为他们工作，除了在这家政府的企业工作，他们无法通过其他方式挣钱来缴纳人头税。[26]

　　戴夫·摩根（Dave Morgan）是我们前往古阿卢戈三角洲的向导，他自20世纪90年代末以来一直在那里研究黑猩猩和大猩猩。摩根的研究是从动物园开始的。他在西卡罗来纳大学读书期间，在一家位于公路边的动物园兼职工作，他的工作内容之一就是阻止某些宗教狂热分子试图抓起毒蛇的疯狂举动。大学毕业后，他回到位于佛罗里达州的家，在布希公园（Busch Gardens）工作。布希公园是圣路易斯酿酒家族持有的一家动物园和主题公园。老员工们给摩根讲了他们曾在休息室和黑猩猩一起喝免费的百威啤酒的故事。尽管摩根永远不会这么做，但由此可见这位前大学橄榄球队后卫一定也能胜任此项工作。他的英语、法语、林加拉语和拉丁语（用以了解植物名称）都混合了他所说的"里维埃拉和阿巴拉契亚地区乡下人"的口音。

1996 年，摩根获得了到野外工作的机会，成了一位名叫迈克·费伊（Mike Fay）的生物学家的工作伙伴，这位生物学家当时正管理着刚果共和国北部的诺娃贝尔多基国家公园。摩根最初在古阿卢戈三角洲附近工作，但不在里面。因为费伊已经宣布该地区禁止进入，哪怕是进行研究也不允许。1991 年，费伊在三角洲附近闲逛时，发现了仍然"天真"（naive）的黑猩猩和大猩猩，这是灵长类动物学中的一个术语，指的是尚未与人类有过接触的猿类。它们看到费伊既没有逃走，也没有试图把他赶走。费伊希望古阿卢戈三角洲地区继续保持它的天真。

但到了 1999 年，一家名为刚果共和国木材工业公司（Congolaise Industrielle des Bois）的伐木公司开始在古阿卢戈三角洲附近砍伐树木，甚至还会进入三角洲进行砍伐。生物学家面临的现实是，如果他们不马上去保护这颗森林"宝石"，它就会遭到砍伐。作为与这家伐木公司达成的务实协议的一部分，摩根被赋予了建立古阿卢戈研究项目的任务。

为了到达那里，我们从刚果共和国的首都布拉柴维尔出发，开了两天的车，设法赶上了回程中我们差点错过的横渡桑加河的同一艘渡轮，在狭窄的黄土路上又开了 3 个小时，直到两旁灌木丛的枝叶开始拍打我们所开的越野车两侧的后视镜。在路的尽头，我们和当地的俾格米划桨者一起爬上了小小的独木舟，沿着水流缓慢、如沼泽般的恩多基河（见图 4-4）蜿蜒而上，然后进入更窄的姆贝利河。在两侧树木的拱形树冠下，我们嗅着花园般的味道，在逐渐缩窄的、几乎只容我们独木舟穿行而过的河道中前行。一个小时后，我们终于下了船，开始行走在森林中大象踩出的小径上。

图 4-4　在恩多基河上划着独木舟的俾格米人

　　这些平滑的小径完美地在森林的地面上延伸，一路优雅地向前蜿蜒，最终交汇于多达 4 条或是 6 条路的路口。它们赋予森林一种欢乐的气氛，使徒步旅行也变得更为轻松。唯一值得注意的障碍，是这些小径开拓者们的粪便。这些赤褐色的粪便看起来像是四处散落的红杉的护根，它们气味浓烈，但并不令人讨厌。它们有垃圾桶盖那么大，大小不一，上面经常会长出小树苗和蘑菇。偶尔，大象也会拉下更黏稠的咖啡罐大小的球形粪便。

　　沿着其中的一条小径行走，你几乎可以想象一头大象所过的日子，它从一棵树走到另一棵树，咀嚼着毛茸茸的八角形大果热非椴果实并四处散播。下一棵树则散发着焦糖和樱桃的香味。被咀嚼得半半拉拉的、长长的、红黑色的一种豆荚散落在小径及其周围的灌木丛中。大象切断了通往这棵树的小径，但大猩猩也喜欢这些豆子，它们用锋利的犬牙插入豆荚并沿着其长边挤出豆子。而人类收集它们，是为了食用、药用或是利用其豆荚的芳香特性。这棵树几乎具备所有的功用——帮人们减轻炎症、止住抽搐、降低血压、节育、阻止带来血吸虫病的寄生虫（血吸虫病会导致消化系统的疼痛甚至死亡）。[27] 这些黏糊糊的豆荚可能只是味道很好，但像许多其他物种一样，大猩猩和大象都懂得利用该植物的药性。[28] 再往前走，我们看到了一棵"刮痕树"，它已变形且被涂上了红色的泥土，大象会把这些泥土甩在自己的背上，然后在选定的树干上使劲擦拭。

森林象与在热带大草原上游荡的大象是不同的种群。非洲森林象为了适应在森林中穿梭行进，进化出了比它们在森林外的亲戚们更小的体形，它们的象牙也更直。真正让我们震惊的是，在森林象的小径上走了一段时间后，我们意识到，森林象为其他物种（包括我们）的迁徙设计了整个森林的路线图。大象创造了一种输送动物的管道系统。我们在小径上发现了豹子和森林水牛的粪便，闻到了红色小羚羊分泌的外激素所散发的棉花糖香味。黑猩猩、大猩猩、邦戈羚羊、其他各种羚羊和野猪都使用大象开辟的小径四处走动。

6 个小时后，我们来到了一个地方，那条小径在这里消失于水下。这是森林里的一条河，一片有活水流过的沼泽，也是我们到达营地前的最后一道障碍。我们脱下鞋子，涉水穿过佐兰河。沼泽减慢了我们思考的速度。天篷似的树冠降到了一个更近人的高度。谈话也暂停了。冰凉的水没过了我们的脚踝，然后是膝盖，再然后是臀部，我们静静地浸在水里，排成一行，在浑浊的青铜色的水中摸索着前行。河床的一些地方光滑多沙，另一些地方则覆盖着厚厚的树叶。大家通过友好的手势，将藏在水下的看不见的树根和木桩告知队伍中的下一个人。在我们涉水之前，戴夫·摩根告诉我们，有一天他在古阿卢戈三角洲穿越一条类似的河流时，黑暗的水中突然有什么东西从他两腿间穿过。当它浮出水面时，他瞥见了一只麝香鹿，这是一种带有条纹和斑点，与狗体形相当的鹿，常躲在水中避开捕食者。

20分钟后，我们走出了沼泽地，我们的水中穿越就此结束了，我们甚至有点意犹未尽。我们系好鞋带，几分钟之后就低头进入了一道大象围栏，围栏上挂着空沙丁鱼罐头作为装饰，这就是古阿卢戈三角洲研究营地的围墙。营地里的一群人中有24个俾格米人，其中几个正情绪高涨地玩着一种纸牌游戏，还有四五名勤奋的刚果研究助理、一位厨师和一名营地经理。

对大多数人而言，哪怕仅仅是来到了没被围栏围住的大猩猩或黑猩猩的身旁，就已是一次令人兴奋的经历。而摩根已经与它们相处了20多年。他有过各种各样的遭遇，有一次他被打了一巴掌，另一次他的肩膀被一只大猩猩严重咬伤。而他的高光时刻则是当他看到这些灵长类动物做出一些不寻常事情的时候。猿类与众不同的行为扩展了人类的思维，同时也缩小了人们一直试图宣称的人类独有的领域，比如幽默、哀悼、合作、计划、使用工具以及我们所做的其他特殊的事情。事实上，猿类会做所有这些事情。他们会相互挠痒、作恶作剧、大笑。[29]摩根和他的妻子克里克特·桑兹（Crickette Sanz）在古阿卢戈进行研究的头10年里记录了黑猩猩使用工具的22个不同例子，包括使用工具进行喂食、自我护理、急救、让自己感到舒适以及玩耍。[30]

在营地的第一晚，吃晚餐时，摩根介绍说，我们可能会看到一些很少有人见过的行为，即两种不同的猿类一起进食。几十年前，我们尚不知晓大猩猩和黑猩猩共同进食这一行为的存在，目前也仅在古阿卢戈三角洲有记录。古阿卢戈三角洲是非洲唯一既有黑猩猩又有大猩猩的地方，并且它们已经习惯了研究人员的存在。一连几天，摩根的团队一直在研究一棵巨大的、距离营地步行约 30 分钟的无花果树。这棵树是热带地区许多绞杀树中的一棵。它们由从高处落下或经动物吞食又排出的种子生长而来。在能很好地获得光照和水，且有足够多的土壤和腐烂树叶的地方，种子开始发芽并生长。它根部的卷须能够深入森林地表以下 15 米或更深处，这些根生长固定、变粗并包裹住宿主树，宿主树开始腐烂并留下中空的树干。到那时，绞杀树的根系已经足够坚固，可以支撑起自身伸展壮大的树冠。

古阿卢戈营地附近的无花果树结出了高尔夫球大小的果实。它们闻起来像是绿芒果、硬纸板和割下的青草混合而成的气味。该地区的植物学调查发现，每 600 公顷的森林中只有一棵这样的树。[31] 它们每 13 个月结一次果实，黑猩猩会在自己的头脑日历上标出它们的位置和结果日期。在我们到访前的几天里，研究团队观察到一只雌性黑猩猩多次前来查看无花果果实的成熟度，就像有人在超市挑选桃子时，用手挤压桃子以测试其成熟度一样。

"无花果熟得要掉下来了！"在我们第一次出发去看动物的前夜，摩根在篝火旁宣布。

我们在第二天黎明前出发，加入了由俾格米人做向导的研究队伍。当我们到达时，这棵无花果树上已有两只大猩猩和 4 只黑猩猩（见图 4-5），还有一些亮绿色的鸽子和被称作大蕉食者的吵闹的鸟儿们。摩根欣喜若狂。"这真的发生了，各位！"研究助理忙着在平板电脑上输入猩猩们的行为数据。

图 4-5　被枝叶遮蔽的黑猩猩和大猩猩

注：它们正在无花果树上一起进食。

　　这项工作由刚果生物学专业的学生团队和来自诺娃贝尔多基国家公园附近的俾格米人共同负责。尚没有多少经验的观察者一开始并不能立即辨识不同的猿类。它们都有着同样的深色毛发，黑猩猩的体形比我们预期的要大，而高处的大猩猩是年轻的雄性。植物学家戴维·科尼（David Koni）指出了这两者的区别。科尼还在约翰的耳朵里放了野生生姜，以防成群结队的喜盐的汗蜂进入——也可能只是想让他看起来更好笑。反正，这两个目标都实现了。

共同进食并非爱的盛宴，其中存在着明显的权力失衡。黑猩猩机敏、行动迅速、地域性强，喜欢在大群体中活动。我们遇到的这个组群被称为莫托社群，是以林加拉语中意为"火"和"人"的词语来命名的。莫托社群共有55 名成员，其中有半数出现在了这里。大猩猩则生活在更小的家庭群体中，就像我们所观察到的、由一只名为洛亚（Loya）①的银背大猩猩领导的这个 5 人群体一样。看起来，黑猩猩最多只能算是在容忍大猩猩的行为。树上的大猩猩是洛亚的儿子莫贾伊（Mojai）和高（Kao），它们边吃边用一只眼睛盯着水果，另一只眼睛则盯着黑猩猩们。莫贾伊一度陷入困境。它抱着一根又粗又滑的树枝，滑到无花果树最初分叉的地方，那里远远高于森林地面。很快，它上方的两根主要枝干上都来了黑猩猩，而树的主干太粗，它无法合抱住树干继续滑动。它紧张地寻找着各种其他可能性，试着在主干的周围抓到可以支撑自己的枝条。最后，它上方一根树枝上的黑猩猩离开了，莫贾伊才敢往上攀爬，进而攀上了一棵相邻的树。大猩猩家族的其他成员则一直在吃散落在地上的果实（见图 4-6）。

这棵高大的无花果树将这两种不同的猿类拉进了一种暂时的亲密气氛中，尽管其中充满了不安的张力。在互相靠得很近的情况下，它们会从对方的报警声中受益。年轻的猩猩会参与跨物种的游戏，甚至包括性探索，如胸部的碰撞，有时还会产生暴力。研究得知，大猩猩受益于黑猩猩对成熟果实的感知力，经常跟随着黑猩猩找到果实成熟的树木。研究人员正在观察大猩猩是否有注意到黑猩猩对工具的使用，但目前尚无结论。

---

① 所有被研究的猿类都有名字，是由森林探索者和研究助理根据动物的性格特点所取或者以一些受人敬仰的人的名字来命名。洛亚便是以古阿卢戈三角洲项目的首席探索者洛亚·加斯顿（Loya Gaston）的名字命名的。

图 4-6　银背大猩猩蒙特特雷（Metetele）

注：在古阿卢戈项目的蒙迪卡营地附近，银背大猩猩蒙特特雷正在一棵巨型大果杜鹃树下觅食。

　　摩根还指出，我们所看到的这些动态，很可能是更新世的人类曾经历过的一部分过程的重现，那时，丹尼索瓦人和尼安德特人都是与智人同一时代的同类。"骨骼化石能告诉我们的很有限，而在野外看到真实行为则是很有启发性的。现在我们只需要仔细观察同域的黑猩猩和大猩猩。""同域"一词描述了栖息地存在重叠区域的不同物种。

我们和戴维·科尼一起离开了无花果树去寻找洛亚。这只银背大猩猩四仰八叉地躺在森林的地面上睡着了。科尼是一位植物专家，甚至闭着眼睛都能识别森林中的几乎任何东西。他低声告诉我们，当洛亚醒来时，作为一只大猩猩，它可以向任何方向伸出手，并找到可以吃的东西。像牛一样，大猩猩在消化过程中也会在超大的结肠内发酵食物。几乎任何绿色的东西它们都能吃。仿佛听到了我们说的话，只见洛亚动了动，翻了个身，伸出一只巨大的手臂，从近旁的灌木丛中捋下一些叶子。它咀嚼着叶子，站了起来，然后沿着一条大象小径，缓缓地走回到了那棵猩猩们共同进食的树旁。

戴夫·摩根所说的最令人震惊的关于刚果森林损毁的事情是，他从未在这里发现森林损毁。一位拥有 25 年经验的热带自然保护主义者仍在等待他的第一次证据确凿的清场伐木，这种说法实在令人不可思议。但是当我们开车过来的时候，我们确实也没有看到任何森林砍伐的痕迹。

摩根解释说，首先，诺娃贝尔多基国家公园周围很少有人居住。其次，当地人口主要由土生土长的阿卡族（Aka）和巴卡族（Baka）的俾格米人组成，他们自古以来便生活在森林中或来自森林。刚果原始森林民族中存在10 多个不同的民族语言群体，而俾格米人是其中人数最多的民族之一。遗传学研究显示，俾格米人有一个共同的祖先，大约在 6 万年前从其他人类族群中分化出来，在 3 万年前又分裂成不同的区域群体，并且在距今约 3 000 年前，在一定程度上与来自北方的高个子移民进行了杂交繁殖。自从那次接触以来，俾格米人和移民来的农民一直保持着紧密的联系，同时保留着各自不同的文化。[32] 俾格米人一直是森林向导、猎人、觅食者、精神中介，在某些情况下，他们是与其相关联的农耕文化的下层阶级。

国家公园附近的农民则属于庞大的班图族（Bantu），他们的祖先来自西非。他们小规模地种植木薯和其他农作物，并通过与俾格米人的物物交换，获得其他来自森林和河流的食物。牛肉、大豆、棕榈油和可可豆等在其他热带森林造成了严重破坏的全球大宗商品，迄今在刚果还没有形成稳固的立足点。

另外，伐木是对拥有刚果雨林的 6 个国家普遍存在的威胁。2002 年，刚果民主共和国宣布暂停工业砍伐，以遏制环境破坏，并切断武装冲突的资金来源。但是，在 21 世纪的第二个 10 年，伐木业在这个刚果盆地的最大的国家快速蔓延，其发展速度是官方许可速度的 8 倍，90% 的木材砍伐都违反了该国的林业法律。[33] 2018 年，刚果民主共和国开始恢复工业砍伐特许经营权，两家公司率先获得了在刚果中部敏感的泥炭地中生长的森林的砍伐许可证。[34]

对砍伐的树木通常需要严格筛选，每公顷只能砍伐 2.5 棵树。一旦砍伐完成，伐木工人临时开辟的一些道路将在 10 年内被森林自然抹去，但在许多情况下，在此之前，猎人们会利用这些道路去设网、挖陷阱或射杀森林羚羊、猴子、猿类、大象、野猪、犰狳、穿山甲和啮齿动物。选择性砍伐只破坏了约 5% 的森林，却使狩猎活动增长了近 30%。[35]

1994 年，瑞士活动家兼摄影师卡尔·安曼（Karl Amman）和总部位于英国的世界动物保护协会的加里·理查森（Gary Richardson）无意中发现了刚果共和国木材工业公司参与了在刚果共和国进行的商业捕猎大猩猩行为的证据。[36] 刚果共和国木材工业公司拥有的伐木特许权的范围中有三个方向都与诺娃贝尔多基国家公园接壤，但它声称自己是清白的。而事实上，该公司已经将数千人带进了森林，开辟了道路，并鼓励其工人将狩猎作为一项实际工作，因为没有其他的动物蛋白可供该公司的工人食用。

最终，刚果共和国木材工业公司与国际野生生物保护学会建立了合作伙伴关系，以保护诺娃贝尔多基国家公园周围特许经营区内的野生动物。它获得了最重要的国际林业标准机构——森林管理委员会的绿色认证印章。如今，刚果共和国木材工业公司比刚果共和国其他几个木材特许经营许可证的持有者做得更好。它帮助支付反偷猎巡逻费用，并与当地社区协商，为阿卡人和其他当地人赖以生存的非濒危野生动物狩猎划定了合法狩猎区。刚果共和国木材工业公司与国际野生生物保护学会共享森林数据和计划，而后者则与政府共同管理国家公园。

摩根和他的同事最近发表了一篇论文，表明在刚果共和国木材工业公司的伐木租约期内，经过一轮对萨佩莱木的砍伐后，对黑猩猩和大猩猩种群的影响是最小的，而萨佩莱木占砍伐树木的 70%。这两个猿类物种仍然繁盛。[37]国际野生生物保护学会的艾玛·斯托克斯表示，经过认证的特许经营区以及他们的反偷猎巡逻队对大象的保护至关重要。"对于邦戈羚羊也是如此。你在国家公园里是找不到邦戈羚羊的，它们喜欢次生林中的空地，只要它们不被猎杀，就可以在特许经营区内繁衍生息。"

但是，从太空的视角看来，对于刚果的可持续伐木成果的判断却并不那么鼓舞人心。彼得·波塔波夫在提到认证项目时说："森林管理委员会的绿色认证不是解决方案，尤其对非洲来说，它真的不是。"他 2017 年发表在《科学进步》上的论文指出，在加蓬、喀麦隆和刚果共和国，森林管理委员会认证的伐木作业对未受侵扰的原始森林的破坏与没有绿色认证的伐木作业带来的破坏程度相当，甚至更大。[38] 2014 年，森林管理委员会通过了一项提议，以避免在认证操作中破坏未受侵扰的原始森林。[39] 但在刚果，这一规则被忽视了。刚果共和国木材工业公司这一刚果共和国最大的特许运营商目前正在建设新的道路，通往直到最近才被评定为未受侵扰的原始森林的森林地区。森林管理委员会创始成员绿色和平组织于 2018 年因这个问题退出了联盟。

道路是可持续伐木计划中美中不足的部分。从某种程度来说，刚果丛林在此之前一直受到被动的保护，原因在于它们缺乏通道以及善意的忽视。它们地处偏远，有时还很危险，特别是在刚果民主共和国东部，因此对它们的保护不需要积极的监管和巡逻。[40] 但是，整个盆地地区的人口正在以世界上最高的速度增长。各国在基础设施方面已经有了投资者，这些基础设施将促使人们前往以前难以到达的地方。在行驶在刚果共和国的一天车程中，我们看到了两座机场、一座形似汉堡的体育场、一个会议中心、一所闪闪发光的面积巨大的大学校园，以及数百千米的道路。

新几内亚雨林

我们常把世界各地不断缩小的生态系统视作栖息地岛屿，与之相反，位于地球南半球两个大洲中部的亚马孙和刚果的巨型森林则是森林海洋。新几内亚森林是五大巨型森林中最小的一个，它有属于自己的类别：覆盖着一个真正岛屿的森林之海。要确定它的位置，请先在地图上找到澳大利亚，然后向东北方向看，沿着约克角半岛的方向，穿过托雷斯海峡，便是新几内亚岛。这个地球上的第二大岛总面积约为 8 000 万公顷，相当于两个加利福尼亚州，略小于半个刚果盆地。值得注意的是，尽管我们很容易从四面八方进入岛上的巨林，但在 1511 年一名葡萄牙水手成为第一个发现它的欧洲人后的 5 个世纪里，它仍然保持着相对的完整。[41] 其他类似规模的热带岛屿，如婆罗洲、苏门答腊岛和马达加斯加，都已经失去了它们的大部分树林。

新几内亚岛的东半部是巴布亚新几内亚，该国于 1975 年从澳大利亚独立出来，通常以其首字母缩写 PNG 来表示。其早期的殖民统治者是英国和德国。该岛的西部由印度尼西亚统治，这个国家拥有 17 000 多个岛屿。20世纪 50 年代，印度尼西亚脱离了荷兰的殖民统治，并对荷属新几内亚宣示了主权。在联合国进行辩论时，荷兰对此表示反对，指出巴布亚人民在文化上不同于印度尼西亚，应该由其实现自治。这场争端在 20 世纪 60 年代初得到解决，当时美国出于冷战地缘政治考虑，选择在背后支持印度尼西亚。1963 年，这半个岛屿被印度尼西亚所控制，1969 年，巴布亚各部落酋长们的一次可疑投票确认了印度尼西亚在该岛的主权。现在它被分为两个省：巴布亚和西巴布亚。

新几内亚岛位于澳大利亚构造板块的北部边缘，该板块以每年 6 厘米的速度向北移动，与太平洋板块碰撞后，以相似的速度向西移动。[42] 新几内亚岛便是这次碰撞产生的壮丽景观，此外还形成了引人注目的科迪勒拉山系和21 座由海洋沉积物形成的小山。其最高峰 Nemangkawi Ninggok（在当地语言中是白色箭头峰的意思）高度超过 4 800 米。这比美国本土 48 个州中的最高峰惠特尼山还要高 450 米。地理学家们则把一些文化相近和生物相似的近海岛屿与新几内亚的主大陆归类在一起。[43] 新爱尔兰和新不列颠岛是俾斯麦群岛中最大的岛屿，该岛靠近主岛，政治上属于巴布亚新几内亚，但由于深海海沟（板块俯冲带）的存在，该岛与主岛在生物形态上截然不同。在新不列颠岛的众多奇异物种中，有一种在地面筑巢的冢雉，它会利用活火山的热量孵蛋。

新几内亚森林生态系统的多样性与独特性还得归功于另一条深海峡谷。这条海底裂谷位于巴厘岛和龙目岛之间，延伸至新几内亚岛的西边，形成了一道水屏障。即使在海平面大幅下降的年代，这条海峡也阻止了原本可能从婆罗洲、爪哇、苏门答腊或东南亚大陆迁徙而来的物种。这就是新几内亚的动植物群更接近澳大利亚的而非亚洲其他热带地区的动植物群的原因。亚洲有猴子、老虎、松鼠和雉鸡，而新几内亚则有树袋鼠、食蚁兽和世界上 42 种天堂鸟中的 39 种。亚洲最大的陆地动物是大象，而在新几内亚则是不会飞的鹤鸵。阿尔弗雷德·拉塞尔·华莱士是第一个注意到这两个地区动物群急剧分化的欧洲人，他花了大量时间在西巴布亚收集鸟类和昆虫。1858 年，正是在这一地区的发现，促使他与查尔斯·达尔文同时提出了自然选择导致生物演化的现象。当华莱士在新几内亚西部的一个岛屿上感染疟疾时，他已完成了相关理论的所有内容。[44]

岛上巨型森林的多样性形态包括了至少 7 种不同的森林类型（见图 4-7），另外还有沼泽、稀树草原和无树的高山带。在这些森林中发现了 11 000 ～ 20 000 种植物，包括一种彩虹色的桉树和两种古老的针叶南洋杉，即使发现的植物种类是这个范围的最大值也仍可能被低估了。新几内亚西部的植物群基本上未经研究，东部地区被列入植物科学目录的新物种则仍在稳步增加。[45] 美国生物学家安迪·麦克（Andy Mack）在 20 世纪 80 年代末搬到巴布亚新几内亚研究鹤鸵如何散播树木种子时，发现了这一种类丰富且有相当部分未有记载的植物群。他对一棵特别引人注目的类似红木的树产生了兴趣，这种树的果实是鹤鸵这一巨型鸟类的主食。麦克形容这些树有着发光的外观。尽管它们可能会发光，但麦克无法发表任何关于鹤鸵与该树关系的文章，因为这种树还没有被西方科学家"发现"。他招募了一位植物学家来到高地森林，并请他给这种树起一个拉丁学名，植物学家照做了，给它起了一个名字叫 aglaia mackiana，以此向这位大鸟的研究者致敬。

图 4-7　西巴布亚的中海拔森林

　　新几内亚拥有地球上 30% 的蕨类植物，是这一领域的"冠军"。它还盛产兰花，其种类多达 2 850 种，其中 86% 的种类是其他地方找不到的。这里还有超过 2 000 种地衣植物，其中至少有 800 种还没有拉丁学名。没有一个植物科是新几内亚所独有的，但它 60% 的种是独一无二的。由于这个年轻的岛屿从大洋洲和亚洲继承了所有的植物科目，并且在其短暂但明确的隔离期内一直忙于从这些祖先那里精心培育新的物种，因此在物种数量的层面上出现了四处蔓延的地域特有现象，但在更高的分类层面上则没有新的进展。[46]

新几内亚之所以得名，是因为这里的居民是黑人。在 16 世纪的探险家伊尼戈·奥尔蒂斯·德雷茨（Yñigo Ortiz de Retez）看来，当地居民和非洲人无异，所以他认为以非洲的一个地方来命名这个岛是个好主意。[47] 他对这个岛屿的第一印象忽略了这样的事实，即生活在这座岛屿上的深色皮肤的本地人会说 1 000 多种语言，是整个印欧语系语种数量的两倍。岛上的森林民族与非洲人完全不同，或者仅就语言这一点而言，彼此也不一样。在 500 年后的今天，情况依然如此。更值得注意的是，从习俗上来说，巴布亚新几内亚人民保留了几乎所有土地的所有权，尽管"所有权"是对人类与其他生物、水域和它们赖以生存的矿物基质之间的联系的一种简称。部落的身份植根于森林中，那里到处都是神圣的土地、先祖精神、历史事件以及传统上人们生存所需要的一切。

商业对新几内亚动植物的侵扰最初主要集中在羽毛上。天堂鸟是乌鸦的近亲，它们身披的华丽羽毛，数百年前出现在数千千米外的亚洲和中东地区的皇家服饰上。统治阶级的装扮用不了多少羽毛，不需要很多的鸟，所以这种贸易对物种没有产生特别的威胁。然而，19 世纪末 20 世纪初，带羽毛的头饰在欧洲和北美的平民中流行起来。雄性的小天堂鸟、大天堂鸟和红羽天堂鸟的羽毛热闹地聚集在一起，组成白色、黄色和橙红色的 30 厘米长的绒毛枝状花饰。100 年前，时髦的女士普遍认为这些带有花饰的帽子戴起来很好看。对英国、德国和荷兰殖民者来说，出口鸟毛成了一项大生意。[48] 北美物种，尤其是雪鹭，它的皮也被用于制作头盔。这引发了美国的一场保护运动，最终形成了立法，奥利弗·温德尔·霍姆斯（Oliver Wendell Holmes）在 1920 年签发了有关保护鸟类的最高法院意见书，同时时尚潮流也因此而改变。[49]

总体而言，人们从那时起开始从鸟类那里夺走森林，而不是从森林中抓获鸟类。1972 年至 2002 年，巴布亚新几内亚热带森林的 15%（380 万公顷）被夷为平地。伐木和农业造成了同等程度的森林破坏，此外还有一小部分的森林损毁是由采矿、火灾和种植业造成的。另有 8.8% 的森林受损，但尚未被完全破坏。[50]

模式已经改变。巴布亚新几内亚大学 2015 年的一份报告发现，近年来森林破坏大幅减少，而森林退化也略有减少。2002 年至 2014 年间，每年的森林损毁比过去 30 年报告的比例低了 75%。森林退化的比例下降了约 14%。[51] 在面积相对较小的新几内亚巨型森林中，未受侵扰的原始森林一开始比其他大陆上未受侵扰的原始森林面积小，很容易低于 5 万公顷的面积下限。自 2000 年以来，巴布亚新几内亚未受侵扰的原始森林有 17% 的地区已经遭到损毁，远远高于全球的森林损毁率。[52]

巴布亚新几内亚目前大部分森林损毁发生在该岛北部低地和该国最大的近海岛屿新不列颠岛的道路沿线——后者是在火山上筑巢的冢雉的家园。2000 年后的头 15 年里，木材、黄金和棕榈种植园用地都吸引了投资者的注意。如果巴布亚新几内亚将其公路网扩大 50% 以上的计划真的实现，情况可能会很快变得更糟。[53]

2000 年，在印度尼西亚一侧的新几内亚岛保留了 86.9% 的"原始"森林（按照斯韦特兰娜·特鲁巴诺娃的定义）。到了 2012 年这一数值为 86.2%。尤其值得注意的是，到了 2012 年，90.8% 的低地原始森林仍然存在。而处于平坦地区的森林通常是最先消失的。国际林业研究中心（Center for International Forestry Research）2019 年发表的另一份分析报告估计，2001—2018 年，印度尼西亚一侧的新几内亚失去了 2% 的"原始"森林。[54] 油棕种植园则是罪魁祸首，从 20 世纪 10 年代中期开始，油棕的种植面积便在不断增加。巴布亚省和西巴布亚省广阔的森林覆盖范围更加引人注目，一定程度上是因为在这一时期，印度尼西亚正在砍伐本国其他岛屿的森林，它一举超过巴西，成为年度"原始"热带森林损毁的世界领军者。[55]

到目前为止，印度尼西亚一侧的新几内亚最臭名昭著的工业项目是来自新奥尔良的自由港麦克莫兰公司（Freeport-MacMoRan）经营的综合矿山。这里是世界上最大的金矿和第二大铜矿，自 1973 年印度尼西亚确定对这里的统治后不久就开始运营。每年从巴布亚高山上挖掘出来的金属带来了超过 40 亿美元的收入，由自由港公司和印度尼西亚政府瓜分。该矿山企业在提供了 2 万个工作岗位的同时，也彻底摧毁了艾夸河、导致了武装叛乱、催生了性产业、提高了艾滋病毒感染率，并向印尼军方支付了数千万美元的可疑款项。[56] 自由港公司的矿井是挖掘行为的一个典型案例，有朝一日这些挖掘可能会使新几内亚印度尼西亚一侧的群山变得千疮百孔。

展望未来，处在印度尼西亚管理下的新几内亚地区拥有高度发达的棕榈油行业，而其种植园将成为森林的一个严重威胁。身处正在下沉的首都雅加达的规划者，在一定程度上根据土壤、气候，尤其是地形等因素来为该国遥远的岛屿制定土地使用规划。为了给大规模农业让路，任何平坦地带的森林都有可能遭受砍伐。在这些区域，企业可以向国家政府申请特许权。在巴布亚省，企业需要与原住民传统土地所有者达成协议，同时需获得当地被称为kabupaten（县）的行政区政府的支持，并通过该省的环境影响审查。

这听起来似乎很麻烦，但棕榈油巨头们还是办成了这些事。截至 2020 年年初，印度尼西亚新几内亚发放了共计 180 万公顷林地的油棕特许经营权。[57] 就在那时，印度尼西亚的海事和投资协调部长、油棕种植最大的支持者之一卢胡特·潘贾伊坦（Luhut Pandjaitan）来到西巴布亚岛，出人意料地宣布不再新增油棕种植面积。[58] 农业企业将改种其他作物，比如肉豆蔻或咖啡。环保人士对环境和社会发展由此产生的变化持怀疑态度：过去的政府对种植非棕榈作物的承诺就曾被忽视，同时替代作物也同样可能毁灭森林，土地所有者对它们的权利仍可能会被剥夺。

2020 年 10 月，印度尼西亚通过了一项名为《创造就业法案》（*Omnibus Law on Job Creation*）的立法，极大地削弱了环境保护的力度。来自苏门答腊的穆巴里克·艾哈迈德（Mubariq Ahmad）是一位杰出的终身环保主义者和户外运动爱好者。他拥有哥伦比亚大学的硕士学位和密歇根州立大学的经济学博士学位。他曾是世界自然基金会在印度尼西亚的负责人，并在世界银行雅加达办事处担任了几年的首席环境经济学家。现在他负责经营非政府组织——保护策略基金会（Conservation Strategy Fund）的印度尼西亚分部。艾哈迈德留着寸头，有一张友好的圆脸。但在 2020 年初，当我们在雅加达一家自助餐厅见到他时，他的微笑并没有持续多久。

"是的，我很生气！"他说，介绍着我们与他会面的那一周刚刚被提出的这一综合法案。

艾哈迈德说，这是将森林土地轻易地交到开发商手中的趋势的一部分。

"这是我现在与雅加达人民一起进行的最大的斗争。印度尼西亚土地事务和空间规划部（Agrarian Affairs and Spatial Planning）部长恰好是我很久以前的朋友，大约40年前……他总是说，土地在人民，尤其是在原住民手中是无法体现其价值的。这就是为什么我们需要引入投资。我对他说：'这是一种非常殖民主义的观点。你不想承认属于人民的权利。为什么同一件东西，如果它在人民手中，就没有价值，如果它被强行接管，第二天到了企业集团的手中，它就突然有了价值？'"艾哈迈德在印度尼西亚的其他地方目睹了无数类似的强行接管。当地人失去了土地、食物来源和文化根基，土地失去了树木，而地球失去了抵御气候变化的又一道防线。

桑达纳研究所（Samdhana Institute）对所有这些问题提供了解答。该机构分设于印度尼西亚和菲律宾，旨在帮助原住民保持他们的生计以及他们与自然紧密联系在一起的精神生活。尤努斯·尤姆特（Yunus Yumte，见图 4-8）负责领导桑达纳研究所在新几内亚的工作，也是我们此行的向导。尤姆特是西巴布亚梅布拉特部落马雷族（Mare）下属部落的成员，在西巴布亚城市法克法克长大，他认为法克法克这个名字对于英语母语者来说是很好笑的。他的父母从他们的村庄搬到那里去上学并留下来工作。尤姆特就读于爪哇岛的茂物农业大学（Bogor Agricultural University），这是印度尼西亚最顶尖的林业学校。在那里，他与国际林业研究中心的世界级专家一起参与项目。

尤姆特身材矮小结实，眼睛很大，可以轻易地让他的同伴们放声大笑。他喜欢美国歌手约翰·丹佛，在哼唱《乡村路带我回家》（Take Me Home, Country Roads）时，他会把歌词里的"西弗吉尼亚"换成"西巴布亚"。

图 4-8　尤努斯·尤姆特

注：尤姆特的工作是帮助巴布亚社区维持与土地的习惯关系。

　　他非常负责，携带两部手机、一台硕大的黑色笔记本电脑，以及各种被整理好装在塑料文件夹里的文件。与我们同行的还有桑达纳研究所的桑迪卡·阿里安西亚（Sandika Ariansyah），他是一位健谈的爪哇人，与当地村民相处融洽，总是把同伴的健康舒适放在心上，随身携带着急救箱。贝特韦尔·耶瓦姆（Betwel Yewam）是这个团队的最后一位成员。他高大英俊，剃着光头，笑声很有穿透力，几乎不会任何英语单词，尽管他似乎能听懂不少。耶瓦姆在旅途中经常赤脚行走。

耶瓦姆是阿布部落（Abun）的一员，他带我们来到他位于西巴布亚荒野美丽的北海岸的家乡。经过多处荒芜的热带海滩，沿着位于该岛西北部的海岸公路走到尽头，就是他的村庄克沃。在克沃，他招募了一位儿时的伙伴德里克·曼布拉萨尔（Derek Mambrasar）来带领我们通过克沃河进入森林。当我们准备食物、燃料、一台舷外发动机和一长段装满当地自制椰子汁的竹筒时，天空仿佛张开了嘴，倾泻下如同《圣经》中描述的倾盆大雨，淹没了克沃的街道。它把克沃河搅成了一股满是断木的致命洪流。而我们需要沿着这条河逆流而上，才能到达我们的森林营地，所以我们决定在曼布拉萨尔的房子里等一晚。在他的主屋里，有5架大鹿角，几只猎犬，一些被关在角落里的鸡，还有一条装在瓶子里的小蟒蛇。在我们等待的期间，他用从森林里采集的荨麻叶给约翰治病。将荨麻叶放在裸露的皮肤上摩擦，会产生强烈的刺痛感，然后是梦幻般的局部麻醉体验。

第二天早上，在获得我们计划露营的那片森林的传统土地拥有者的许可后，我们从雨后暴涨的克沃河河口登上了船。被森林覆盖的山峦形态显得突兀而又生机勃勃，它仿佛跪在河边，将河流推来绕去。一只幼年白腹鱼鹰在我们的头顶上翱翔。在内陆航行了几个小时后，我们驶出干流，进入了一条小支流——苏米河。这条小河被一棵倒下的树截断了去路，因此我们卸下货物，徒步穿过荫凉的树林。一夜倾盆大雨过后，栗色和咖啡色的落叶仍然是湿的。森林闻起来像一个打开的装着黑巧克力的橱柜。15分钟后，我们来到一片宽阔的沙滩上，重新回到了小溪边，小溪对面是一片软软的藤蔓。一股新鲜的可饮用的水从森林的山坡上流下来。

我们搭建好营地，收集芭蕉叶作为座席，而尤姆特则用卷心菜、胡萝卜、拉面和鱼罐头制作了一顿美餐。下午晚些时候，曼布拉萨尔召集大家一起去散步，去看看因生长着珍贵的印茄木材（在英语中被称为 intsia bijuga）而遭到砍伐的森林，以及土地所有者拒绝伐木者出价收购的一片邻近地区。然后，我们开始沿着清澈的苏米河浅滩散步。

我们穿过纵横交错的小溪，爬上溪岸，穿过一片森林，然后又回到水中涉水前行，直到我们到达伐木区。森林受到的破坏并不十分明显。零散分布的残桩已被风化成深褐色。树木砍伐后留下的空地上长满了灌木和小树，需要用弯刀开辟出小路才能穿过。一条伐木路被再生的森林所覆盖，当我们穿过它时，几乎没有注意到它。过了一会儿，曼布拉萨尔带我们走出伐木区，回到河边。

约翰突然注意到他的右膝和大腿上有很大的伤口和划痕。耶瓦姆关切地看了看他那条腿。"发痒的叶子。"他说。他抓住约翰的那条腿，举起他的弯刀，猛击了一下，然后用刀刃的扁平部分敲打伤口。约翰起初对此感到十分震惊，直到耶瓦姆告诉他，他的伤口会在几天后停止疼痛（这是准确的），他才对这种迅速的丛林疗法感到高兴。耶瓦姆为我们指出了这种令人不快的植物，这是一种外表与森林中许多其他植物相似的荨麻，它长得枝繁叶茂，看起来毫无恶意。

我们接下来看到的这片完整的未被砍伐的太平洋铁木森林，有一片宜人、通风的下层植物，这里没有残留的树桩。许多树木的直径超过 0.9 米，树干有些有凹槽，有些则是圆的。这些古老的生物仍然能够存活于森林中，有赖于它们与一个人类宗族之间的关系，到目前为止，这个宗族仍然认为树木比金钱更好。不知这些树木是否知道，它们在有可能成为花园长椅、门和精美餐桌的情况下，还能如此幸福地生长在这里。

当我们爬上斜坡时，天开始下雨了。我们走在一条旧木材运输道路上，这条路并没有像我们之前看到的那条较小的伐木小径那样得以恢复。一头鹿从灌木丛中发出呼噜声。曼布拉萨尔解释说，这是荷兰人从印度尼西亚的其他岛屿引入新几内亚的帝汶鹿，它们在这条道路上吃草，防止树木在这条道路上生长。"Kampung rusa。"他咧嘴一笑，用印度尼西亚语说道。他的意思是，这里是鹿村。我们的队伍在渐深的暮色中，以近乎小跑的速度穿过草地、砾石滩和多刺的灌木丛。

当我们离开道路回到森林里时，天已经全黑了。我们的头灯在森林中留下了一片片椭圆形的光影。地面松软，露出滑溜的树根，偶尔有小溪从山坡较深的褶皱中泻下。空气中有着泥土的气息。我们往下走时，得用脚趾紧抠着地面，手则交替地抓着一根接一根瘦削的树干，同时还要小心不碰到千足虫。它们有 15 厘米长，又胖又富有光泽，攀附在纤细的树干上，似乎在进行某种夜间通勤。曼布拉萨尔步履飞快，没有时间问他有关千足虫的问题。这位森林原住民飞奔在其无数代先人居住过的林地家园中。由于黑暗加上试图跟上他的脚步，我们下意识里变得十分专注。这一夜仿佛蕴含着某件事的开端。

我们没有看到太多看起来很危险的东西。这里没有塔兰托毒蛛，也没有成群结队的好斗且咬人的蚂蚁。任何曾不小心碰到南美火蚁的树屋或中美洲带刺棕榈树的人，都会在摸一棵树之前先看一眼。

曼布拉萨尔说，在许多丛林中常见的致命蝰蛇在这里并不是威胁。一位生物学家朋友后来对此提出疑问，称在西巴布亚的这一地区，被称为死亡蛇的蛇类"相当常见"。但这两种说法都有可能是真的。蛇和其他咬人、蜇人的东西可能很常见，但如果你是跟着像曼布拉萨尔这样的人，走在如同他自家草坪的林地上，可能也不会有太多的危险。

我们在一条小溪边停下来，以便重新灌满我们的水瓶，抽烟，聆听。一只红褐色的猫头鹰在远处叫着。而另一种动物的声音让我们这些游客环顾四周，面面相觑。这是一种哔哔的叫声，就像一个电池耗尽的小型装置发出的声音。水蛙像德国牧羊犬一样吠叫，体形较小、身份不明的青蛙则像吉娃娃犬一样哼哼。当我们重新上路时，一只幽灵般的生物从大约 7 米开外的地方直直地盯着我们，一下子将新几内亚巨型森林带入了澳大利亚的生物地理环境中。

一只袋鼠！

在曼布拉萨尔的命令下，除了他以外的所有人都匍匐在地，关掉了头灯。约翰目瞪口呆地看着这只袋鼠在向导头灯的光束中闪闪发光的虹膜，第一次意识到新几内亚真的有袋鼠存在。他从前只知道那种可爱的橙色树袋鼠。但这种被曼布拉萨尔用印尼语称为 kanguru 的袋鼠的正式名称其实是森林沙袋鼠，它是一种真正的、跳来跳去的大型袋鼠。

不管叫什么名字，它都是肉。

曼布拉萨尔扔掉了他的绳袋，拿着一根用小树制成的长矛，向前走去。他用他的手电筒在森林的树冠上随意地照射，以迷惑这只袋鼠。他想让袋鼠把注意力集中在森林树冠而不是人类身上。在世界各地的许多森林中，也许是大多数森林中，原住民都迅速地掌握了枪支的用法。但许多人仍然知道如何使用吹箭、长矛、短箭、棍棒和网进行狩猎。如果有机会，他们也难免会受到新狩猎工具的诱惑，这种工具可以让人在很远的地方以极高的精确度杀死动物。然而，印度尼西亚禁止其公民拥有枪支。在莫莫氏族居住的阿亚博基亚，大多数男孩和一些女孩仍然手持弓箭四处奔跑。为了捕鱼，孩子们使用带有倒刺的三叉戟尖端的箭。成年人携带长矛或弓箭在森林中狩猎，就像人们在数万年前所做的那样。然而，印度尼西亚的军人和警察可不是传统主义者。他们中的一些人在业余时间利用手中的弹药，在巴布亚和西巴布亚经营着副业：捕杀鹿、野猪和袋鼠。

曼布拉萨尔让袋鼠一时不知所措；它在平坦的林地上跳来跳去，看起来就像是在和猎人斗舞。然而，不一会儿，它跳过一处土丘，消失在森林深处。

在我们长达4小时的巡游快结束前，曼布拉萨尔发现了一只国王天堂鸟（见4-9）。鸟儿睡着了。曼布拉萨尔对惊扰别人的美梦毫无顾忌。他小跑过去，一只手拿着点燃的香烟，像抢篮板球一样跳了起来，把这只天堂鸟从它栖息的地方以及它的梦境中拽了出来。这只红白相间的小甜心有着斑斓闪耀的蓝绿色翅尖、亮蓝色的爪子和淡褐色的眼睛。它的尾羽看起来就像是由珠宝商精心制作而成：两根15厘米长的金属丝绕成圈圈，背部是翡翠色，腹部是金色。几分钟后，曼布拉萨尔就放手了。事实上，这一场小小的"捕猎 - 放飞"观鸟活动，让我们清楚地认识到，曼布拉萨尔和他这样的森林人是多么全身心地将自己投入我们称之为大自然的世界中。

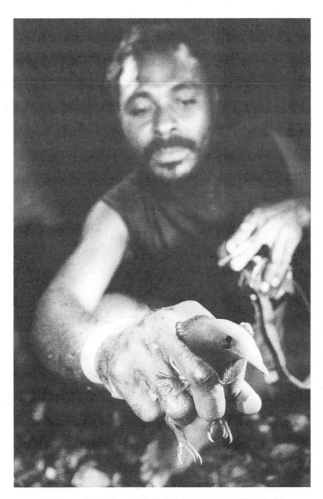

图 4-9　德里克·曼布拉萨尔和西巴布亚的天堂鸟

EVER

第 5 章

思想的森林，多样的
人类文化

巨型森林中拥有惊人的人类多样性。有超过总数 1/4 的地球语言在世界上最大的林地里得到了使用。然而，仅仅是语言种类的统计，远没有它们的细节那么引人注目。成千上万的词汇是根据其语法来使用的，而这似乎穷尽了人类感悟和认知的每一种可能性。这些词汇使我们突破了每个人赖以思考的概念框架的限制，并由此展现了人类创造力的全部奇观。

民族植物学家韦德·戴维斯（Wade Davis）将每种语言都称作"一片思想的原始森林"。[1] 在关于其导师理查德·伊文斯·舒尔兹（Richard Evans Schultes）的传记作品中，戴维斯描述了舒尔兹遇到的亚马孙人，他们用同一个词来表示绿色和蓝色——以一种单一的色彩来暗示头上的两片穹顶之间的联系，一片是树木，另一片是天空。[2] 而与此同时，亚马孙人却用了 18 种名称来描述南美卡皮木的不同品种。尽管舒尔兹在热带雨林中生活了 10 多年，且是有史以来最有成就的热带植物学家，他也无法清晰地区分这些不同的品种。巨型森林孕育了数千种文化，每种文化都有其独特的方式来感知现实、处理信息并将其转化为语言表达。换句话说，每种文化都有着自己的存在方式。如今，在一个至少有 43% 的语言种类濒临灭绝的世界里，原始森林仍然在保护着这种多样性。[3]

虽然语言并不等同于文化，但语言的多样性提供了一种标准，用以衡量世界不同角落存在着的文化多样性。民族语（Ethnologue）是目前最完整的世界语言数据库，截至 2021 年初，它已经有了 7 139 个条目。[4] 这一数据库是美国传教士组织——美国暑期语言学院（Summer Institute of Linguistics，简称SIL）[①] 所维护的付费网站。美国暑期语言学院的传教士在 20 世纪 30 年代开始学习传教当地的原住民的语言，以便与学院认为"仍需发展语言"的人们生活在一起，同时这也是将《圣经》翻译成（发展完善的）当地语言的需要。[5] 美国暑期语言学院的传教热情推动了一幅全球地图的形成，地图上的每一个小黑点代表了每个使用不同语言的地区的大致中心。这些小黑点像植物种子一样散布在世界地图上。新几内亚岛看起来就像湿淋淋地掉进了装满种子的桶里：密密麻麻的全是黑点，整个岛几乎成了黑色。该网站每年的订阅费为2 400 美元，订阅后你将得到一张放大的民族语地图。在这张图上，你可以数出总数超过 1 000 个的小黑点，而其中 851 个属于新几内亚岛东半部的巴布亚新几内亚。澳大利亚纽卡斯尔大学的新几内亚语言专家比尔·帕尔默（Bill Palmer）统计了 1 300 种语言，其中包括一些在紧邻主要大陆东部和西部的较小岛屿上使用的语言。[6] 为了更好地研究新几内亚超乎寻常的语言多样性，生物地理学家贾雷德·戴蒙德（Jared Diamond）[②] 试图估算出 1492 年以前在几个区域内存在着多少种语言。根据他的估计，每 100 万平方千米中，欧洲存在 6 种，非洲存在 49 种，加利福尼亚存在 156 种，而新几内亚存在 1 250 种。[7]

---

① 后更名为世界少数民族语文研究院（SIL International）。——编者注

② 加州大学洛杉矶分校医学院生理学教授，美国国家科学院院士，美国哲学学会会员。其著作《性的进化》解释了人类的性行为是如何演变为现在的模式的，包括女性的绝经期、人类社会中男性的角色等，通过一个个有趣的案例帮助我们梳理了人类性征进化历程的多个方面。该书中文简体版已由湛庐引进，由天津科学技术出版社于 2020 年出版。——编者注

新几内亚是全球语言多样性的中心，那里拥有至少 40 个庞大的宗族和丰富的语言。宗族内部使用由同一来源演变而来的语言群组，不同语言之间主要在词汇上存在差异，就像西班牙语和葡萄牙语。而不同的宗族语言则在语法上就颇为不同，如西班牙语和汉语。新几内亚也有许多被称为孤立语的语言。这些语言与其他任何语言都不存在亲属关系，就像欧洲的孤立语巴斯克语（Basque）一样。新几内亚的一种孤立语是梅布拉特语。[8]这是尤努斯·尤姆特和芬斯·莫莫（见图 5-1）的母语，我们在西巴布亚省的坦布劳乌山访问了他们。

图 5-1　在图夫中的西巴布亚的芬斯·莫莫

我们围坐在用经过锤打并缝合的树叶做成的垫子上，尝试学一点梅布拉特语，莫莫则在一旁烤着从近旁的伊里河新钓到的切成大块的鱼。冒着泡、正嗞嗞作响的油锅放在三根与地面形成一定角度的木棍支架上。这三脚架支得很专业，木棍的燃烧速度比食物的烹饪速度刚好还要慢一些。莫莫的侄女阿纳斯塔西娅在林地上玩着一把大勺子。我们问她们如何用梅布拉特语说"森林"。

她们回答说："视情况而定。"为了描述我们所处的森林，你得先用舌头抵住上牙，发出"透"（toe）的音，然后再呼出一个长长的"夫"（fff）。它写出来是"图夫"（toof），但听起来更像"透夫"（toeff），感觉就像是从通气管中把水排出去一样。尤姆特解释说："图夫是指人们经常接触的森林，而有朝一日，人们可以将其改造成传统的花园或种植园。人们探索它是为了狩猎和采集。"在一位未经过专业训练的游客看来，这里没有明显的人迹，通往这里的道路也并不显眼，在有些地方甚至还缩成了一条隐约可见的洒满落叶的细线。尽管这片森林看起来完好无缺，但这里是阿亚博基亚人频繁使用的区域。事实上，我们在森林里所坐的这个地方有一个特定的名字，叫斯洛克哈（srokha），意为"闲逛地"或"聚会点"，因为它是一个重要的林地十字路口。

如果我们处在一个与人类"接触"较少的森林里，大多数说梅布拉特语的人会叫它"阿林"（arin），少数部落会叫它"阿图鲁"（atrouw）。尤姆特大胆地将其翻译成了一个不太准确的英语词——primary forest（原始森林）。对于秘密且神圣的森林，它还有一个很少被使用的名称——"摩丝"（moss）。在谈及整个宇宙的意义时，这个词也可以指代"自然"。尤姆特补充说，在这片被森林覆盖的土地上，森林也被称为"土地"，即梅布拉特语中的"塔巴姆"（tabam）。英语中关于"自然"的概念是一个独立的非人工区域，包括森林、草原和珊瑚礁等多种地貌，而在梅布拉特语中并没有与之对应的具体词语。对于说梅布拉特语的部落来说，这是一个新的概念。

如果西巴布亚的森林四分五裂，森林文化被连根拔起，梅布拉特人对森林的这种理解——图夫、阿林、阿图鲁和摩丝，以及邻近的说另一种孤立语的阿布人（abun）口中的"恩登"（nden）就有可能与印尼语中的"森林"一词——"胡坦"（hutan）混淆，这是一个不具有本土根源或共鸣的"森林"。森林中的原住民将会面对一片分裂的森林，并且被迫使用航海而来的马来人的贸易语言来谈论森林，这种语言是印度尼西亚的通用语言，部分原因是它并不复杂。[9] 每一种语言的丧失都会缩小我们的视野，不仅是对森林的视野，更是对世界的视野。避免因巨型森林被破坏而导致的身份毁灭，是出于道德伦理的一种迫切需要；而在我们的星球最需要保持稳定的时候，避免烧毁我们的森林知识图书馆更具有切实的意义。

据推测，新几内亚的语言之所以如此多样，是因为人类已经在那里生活了很长时间：至少 47 000 年，可能长达 65 000 年。[10] 最初的人类定居者有充分的机会分散在岛上各地，占据各种偏僻孤立的角落，并形成不同的语言。随后一波又一波的新移民的周期性出现又加剧了语言的混杂性。但正如时间的流逝可以产生多样化一样，它也可以导致同质化，尤其是当一个占主导地位的帝国部落出现时。

地势的阻碍提供了另一种解释。新几内亚岛中部的地形状若手风琴，沿泽丛林沿岛上的海岸线分布，宽阔的河流环绕其间。河流和湿地也同样阻碍了人们在语种丰富的亚马孙和刚果低地进行跨区旅行。塞皮克河盆地（巴布亚新几内亚西北部的一个沼泽地区）是语言多样性最高的一个地区，就像马赛克中的万花筒一样。那里的人们是这样想的，既然很难从一个地方到达另一个地方，那又何必费力呢。他们之间没有互动，因此最终说的语言也不同。这只是一部分的解释，尽管也存在反例，比如印加人和玛雅人，他们攻克了难以应对的山脉和丛林，维护了自己的文化主权。

森林有助于人们发现全貌。英国纽卡斯尔大学的人类学家丹尼尔·内特尔（Daniel Nettle）对热带地区的降雨量和语种数量进行了研究，发现全年降雨量都很大的地方往往会存在更多的语言种类。他得出结论，居住在全年雨水充足、气温稳定的地方的人们可以与世隔绝地生活；他们不需要去不同的地区觅食，也不需要经常与邻居以物易物来度过干旱或寒冷的季节。[11] 内特尔的发现已经被更多新近的统计研究所证实，这些研究区分了孤立的地形或降水等因素与语言多样性之间的密切联系。[12] 单一潮湿的气候成为首要的预测指标。由于光合作用需要水，因此多水的区域由于能将二氧化碳气体转化为生物量而变得富饶。而这些语言和文化不断繁衍增多的生态系统，也正是植被越发茂密、植株越加高大的生态系统——森林。

大森林孕育出独特的人类文化，其中最引人注目的例子，是那些尚未与外界接触的人，那些完全依靠森林环境自给自足的社会。他们几乎都分布在亚马孙河流域的偏远地区。那些以前只存在于谣言和传说中的族群，现在在南美洲已经初步发现了 185 个，其中 119 个已经通过航空勘测或非常仔细的地面考察得到确认。[13] 这些族群远离道路，环绕着盆地，沿着那些因狭窄或多石而无法通航的溪流分布。人们大多数生活在由 2020 年发表在《科学进步》杂志上的一篇论文所界定的世界上最大的两片未被破坏的热带森林中。[14] 人们之所以可以选择这种生活，是因为这里仍然有未受侵扰的原始森林。

其中有很大一部分功劳要归于悉尼·波苏埃洛（Sydney Possuelo）。在 1987 年以前的 20 多年里，波苏埃洛为巴西政府工作，负责联络那些未曾接触外界的族群。当时，巴西的军政府正在向亚马孙地区推进，他们认为与这些族群的接触不可避免。波苏埃洛是一个 sertanista（探路远足专家），这个词源于巴西东北部干旱的塞尔托地区，在亚马孙地区被发现之前，该地区是"文明"的巴西人所去过的最为蛮荒的地方。像波苏埃洛这样的探路远足专家会深入亚马孙地区进行远程探险，寻找从未与外界接触过的原住民，并通过向他们提供贵重物品，如金属工具和炊具来诱使他们进行互动。一旦被说服，这些原住民群体将成为联邦政府和天主教会的受监护人。然而原住民中的许多人，有时甚至是大多数人会因此死于疾病。那些幸存下来的人则将像巴西基督徒一样生活在苦难之中，被边缘化，常常可能成为酗酒者。在与横跨亚马孙的高速公路附近的阿拉拉人共同经历了一段特别令人心碎的插曲后，波苏埃洛彻底认识到，他的社会已经把探路远足专家变成了原住民的死亡天使。

1987 年，作为政府中负责处理未与外界接触的部落问题的部门负责人，波苏埃洛将政策从寻求接触改为避免接触。这一重大变化与巴西于 1988 年批准的修订宪法相吻合，该宪法承认原住民对其祖传领地的专属使用权。波苏埃洛及其同事划定了数百个这样的区域。其中许多区域中共同居住着接触过和未接触外部社会的两种部落，其中包括巴西最大的两个原住民领地：8.8 万平方千米的亚诺马米领地和 8 万平方千米的查瓦利河谷。

由于他们的巨型森林家园所提供的与世隔绝的环境，最近刚刚与外界有些接触的少数部落成功地保持了其与外界接触前的生活方式。例如在 1987 年，新部落传教团（New Tribes Mission）的美国基督教福音派教徒与巴西政府合作，接触了佐埃人（Zo'é）。[15] 当时，该国军政府领导人正在规划一条穿越亚马孙北部佐埃地区的道路。佐埃人试用了传教士作为礼物赠送的衣服和枪支，并聆听了福音传教。穿上这些衣服使他们浑身发痒。枪支需要的弹药则是他们无法自行制造的，而且会让他们很容易一次性杀死很多动物。这些武器将迫使他们采取新的社会控制手段，以避免在距离村庄很近的地方消灭所有的猎物。最终，他们拒绝了这些礼物，也拒绝了福音传教。在波苏埃洛的帮助下，佐埃人于 1991 年赶走了传教士。

30 年后，在世界上最大的超过 6 800 万公顷的连片热带森林中（那条道路从未建成），佐埃人占据着一块 660 000 万公顷的法定领地，他们狩猎、耕种，按照传统管理自己的社会。[16] 佐埃人几乎一丝不挂，只在其下嘴唇上穿着一根叫作波图鲁（poturu）的木棍装饰品。最受佐伊人欢迎的现代发明是手表和文字。世俗语言学家帮助他们创造了一种书面佐埃语（瓜拉尼语），该部落现在用这种语言为他们的土地制订了一个长期计划。

佐埃语是亚马孙地区分属 6 大语系的 350 种语言之一，每个大语系包含 20 ～ 80 种语言，另有至少十几个小语系，每一小语系最多包含 12 种语言。[17] 语言家族的成员在地理上是散布的，而不是齐整地聚集在一起，这使得一位专家将亚马孙地区的语言地图比作抽象表现主义绘画大师杰克逊·波洛克（Jackson Pollack）的一幅画。[18] 亚马孙盆地中还存在大量的孤立语，而这正是几个世纪以来与欧洲人的接触所留下的。根据澳大利亚詹姆斯库克大学的教授、《亚马孙的语言》（*The Languages of the Amazon*）一书的作者、语言学家亚历山德拉·艾肯瓦尔德（Alexandra Aikhenvald）的说法，该地区在与外界接触前所存在的语言可能有 600 ～ 1 200 种。

亚马孙河流域语言表达的多样性，让那些寻求普遍语法原则来解释思维如何转化为语言的学者感到困惑。语言学家诺姆·乔姆斯基（Noam Chomsky）认为，人类大脑的神经交互形式限制了人类这个物种创造语言的方式。[19] 而亚马孙巨型森林正是这种普遍性论点不成立的地方。艾肯瓦尔德在詹姆斯库克大学的同事、世界著名语言专家之一 R. M. W. 迪克森（R. M. W. Dixon）在 1999 年曾写道："他花了几十年时间寻找实质性的语言共性。在一个又一个的案例中，正当我认为我已经获得了一些重要的类型学证明时，一个反例又意外地出现了，那就是来自亚马孙地区的某种语言。"[20]

亚马孙地区的语言推翻了欧洲语言使用者可能持有的一些基本假设。例如，在许多亚马孙语言中，没有表示"谢谢"的短语，也没有表示 3 以上的数字单词。然而，感恩是存在的，在十进制计数从海外引入之前，对于数量的表示也已经存在了数千年。该地区的许多语言中没有与 have（有）这个词（英语中第二常用的动词）相对应的词语。在与西班牙语和葡萄牙语使用者接触后，亚马孙河流域的人经常会修改他们的词汇使其与 hold（持有）这一词相对应，以涵盖这一所有格动词的新概念。[21] 拥有财产的可能性因部落而异。[22] 在瓜拉尼语中，"我的"、"我们的"和"你的"等代词不能用于太阳、月亮或丛林；在巴西－圭亚那边境的马库西地区，这些代词则不能用于彩虹、鹿或亲属；对于生活在巴西帕拉州的马普埃拉河上的使用希卡利亚纳语（Hixkaryana）人来说，这些代词则不能用于木薯或水。从语言上讲，土地对于内格罗河上的黑人部落巴尼瓦（Baniwa）来说是不可占有的。

许多亚马孙文化重视认识论的精确性，不信任那些无法提供细节来描述他们如何知道某件事的人。因此，该地区的大多数语言都会在动词中添加作为"证据"的前缀和后缀，以说明说话者是亲眼看到了某件事的发生，还是以非视觉的方式理解了它、听说了它、间接地推断了它，或是以其他方式发现了它。例如，一位讲马茨语（Matsés）的人也许能够确定，一个最近死去的人是被萨满巫师杀死的，虽然没有明显的创伤迹象，但只有当她看到尸体时才会说"nënëchokid-n akak"。如果她没有看到尸体，但仍然十分确定，她会使用"杀死"的推测形式，并说"nënëchokid-n akash"。塔拉纳人（Tariana）、图尤卡人（Tuyuka）、德萨诺人（Desano）、图卡诺人（Tucano）、深林胡普人（Deep-forest hup）和尤胡普人（Yuhup）有语法工具来表示 5 类证据。亚马孙河流域言语的一个共同倾向，是在完整的对话中复述事件，而不是解释所涉及的人物。[23]

皮拉罕人（Pirahã）是最与世隔绝、语言最具异国情调的部落之一。他们生活在亚马孙河以南地区，有着复杂的社会性别制度，他们有用来指代陆生和水生的非人类生命的特有代词。在英语中，it（它）、he（他）或 she（她）可能用于猴子和鱼，但这些动物在皮拉罕语中有专属的代词，前者听起来像"ik"，后者听起来像"si"。他们的语言更多的是被唱出来而非说出来，而且具有一种独一无二的声音，一种类似"g"的需要语言学家所称的"双重敲击"的发音。[24] 在发这个音时，要用舌尖轻敲牙槽脊，即支撑上齿的骨骼，然后将舌尖伸出并敲打下唇。

与其他两个热带巨型森林不同，刚果盆地在欧洲殖民前就经历了重大的迁移事件。大约从 4 000 年前开始，来自西非的属于尼日尔－刚果语系的种黍米的农民向东南迁移，定居在刚果盆地。紧随其后的是一批使用铁器的农民。其他移民则来自非洲东北部，并带来了尼罗－撒哈拉语系。农民移民的语言取代了他们在盆地中遇到的森林部落的方言。尼日尔－刚果语系成为世界上最大的语系，其下包含了 1 524 种语言，这是因为移民的语言在整个刚果以及非洲南部和东部有着巨大的差异。[25] 仅刚果民主共和国就有 200 多种语言，加蓬有 40 种，刚果共和国则有 60 种。[26]

尽管"新来者"占据了主导地位，刚果的原始森林文化依然存在。如今，有 1/4 的俾格米人仍在使用自己的语言，这些语言包含来自尼日尔－刚果和尼罗－撒哈拉语系的语法和一些词汇，还有丰富的与森林有关的词汇，这些词汇是独特的，并且很可能源于他们与外界接触前的语言形式。[27] 经过 150 代非裔殖民者和 150 年前出现的白人势力的干涉，俾格米人仍然保持着其作为最了解森林的人的独特地位。没有他们的陪同，很少有外人敢去森林深处冒险。在古阿卢戈三角洲地区，约翰了解到了其中的原因。

那天上午，在观看了共同进食的猿类之后，约翰和古阿卢戈的营地经理肖恩·布罗根（Sean Brogan）以及两名俾格米人埃米雷·巴孔博（Emilie Bakombo）和恩达姆比奥·贾斯坦（Ndambio Justain）一起去森林中的另一个地区参观一片湿地。在林中小径上，安全规章要求一个俾格米人始终走在队伍的前面，另一个则在队伍的后面，并始终保持警惕。约翰跟在贾斯坦身后走了半个小时后，这个年轻人突然停住了。他没有回头，只是将手臂伸向身后，双手不断地张开又合上。这手势的意思是"原地停下""转身拼命跑开"还是"过来看看我看到了什么"？

约翰选择了第三个选项，结果证明这是错误的选项，因为这个年轻的俾格米人看到的是一头森林象。这些大象很聪明，体形庞大，跑得还比人类快，而且和人类已经共处了很长的时间；但由于象牙贸易，它们的数量已经减少了 90%。[28] 没有科学证据表明森林象对此怀恨在心，但我们的确知道它们会哀悼死去的同伴，且记忆力很好。[29] 在姆贝利河附近的一个研究营地里有一座纪念碑，它证明了动物可能带来的危险。这座纪念碑是为一位年轻的丹麦科学家而建的，她在 2018 年被一头大象杀死，当时她走在森林中，没有俾格米人的陪同。

仅仅在 8 米之外，阳光从树冠的一个缺口照射下来，照亮了这头大象，如果没有贾斯坦走在前面的话，约翰可能会直接撞到它身上。这头大象看上去闪闪发光，露出一根长长的、微微弯曲的左牙，一只耳朵一动不动，一根起皱的象鼻非常随意地悬垂着。它的右半张脸则被一簇树叶遮住了，看上去好像陷入了沉思。

贾斯坦转过身，我们则跟着巴孔博拼命地跑了起来。短跑是最原始的运动，不是为了锻炼或娱乐，而是为了逃避真正的危险。最后，我们停了下来，两个俾格米人商量了一下。他们在讨论这头象可能的下一步行动，试图指出它进入森林是走这条路还是那条路。在我们这些访客看来，这些路径似乎都没什么不同，但对这两个俾格米人来说，它们是不同且易于辨识的。我们再次出发，进入小径分叉中，成功地避开了大象，并在 15 分钟后到达了湿地。

刚果的森林原住民似乎能感受到全部的色彩和芳香，并拥有着超越传统五感的感觉，而对我们这些人而言，这只是一片相对无味、无声和单色调的森林。这里的每一个研究人员都能讲出一些关于俾格米人在找寻道路时的神秘技能和对非人类世界所特有的敏锐感觉的故事。刚果共和国的国际野生生物保护学会项目负责人、生物学家理查德·马隆戈（Richard Malongo）讲述了一个他负责的研究项目，那时他每天都要去邦戈羚羊（一种橙白条纹相间的羚羊）经常光顾的一片空地。一天早上，在营地里，和他一起工作的俾格米人宣称，那天他们将看到比以往更多的邦戈羚羊。之前的最高纪录是 9只，而那天他们看到了 12 只。"就像他做梦梦见了一样。"马隆戈惊叹道。还有一次，一个俾格米人突然阻止了马隆戈团队的行进，并说他们必须等待，因为前面有一头大象。其他人都没有听到或看到任何动静。俾格米人解释说，那是因为大象睡着了，而他能根据气味辨别它。

在戴夫·摩根的猿类研究项目中，加斯顿·阿贝亚（Gaston Abea）是唯一一位进行着自己的研究的俾格米人（见图 5-2）。他负责每天跟踪由一只名叫布卡（Buka）的银背大猩猩带领的大猩猩群，研究它们身上一种直到最近才被生物学家发现的行为。"人们看到大猩猩在地上抓着什么，然后往嘴里送，以为它们是在吃蚂蚁。"阿贝亚一边说，一边抓地演示着。正值黄昏时分，我们坐在研究营地的树桩上。几年前，阿贝亚从丛林中的水果、水牛粪、猿麝香和蜂蜜的混杂气味中嗅到了一种微妙的真菌芳香，这使他明白大猩猩并不是在吃蚂蚁。"蘑菇！"他用法语喊道。"他们在吃松露。"大猩猩吃菌菇在科学家看来并不完全是新鲜事，但在阿贝亚开始记录布卡猩猩群的此项技术和模式之前，人们只知道一些粗略的细节。

那天晚些时候，我们十几个人在营地围着一堆篝火聊天，火堆中迸发出的火花射向繁星点点的天空。在 10 亿只昆虫的奏鸣曲中，一个俾格米人埃特科·兰伯特（Eteko Lambert）将一把类似于三角四弦竖琴的乐器放在一口大铝锅上，弹奏了一首曲子。他高声歌唱，手指在琴弦上飞舞。当他唱完这首长达 20 分钟的歌时，他介绍说，这首歌描写的是，在自己的村落，与家人和朋友坐在户外，看着孩子们在森林里跑进跑出时产生的一种满足感。

图 5-2　加斯顿·阿贝亚

注：加斯顿·阿贝亚在西部低地的一群大猩猩身上发现了一种罕见的饮食选择——松露。

在北部巨型森林中生活的原住民，虽然并非完全与世隔绝，但在主流文化的同质化浪潮席卷了移民聚居的温带地区时，这里的原住民却能部分地幸免于此。加拿大的原住民有 13 个宗族，包含至少 60 种语言。[30] 阿拉斯加也有十几种原住民语言。[31] 在俄罗斯，政府承认了 40 个"少数"原住民族群，其定义为成员少于 5 万人的群体。[32] 这些独特的文化群体大多生活在西伯利亚和俄罗斯的远东地区。有几个较大的泰加原住民族群超过了 5 万人的人口门槛，尤其是萨哈人（Sakha）和布里亚特人。[33] 尽管太平洋两岸地区都采取了残酷的镇压和同化策略，但许多北方原住民的语言和文化依然存活了下来。

罗斯河的卡斯卡 – 德纳社区就是一个例子。一天，长老约翰·阿克拉克和克利福德·麦克劳德带我们进入了白雪覆盖的森林，向我们介绍他们的族人以前是如何进行年度"巡游"的（见图 5-3）。这相当于一种在他们的领地上的美食之旅，他们追逐着鱼类、鸟类、哺乳动物和植物，其中的许多种类至今仍在养活人类和治疗人类的疾病。在长达数天的路程中，约翰一直在追问一个更具普遍意义的问题，关于"森林"在卡斯卡文化中的意义。长者们委婉地避开了他的问题。而当我们环顾周围景观的各项组成部分——云杉、白杨、冷杉、柳树、湖泊、沼泽和正从林火伤害中恢复的林地和光秃秃的山顶时，这一完整的景观让人们试图用明晰的界限定义"森林"的这一想法变得难以实现。

我们停下来，生了一堆火，烤了几根香肠，分享了装在保温瓶里的茶水。在乔希·巴里切洛（Josh Barichello）的帮助下，约翰又一次提出了他的"森林"问题。30 多岁的巴里切洛戴着警用墨镜，金色的头发狂野蓬乱，几乎要从他头上那顶手工制作的、绣着他名字的帽子下钻出来。他一生中的大部分时间都在卡斯卡附近度过。小时候，他和父亲诺曼（Norman）一起生活，诺曼在卡斯卡及其周边地区研究了数十年的矛隼，并长期担任加拿大第一民族（First Nations）的顾问。现在，巴里切洛和父亲都在罗斯河卡斯卡原住民保护区提供帮助。年轻的巴里切洛自20岁出头就住在罗斯河上，在部落土地部门工作，他花了大量时间与部落长老们一起整理他们的传统知识。巴里切洛是该社区为数不多的会说卡斯卡语的年轻人之一，卡斯卡语和纳瓦霍语（Navajo）一样，是阿萨巴斯卡语系（Athabaskan）的一员。

图 5-3　卡斯卡长老麦克劳德（左）和阿克拉克轻松地坐在四驱越野车里

约翰固执地一再询问"森林"在当地文化中的意义这个问题，使得长老们用卡斯卡语讲了一个笑话。说完，阿克拉克和麦克劳德开怀大笑，巴里切洛则是咧嘴一笑。后来，巴里切洛在引导我们的四驱车穿过树林时给我们翻译了这个笑话。这是一个关于金刚狼和两个可爱少女的故事，其中金刚狼是一个充满活力和毅力，但缺乏判断力的角色，故事结尾，少女们停在一棵大树的树冠上，而一只亢奋却受阻的金刚狼站在树下。

晚上回到村子里后，阿克拉克和麦克劳德煮了一些药茶，是用巡游时收集的香脂冷杉树皮制成的。他们坚持让每个人都喝一些。当我们啜饮茶水时，巴里切洛用卡斯卡语为长老们翻译了"森林"。自从约翰前一天提出这个问题以来，他一直在思考如何最好地把英语的森林概念翻译成卡斯卡语。"枝繁叶茂"是巴里切洛想出的第一个词。现在，他们三人讨论了这个问题，并同意了另一种说法：dechin tah。

它的字面意思是"在树枝之间"。英语中的名词 forest 在卡斯卡语中变成了一个介词短语。森林不再是一个客观对象；它成了一种情景，一种通过一个人和一个地方的关系而产生的现象。过了一会儿，阿克拉克和麦克劳德带着用牛皮纸包着的装着热乎乎的冷杉茶的罐子回家了，就像抱着珍贵的东西一般。也许这就是一个答案。

人们很容易忘记，人类能够忽视诸如香脂冷杉（见图 5-4）等野生植物而不会在一两周内灭亡的时期是多么的短暂。在人类历史的大部分时间里，了解我们周围生长的东西的化学和物理性质，对于我们的居所、健康、食物、财富、视觉、情感、个人装饰、意识改变和后勤保障都是必要的。完好无损的巨型森林保存了在很长一段实验期内积累起来的古老的森林科学。杰西·霍斯蒂（Jess Housty）是这门古老科学的年轻实践者。她小时候经常在不列颠哥伦比亚省沿海的大森林里、海滩上和沼泽地里漫游。她现在是海尔楚克人（Heiltsuq）的领袖。她在 26 岁时首次当选部落议会的议员，当我们在 2020 年 3 月与她交谈时，她即将结束她的第二个 4 年任期。她还是卡克斯项目协会（Qqs Projects Society）的执行董事，该协会负责孵化用来支持海尔楚克的青年、文化和环境保护的项目。收养霍斯蒂的祖父埃德·马丁（Ed Martin）在她还是个孩子时就告诉她，她将学习植物医学。他并不是在考虑或提出建议，而是在宣布霍斯蒂的义务。

图 5-4　卡斯卡 – 德纳地区的香脂冷杉（亚高山带）

"在我的成长过程中，我的祖父母会指着海岸线、海洋和森林说，'那就是你的药柜'。我们会在那里寻找治愈彼此所需的东西。这是成长的一个重要部分。我们生病时并不去看医生。我们几乎总是能够通过收获的东西来处理问题。我办公室的备用椅子下面有一个盒子，里面装满了各种各样的药罐，以备不时之需。"霍斯蒂飞快地用嘴列出了一张清单：拉布拉多茶和杜松子、各类地衣及蕨类植物、云杉叶尖、雪松、刺人参和桤木树皮。她 4 岁的儿子诺恩（Noen）会和她一起去采集植物，当她感冒时，他会爬上椅子，从冰箱里取出云杉叶尖给她服用。

霍斯蒂的族人试图将旧科学与新科学相结合。她的哥哥威廉·霍斯蒂（William Housty）就很好地示范了这一结合，他拥有西方自然资源管理的学位，此外还接受了与该地区相关的传统歌曲和历史方面的深度培训。他领导了一项关于灰熊的研究，包括 DNA 取样和复杂的统计分析工作，以了解灰熊种群的健康状况及其与鲑鱼和人类的相互影响。早在外界科学家将太平洋沿岸森林的氮元素的来源追溯到海洋之前，海尔楚克人就已将这些熊视为森林的"园丁"，它们会将鲑鱼合理地分配到森林中。海尔楚克地区的科伊河附近是最南端的灰熊聚集区，大量灰熊会聚集在那里一起享用鲑鱼。

威廉·霍斯蒂 2014 年在《生态与社会》（*Ecology and Society*）杂志上发表的关于科伊灰熊的论文虽然充满了生物学术语，但与这类期刊中的标准论文截然不同，该论文的关注点在于一种被称为 Gvi'ilas 的东西。[34] 这是海尔楚克的传统法规，一套世世代代口耳相传下来的戒律。霍斯蒂和其他并非来自海尔楚克的同事列举了 6 条 Gvi'ilas 原则，用于指导研究的各个方面：从收集灰熊毛发样本的非侵袭性方法，到其研究成果在更广泛的地理领域的应用。这些领域如同他们的住所一样，都具有"家"的含义。海尔楚克的领导人指出，用英语表达的 Gvi'ilas 只是其完整的多维含义的苍白影子而已，这些含义与该地区的每一片森林和峡湾都紧密相连。[35] 但无论如何，这是一个很好的开端，它将历史悠久的伦理知识与严谨的科学还原论结合起来。

当杰西和威廉·霍斯蒂承担起管理民族文化中的传统知识的责任时，塔玛辛帕①（Tamasaimpa）则被他的部落要求学习入侵的外国人（巴西人）的文化。他是一名马鲁博印第安人（Marubo Indian），在查瓦利河谷一个名叫库玛雅的偏远村庄长大。当他 17 岁时，他的族人认为族里需要能够处理与外界关系的年轻成员，所以他们把塔玛辛帕送到距离最近的城镇学习葡萄牙语，他需要在丛林中步行 5 天左右才能到达上课的地方。他的老师是一些天主教传教士和《野蛮人柯南》（Conan the Barbarian）系列漫画。经过几年的教育和一年的军旅生涯，塔玛辛帕在 20 岁出头的时候回到了查瓦利河谷，从那以后，他一直在履行自己的义务，捍卫这片领土，对来自周围社会各阶层的对手和盟友都保持着联系。

在大部分时间里，塔玛辛帕都在为巴西国家印第安人基金会（National Indian Foundation）工作，保护未接触外界的原住民，其中包括一个名为科鲁博（Korubo）的原住民民族。1996 年至 2019 年间，有几个科鲁博族群在森林中相继出现。2015 年，21 名科鲁博人被一个在 20 世纪 70 年代中期首次与外界接触的相邻部落所抓获。这两个部落世代代处于敌对状态，在相邻的流域充满不安地各自生活。经过紧张的谈判后，绑架者将被俘的科鲁博人移交给了印第安人基金会。塔玛辛帕的责任是确保原住民在初次接触奇异的、疾病缠身的现代世界时能够安然无恙。

尽管塔玛辛帕一生的大部分时间都是在森林中度过的，他对科鲁博人

---

① 在马鲁博文化中，成年人通常会从孩子的名字中提取单名使用（即某某某的父亲）。大多数人也有在更广泛的社会中使用的名字，通常是一个葡萄牙名字和一个作为其氏族名称的姓氏。塔玛辛帕在他的氏族外一般被叫作贝托·马鲁博（Beto Marubo），他指定在本书中使用他的马鲁博名字，即塔玛辛帕。

与森林的亲密关系仍然感到震惊。他惊叹于科鲁博人的空间意识。"有一次我和他们一起去捕猎猴子。我有一支美国制造的鲁格来复枪，可以在树上用瞄准镜寻找猎物。所以，我拿着我的瞄准镜和装着 15 发子弹的来复枪，而所有的科鲁博人则带着他们的吹箭筒。他们会往树上放一堆飞箭，然后等着，听猴子从哪里掉下来。"塔玛辛帕模仿着科鲁博人，脸上带着禅宗入定般的神情。这种以植物制成的箭毒需要几分钟的时间使灵长类动物丧失行动能力。他举起一根手指，朝天上指去："咚！一只猴子掉了下来，那家伙说，'那不是我打的，是我表弟打的。我的？等等……咚！我的在那边！'他就是知道猴子在哪里！你明白吗？他们有一种令人惊叹的空间感。想象一下，20 个男人朝树冠上四处射击，他们是怎么知道哪只猴子是谁射中的？"这很重要，因为食用自己捕杀的动物的科鲁博人注定会遭遇一连串的厄运。

这种天生的空间感也适用于更大的范围。当我们大多数人不得不寻求纸张、电路和塑料等制成的外部设备的帮助时，科鲁博人则拥有天生的导航能力。"科鲁博人对地形地貌十分敏感，这听起来非常不真实。就像他们身上安有声呐装置一样，他们能准确地知道有多少座山，山坡的左边和右边各有多少棵大树，在去往任何方向的远方的路上有多少条小溪。"塔玛辛帕解释道，并赞赏地摇了摇头。

科鲁博部落以使用棍棒捕杀猎物而闻名，而不像他们其他邻居那般使用传统的弓箭。科鲁博人在狩猎小型猎物时，如猴子和鸟类，会使用吹箭，但在与野猪、貘以及与其他人作战时，他们会挥舞着自己的标志性武器博尔杜纳（borduna）。这也是他们的葡萄牙语绰号 caceteeiros 的由来，其字面意思是"击打者"，但也被翻译为"头颅粉碎者"。这种武器是由棕榈树制成的大约 60 厘米长的木棍，它的顶部呈铲状，就像独木舟桨的底端，底部有一个尖突。科鲁博人会组队追逐野猪，必要时便投掷出博尔杜纳，它会像一把匕首一般旋转着飞出去，将野猪杀死。

在 2015 年负责照顾与外界进行接触的科鲁博人时，塔玛辛帕与一位名叫普什肯（Pëxken）的长者特别亲近。他们的语言同属帕诺（Pano）语系；会说多种语言的塔玛辛帕很快就学会了如何与他的新科鲁博朋友进行交流。他们一起狩猎，并分享了关于他们各自世界的知识。"他与环境的互动令人难以置信。"塔玛辛帕说。为了让大家明白这一点，他把双手伸到面前，五指张开，手掌相对，好像要鼓掌似的。一只手是普什肯，另一只则是环境。塔玛辛帕设法找到解释的方法。慢慢地，他把指尖并拢在一起。"他和环境是融为一体的。那棵树就是他的手。"

科鲁博人在欢迎来客时会围成一个圈，他们紧握双手，以逆时针方向缓慢地跺脚前进，同时高呼"嘿嘿嘿"。一个人则在嗡嗡的低音合声中高声独唱。在持续几分钟的舞蹈过程中，你必须一直紧盯着你旁边的人。这种欢迎仪式能让他们对新来的客人有很好的了解。塔玛辛帕说，歌声背后的含义是，"我想看看你的灵魂"。他们并不总是喜欢他们所看到的。正是由于在对方眼睛里看到的东西，科鲁博人永久性地驱逐了塔玛辛帕的一位来自巴西国家印第安人基金会的同事。

坐在科鲁博人的长屋（maloca）里，你可能第一眼就会注意到地面上所有的洞（见图 5-5）。在 2018 年的一次访问中，男人们倚着他们的武器博尔杜纳，以一种可以称之为暴怒的演讲般的风格，把博尔杜纳砸入地下以示强调。通过这些激烈的独白，塔玛辛帕感到了一种似乎并不协调的自在感，因为事实上，科鲁博人这时只是在谈论诸如狩猎野猪和采集棕榈果实等平常的事情，同时也包括疟疾和武装渔民入侵其领地等更严重的问题。他们的手势、姿势、语调、叙述风格和身体接触都完全是他们自己所独有的，丝毫不受外部文化规范的影响。

图 5-5　塔玛辛帕所在村庄里的一座长屋

资料来源：©Sebastião Salgado。

巨型森林培育了数千种了解和描述自然的方式以及普遍的生活体验。生活在巨型森林中的人们仍然知道如何用针叶林的树皮治愈疾病，与大象共享丛林，以高超的技能在他们的环境中巡游，并准确地谈论它们，这对现代科学来说无疑是一种馈赠。而且，在安全的大森林里，人们可以与周围古老的环境保持着家庭般的关系。塔玛辛帕的表亲、查瓦利河谷原住民联盟协调员凯南帕（Kenampa）如此说道："森林是我们家庭的一部分。当我们看着森林时，我们看到的不仅仅是森林，我们还看到了生命。这些生命需要我们，就像我们需要它们一样。"

EVER
GREEN

第 6 章

森林守护者，支持原住民对
森林的保护

在亚马孙地区，未受保护的土地上碳蒸发的可能性是受到原住民管理的森林中碳蒸发可能性的 1/36。[1] 即便与保护区相比，原住民森林的碳储存也更为安全，是保护区的 6 倍。未受保护土地上的碳损失，主要源于彻底的森林砍伐，生态系统由此遭到破坏，甚至遭到焚烧，仅剩光秃秃的地面。相比之下，原住民土地 82% 的碳损失是由于选择性伐木和局部种植造成部分受侵扰森林的碳排放——这些侵扰往往会自行恢复，同时也源自其他更严重且不可避免的问题，如野火和气候变化。

我们的马鲁博朋友塔玛辛帕说，任何人都不应该对此感到惊讶："我们有人住在那里。如果没有人住在那里，如果那里只有鹿、刺鼠和小鸟，哪一个伐木工人或矿工会听取鹿、刺鼠和小鸟的意见？而如果有人想进来占领我们的森林，他们必须先杀了我们。"

森林原住民为了自己的土地总是甘冒一切风险。比如有一次，塔玛辛帕曾与全副武装的秘鲁国家警察部队交锋。那是在 2000 年，他 25 岁，当时正在进行一个由德国资助的项目，以划定查瓦利河谷原住民的领地边界，并保护其免受非法资源开采的影响。作为七国集团保护巴西雨林试点项目的一部分，类似的工作在亚马孙地区各地展开。该项目起源于 1990 年老布什总统主持的休斯敦峰会。

在 20 世纪 90 年代之前，部落之间的战争很常见。冲突总是需要用枪与箭、棍棒和长矛来解决。男人会绑架敌对部落的女人。尽管这涉及种族融合，但不管是在过去，还是将来，文化认同都具有极其强大的力量。作为一名年轻人，塔玛辛帕把邻近的居住在横跨秘鲁边境地区的马茨人①视为他族人的主要敌人。塔玛辛帕的姑姑被马茨人抢走了，他的父亲对马茨人进行了血腥的报复。

到 20 世纪 90 年代末，在巴西，有两件事发生了变化。来自巴西国家印第安人基金会的政府代理人越来越多地出现在查瓦利河谷地区，他们劝阻了部落战争的发生。同时各个部落都意识到他们有共同的敌人在逼近。巴西国家石油公司（Petrobras）已经钻好了几口探井。猎人赶来猎杀野猪、鹿、貘，尤其是落潮时会在河滩产卵的海龟。捕鱼团伙前来捕捉身形有独木舟大小、肉质鲜美的巨骨舌鱼，以供应遥远的城市市场。伐木企业正在劫掠森林中的珍贵木材。新建立的原住民保护区中的不同族群开始团结在一起，推动一场由 5 个在文化和语言上都截然不同的族群组成的查瓦利泛民族运动。

其中，马茨人尤其受到秘鲁伐木者的侵扰。这些人越过加基拉纳河进入巴西，在秘鲁警方和环保机构睁一只眼闭一只眼的纵容下，非法砍伐大量红

---

① 马茨人是这个族群自己的叫法，在秘鲁，人们一般也这么称呼他们。在巴西，马茨人也被叫作马约鲁纳人（Mayoruna）。

木。加基拉纳河蜿蜒穿过丛林，左边是秘鲁，右边是巴西。它汇入同样蜿蜒的查瓦利河（见图 6-1），最终流入下游数百千米长的索利姆河。伐木者们将数百根原木扎成木筏，漂流至河流下游，用伪造的标明产自秘鲁的假文件，逃脱秘鲁和巴西当局所设的关卡。塔玛辛帕分别向巴西联邦警察、军队和巴西环境与可再生自然资源研究所（The Brazilian Institute of Environment and Renewable Natural Resources，IBAMA）报警，称秘鲁人在偷偷伐木。当局要求展示证据。塔玛辛帕让马茨人在被运送出去的原木上做了标记，但政府官员和机构人员仍然没有采取行动。

图 6-1　查瓦利河谷中一棵巨大的 samaúma 树

注：这棵树被视为神圣之树。

在马鲁博和马茨文化中，任由伐木者侵犯他们的领土却无人监管是不可接受的。他们的森林被破坏，而根据他们长期的经验，如果他们表现软弱，这会导致更多的麻烦。从马茨人与自己家人长期的暴力纠纷中，塔玛辛帕清楚地见识到了马茨人的彪悍。因此，他用2万美元的项目资金储备了汽油、食品、枪支和弹药。他召集了200名涂上了战斗油彩的马茨人，他们分成3组，扣押了3艘载有多达700根被盗原木的秘鲁驳船。

2019年末的一天晚上，塔玛辛帕在查瓦利地区外的塔巴廷加镇与我们共进晚餐时回忆道："那些马茨人都加入进来了。他们充满激情，还把船员们绑在一起。我所做的只是帮助他们'放出他们的狗！'"秘鲁警方被派去营救被俘的同胞。村里的广播传来了他们正在接近的情报。塔玛辛帕和马茨人讨论了一下形势。"那时我们决定伏击他们。"

第二天下午2点左右，塔玛辛帕站在一艘驳船上，船上有5名涂着红黑两色油彩、裸露胸口的马茨人，根据部族的不同，他们身上也绘有不同的图案：红点、黑手、红色面具、黑色脖子和各种条纹，还有漆红色的棕榈头带。这就是马茨人战斗时的穿着。这些特别勇敢无畏的马茨人都是精心挑选的老战士，他们最好的战斗时光已经过去，现在成了诱饵。

"警察全副武装地出现了，"塔玛辛帕回忆起秘鲁指挥官的威胁，"他对我们说，'如果你们在这里出了什么事，没人会知道的。'然后他们把枪对准我们的脸。我说，'杀了我们吧，但你也会死的。'"然后塔玛辛帕吹响了口哨。

20名武装的马茨战士从河岸一侧斜坡上的灌木丛和树林后冲了出来。

塔玛辛帕又吹了一声口哨，河岸另一侧也出现了差不多数量的马茨战士。他们挥舞着新武器，高声吟唱。塔玛辛帕从餐桌上站起来，做着演示，他弯下身子，轻轻伸出双臂，好像正在进行格斗，然后发出一声低沉的吟唱，脸上带着凶狠的表情。随后他大笑了起来。

接下来便是一场对峙，并随之演变成了一场外交风波。在里约热内卢贫民窟锻炼出来的精锐特种部队被派往现场。两国大使飞来这偏远的丛林，并在接下来的几天里逐渐缓和了局势。秘鲁人再也不能把偷伐的红木运回去了。

塔玛辛帕很喜欢这个故事，在这个故事中，马茨人为他们的权利而战。他对那些自以为知道怎么和原住民部落打交道的外来者表现出来的惊叹很是享受。即使是那些在原住民领地权利方面制定了良好政策的政府，也常常对政策的执行表现得漠不关心，这就将领地防御的职责推回给了原住民。"马茨人不知道他们这么有力量，但力量一直在他们体内。他们不怕死。从那以后，我们与伐木者之间就没有再产生过矛盾了。"（见图6-2）

巴西 1988 年宪法第 231 条确立了该国结束独裁后的公民秩序，内容如下：

> 印第安人的社会组织、习俗、语言、信仰和传统，以及他们对其自古以来享有的土地的原始权利应得到承认，联邦政府有责任对它们进行边界划分，保护并确保尊重印第安人的所有财产。[2]

图 6-2 塔玛辛帕（左）和马茨人领袖瓦基·马约鲁纳（Waki Mayoruna）

注：这张照片拍摄于伐木冲突多年之后。

　　对于这段话产生的影响，我们无论怎样夸赞都不为过。"其自古以来享有的土地"指的是有史以来印第安人所漫步和觅食的地方，而不仅仅是指自传教士到来后困住他们的村庄。这是原住民领地管控的革命性升级。当时的政府希望用 5 年的时间来划定所有原住民土地的界线。尽管这项工作在 30 年间才完成了一部分，但亚马孙地区已经正式承认了近 1.2 亿公顷（相当于 3 个加利福尼亚州的大小）的原住民领地（见图 6-3）。虽然这些土地归联邦政府所有，并被视为巴西保护区系统的一部分，但原住民持有对该土地的永久且独占的集体使用权，这意味着他们不能出售自己的土地，也不能将其分割成个人单独拥有的地块。

图 6-3　巴西内格罗河上游的原住民领地

　　亚马孙河流域的几乎所有国家都以这样或那样的形式承认了原住民的领地。然而，没有一个国家的政策能像哥伦比亚的政策那样健全有力，该国为原住民建立了被称为"保障领土"（resguardos）的不可分割的领地。哥伦比亚原住民拥有约 3 116 万公顷的"保障领土"，占该国领土的 1/4。[3] 几乎所有的"保障领土"都被未受侵扰的原始森林所覆盖。但良好的法律并不能解决一切问题，原住民的森林仍面临着巨大的压力，即使是在巴西和哥伦比亚这样在亚马孙流域对土地权利占领先地位的国家中，情况也是如此。尽管如此，这两个国家的政策体现了原住民领地管控 3 个必不可少要素：独占权、完整的传统领地和不可分割性。

在全球范围内，原住民社区对 36% 的未受侵扰的原始森林有一定程度的合法管控权。[4] 这是近 4 亿公顷的森林。五座巨型森林里的原始民族或多或少都还有着一些现存人口。因此，任何拯救地球巨型森林的可靠计划，都必然涉及支持森林原住民对巨型森林领地的管理和影响。

这并不意味着所有原住民都是坚定不移的环保主义者，尽管他们的土地被狡猾的外来者们包围着。高贵的原住民受害者的叙述论调，只是一幅具有贬低性的讽刺画。原住民社区通常对资源开采有着复杂而微妙的看法。其中一些人倾向于在不对土地造成不可挽回的损害的情况下尽可能地开采木材、矿产和其他工业资源，其他人则更愿意坚持传统的生活方式。这些问题在世界各地的原住民社区中都受到了激烈的辩论。然而，总的来说，在传统森林社区，金钱的诱惑更可能在原住民实际掌控的、日常依赖的和存在亲缘关系的范围内发挥作用。[5]

在加拿大各地，原住民在森林保护中发挥着更重要的作用。这在一定程度上要感谢瓦莱里·库尔图瓦（Valérie Courtois）。她是一名林业工作者，也是魁北克和拉布拉多因努原住民民族的一员。充满自信且善于表达的库尔图瓦在 2013 年发起了原住民领导权倡议运动（Indigenous Leadership Initiative），以推动一场关于"原住民守护者"的全国性运动。守护者负责照顾他们的传统领地，这些领地有时得到了正式认可，有时却没有。

库尔图瓦说，这场运动始于 20 世纪 70 年代初一位被称为戈尔德船长（Captain Gold）的年轻海达人（Haida）的独木舟之旅。100 多年前，1918 年的大流感几乎使戈尔德船长的所有族人失去了生命。海达人在不列颠哥伦比亚省海岸附近一个名为海达瓜伊的爪形群岛上生活了一万多年。剩余的人口则在大陆上的两个村庄里定居了下来。这使得他们岛上的雨林暂时空置了下来。

库尔图瓦说："戈尔德船长有一个梦想，想重游他所来自的地方。那是一个名叫斯冈·格瓦伊的村庄。因此，他从西尔斯罗巴克公司订购了一艘独木舟，还做了一张临时的帆，而在这之前他从未驾驶过独木舟。"当时大约 30 岁的戈尔德船长划着他的独木舟行驶了 240 千米，穿过常有狂风暴雨的赫卡特海峡，按照海达人的惯例，将这艘从百货公司订购来的船船尾朝前，缓缓地登上了他族人的海岸。他开始清理这个地方。其他人纷纷效仿他的做法。很快，海达瓜伊群岛的南部就成了文化复兴和发展旅游业的场所。这就是海达守望者的起点，他们也是第一代原住民守护者。他们守望并保卫着这片领地，同时为游客提供向导服务。根据这一模式，库尔图瓦的族人因努人在 20 世纪 90 年代初成立了守护者组织。因努人是生活在加拿大国境另一边的捕猎驯鹿的原住民民族。库尔图瓦从 2003 年到 2009 年负责该项目的运营。守护人项目数量在加拿大各地不断增加，截至 2021 年初，这样的项目数量已达 70 个，并且还在不断增加。

当被问及守护者与违规者之间是否会产生冲突时，库尔图瓦说："很少，80% 的措施得到了执行。在有人监督的情况下，人们的行为总是有所收敛。情况发生了变化，变得好多了。"库尔图瓦是一名警察的女儿，但她认为对于守护传统土地来说，平民守护者比常规执法更有效。"从根本上说，捕猎者和其他人有着各种各样的来这片土地上的原因，但总的来说，对土地的热爱或对自然的欣赏是他们的一个共同点，这是讨论行为规范的一个好的起点。"

丹耶·鲍尔（Tanya Ball）是在北方针叶林区偏远地带推广守护者模式的年轻领导者之一。她在紧靠育空以南的不列颠哥伦比亚省境内的卡斯卡南部地区领导该项目。鲍尔曾尝试过社会工作，上过烹饪学校，后来才发现自己真正的使命是到山林中去。她打猎和捕鱼，2020 年我与她交谈时，她热切地期待捕获她的第一只驼鹿，这是她所处文化中的一个重要里程碑。

鲍尔的团队于 2015 年首次组织起来，以应对每年秋天的狩猎季出现的问题："我们注意到有大量人流涌入，这里人满为患，出现了很多环境问题，我们也从族人那里收到了很多投诉。"她和几个卡斯卡族成员开始在领地里巡视，留意猎人在哪里出没，并与那些愿意参与的人交谈。很多人都不愿意。"我认为他们有一种刻板的观念，认为原住民不希望有外人闯入他们的领地，他们对守护者计划存在误解。"

对于鲍尔、库尔图瓦和她们的守护者同伴来说，该项目并不是强行从非原住民手中夺走资源。它是关于当下的，希望让年轻人了解他们民族身份的过往，回到在道路、飞机和雪地摩托出现之前的曾经的林中小径上，与能够边走边讲故事的长者一起散步，并将科学与文化相结合。鲍尔的守护者们收集水质与气候数据，记录目击野生动物的次数，在平板电脑的表格上输入这些数据，而表格上的动物名称都是以卡斯卡语命名的。在我们对她的采访中，她最开心的笑容出现在当她谈到他们开始进行多日的巡逻时："就是要回到林地里。我认为对我们的年轻人来说，开始学习这一点，并重新回到那里，与森林建立起联系，这一切是至关重要的。我真的很期待这一点！我可以边露营边工作了！"

该项目现在全年运营，项目团队与不列颠哥伦比亚省政府保护机构合作，并与邻近的塔尔坦和塔库河特林吉特人的守护者产生了联系。鲍尔负责协调这三方的关系。在她理想的未来中，这片领地将会充满活力，人们走在重新开放的古道上，睡在营地和小屋里，年轻人和老年人一起在森林中和河流边巡游，用卡斯卡语谈论着这种动物、那棵树、地衣或鱼，用卡斯卡语呼唤着它们的名字。

守护者们能够在加拿大巨型森林中维持自己的影响力，源于 250 多年前的一项政策，该政策在 21 世纪得到了最高法院的支持。北美殖民地，以及后来的加拿大和美国，以战争胜利者的惩戒激情和"文明"大国的傲慢夺取了原住民的土地。除了极少数的例外，他们把幸存的原住民赶进了很小的区域范围里，而且通常是在那些与部落没有历史渊源的地区。这些安排在原住民民族和新来的政府之间以协议的形式被正式确定了下来。但是直到 20 世纪 70 年代，加拿大北部和西部偏远地区，以及阿拉斯加（即北美巨型森林的很大一部分）都仍然没有被纳入协议的范围。从那时起，占据北美一些保存最完好的林地的原住民群体开始意识到，他们从未正式放弃过他们的土地，它们只是被非正式地征用了。

在 20 世纪 80 年代和 90 年代，海达族守护者和其他人目睹了伐木企业在海达瓜伊群岛不断地蚕食雪松和加拿大铁杉的行为，并对此进行了抗议。伐木企业从 17 万公顷的土地上开采了 5 000 万立方米的木材，获得了 200 亿美元的收入。该省政府规定的减产幅度为 10%，因此伐木许可证很快就发放了。不列颠哥伦比亚省否认了海达人作为一种独特的文化族群的存在，尽管他们雕刻图腾纪念柱的手艺在国际上享有盛名。[6] 即使海达人的存在得到承认，该省和加拿大都否认其仍然在世的族人对他们 500 代祖先的家园中的树木或其他任何东西拥有权利。[7]

2004 年，加拿大最高法院一致裁定原住民民族确实存在，且从未正式出让他们的土地，这让海达人和其他所有人都感到惊讶。[8] 这一判决是基于英国国王乔治三世在 1763 年发布的公告，该公告被称为《原住民大宪章》（ *Indigenous Magna Carta* ）。该公告表明，除非国王从原住民居民手中购买土地，否则这些土地都归原住明所有。乔治三世可能还有别的考量——可能是对北美房地产市场进行垄断——但其结果是，法院认为，原住民仍然合法拥有 1763 年后签署的条约中所不包括的土地。由于加拿大名义上的统治者是乔治的曾曾曾孙女伊丽莎白二世，加拿大西部和北部的大片土地，特别是不列颠哥伦比亚省的大片土地仍然属于原住民。

海达人在最高法院取得的胜利，并没有让两个世纪以来的历史突然反转，从而使土地、水域和资源被归还给原住民。但这次胜利确实提高了原住民在正在进行的新条约的谈判中的议价能力。

其中一项条约是加拿大政府、育空地区和 11 个原住民民族三方达成的总括性最终协议（ *Umbrella Final Agreement* ）。[9] 育空地区的两个卡斯卡原住民民族①，即罗斯河和利亚德，最初加入了育空地区其他 12 个民族的谈判。在数量上取得优势是他们最初的想法。这些民族在地图上勾勒出祖先

---

① 不列颠哥伦比亚省边界上有 3 个相邻的卡斯卡族群。

的领地，并剔除了重叠的区域。最终的协议承认了原住民对 8% 的传统领地的占有权。在这 8% 中的一半，原住民民族将拥有地下的矿物和碳氢化合物资源，而另一半的土地权利仅限于地表资源。育空政府将保留剩下的 92%，并与每个特定地区的原住民一起对其进行"共同管理"。

原住民民族于 1993 年开始陆续签署该协议。育空地区的两个卡斯卡族群和另一个原住民民族则拒绝签署协议。在他们过去与殖民社会的互动中，没有任何事情能让卡斯卡人相信，对余下 92% 的土地的共同管理会顺利进行。相反，育空地区的卡斯卡人决定坚决维护他们对传统土地的所有权，并在法庭上继续进行斗争。他们在 2012 年争取到了对其领地内新采矿权许可证的暂停发放，并继续与育空地区的政府协商他们的土地权利。[10] 2018 年，罗斯河卡斯卡人开始发放自己的狩猎许可证，并对获得许可证的人进行有关该地区敏感区域的培训。这些都是在育空地区政府要求之外的自愿性补充。第一年，大约 1/4 的猎人获得了卡斯卡许可证。截至 2021 年，罗斯河卡斯卡人正在推进一个原住民保护区的建立，从而将他们的价值观和对环境问题的关切纳入该地区的管理中。

海尔楚克人在温哥华岛以北的不列颠哥伦比亚海岸居住了数千年，他们也参与了一段时间的现代协议谈判，然后他们意识到，最好的策略就是简单地申明属于自己的东西：350 万公顷的森林、峡湾、湖泊、河流和岛屿，以及遍布其中的灰熊、鲑鱼、虎鲸、鲸鱼和鹰。在不列颠哥伦比亚省贝拉贝拉办公室的一次视频通话中，海尔楚克人领袖杰西·霍斯蒂说道："很明显，在这个过程中，我们会失去的比我们可能获得的要多得多，因此我们退出了。"原住民民族放弃了确定的法律上的名义，以坚持他们自己对自身在这个环境中的地位的理解。这一愿景被郑重地写入了由传统的赫马斯

（Hemas）世袭领袖和民选部落委员会（Tribal Council）这两个海尔楚克管理机构签署的单方面的《海尔楚克产权与权利宣言》（*Heiltsuk Declaration of Title and Rights*）中。[11]

原住民们在他们自古以来进行捕鱼、狩猎和采集食物的地方建造了小屋。对土地的事实占领使海尔楚克人在对一个被称为大熊雨林的广阔地区进行的多方谈判中更具影响力，他们的领地便在这片雨林之内。2006 年的一项协议留出了相当大的区域进行保护。海尔楚克人允许伐木，但要求伐木企业使用基于生态系统管理的伐木操作系统。

杰西·霍斯蒂保卫海尔楚克领土的义务写在了她第一个儿子诺恩的出生证明上。他的名字 Noen 是 "No Enbridge" 的缩写，Enbridge 是一家提议在海尔楚克和其他几个原住民地区铺设管道的公司。海尔楚克人成功地否决了这个项目。在 2012 年的一次公开听证会上，杰西的哥哥威廉进行了一场令人赞叹的 45 分钟的演讲，他讲述了将海尔楚克人的文化和语言与生态系统的方方面面联系起来的责任——贝类、鲑鱼、树木，甚至海水，因为海尔楚克人会为了精神信仰而饮用海水。他的演讲详细介绍了定义他们民族的有形和无形的联系，以及这些联系对原油泄漏到沿海水域等事件的敏感性。输油管道项目被否决了。[12]

在杰西·霍斯蒂看来，将所有权合法化有可能削弱一些更为重要的原则的影响力。"人们经常谈论权利（right）、称号（title）和主权（sovereignty），我的意思是，你确实可以思考这些东西，但对我来说，更重要的是关系（relationship）。我们占领了一块很大的领地，其中包含很多不同的地理地貌。我们与这些土地的关系使我们和它们联系在了一起。如果你看一看对不

同的海尔楚克地名的翻译，这些地名通常指的是我们与那里的关系，指的是
我们收获的东西，指的是在那里发生的历史事件，指的是来自那里的人。你
再看一看我们海尔楚克人的名字翻译，它们实际上也与我们如何与周围的环
境互动有关。当人们把一切简单地归结为一个关于权利和称号的问题时，我
总是要与之争斗，因为这感觉就像是一个关于所有权的问题，而我觉得这并
不是重点。这总是关乎你与你所在环境之间的相互义务，环境惠泽我们，反
过来我们要保护环境，彼此互相帮助，实现共同发展。我认为这是通过与我
们居住的地方建立非常密切的关系来实现的。"

西部的针叶林和温带雨林一直延伸到阿拉斯加地区，但幸亏美国以战
争的方式摆脱了英国皇室的统治，乔治三世 1763 年公告的效力也就停在了
美加边境。在美国购买了该区域的 100 年后以及其在 1959 年成为美国的一
个州后的 10 多年里，阿拉斯加原住民土地的属权仍然悬而未决。1971 年，
一切都变了。美国国会通过了《阿拉斯加土著居住权法》(*Alaska Native
Claims Settlement Act*)，将原住民社区转变为名为阿拉斯加本土公司 (Alaska
Native Corporations) 的企业。12 家地区分公司也先后成立，并拥有 1 780
万公顷土地，这相当于阿拉斯加州 10% 的土地，包括地下资源，同时还获
得 10 亿美元作为该州和联邦政府获得的 90% 的土地的补偿金，相当于每公
顷约 6.5 美元。超过 200 家乡村公司与 12 家地区分公司相互叠加，这些公
司拥有木材等地上资源的使用权。

解决原住民的土地要求是多年来一直在进行的阿拉斯加开发计划的一部
分。其中一项开发计划是用兰帕特大坝截住育空河，使其成为世界上最大的
人工湖，并建一座足够大的发电厂，能为阿拉斯加的每个人提供比现在至
少多 20 倍的电力。另一个名为"战车计划"(Project Chariot) 的项目是用 5

枚核弹摧毁希望角沿岸的因努皮亚特村庄，以将船只驶入由此产生的港口。两个计划都没有取得成果，但普拉德霍湾的石油工人罢工反而取得了成果，他们要求建造一条穿越原住民土地的输油管道，国会加快了《阿拉斯加土著居住权法》的立法进程和原住民本土公司的创建。[13]

随着产权问题的解决，阿拉斯加土著联合会（Alaska Federation of Natives）成立，并为原住民公司进行大量谈判，其中一些公司可以继续通过石油、天然气、煤炭、伐木和一系列利润丰厚的承包经营赚取数十亿美元。[14]这些公司是阿拉斯加州经济和政治权力的中心，它们的一些拥护者指出，这些公司也会以与当地习俗相呼应的方式分享收入。[15]

然而，阿拉斯加本土公司是一种独特且奇异的社会组织模式：社区即商业。我们不知道是否还有任何其他的人类社区，无论是原住民的还是其他的，在法律构架上是以营利为目的的企业。在美国本土的 48 个州和加拿大，部落和原住民们以集体的形式拥有企业。在阿拉斯加，从某种意义上说，则是企业拥有社区。它拥有所有土地的所有权。原住民在企业中持有个人的股份，而不是作为一个群体来拥有股份。原住民对土地的控制权就这样一块接一块地消失了。

《阿拉斯加土著居住权法》通过的 10 多年后，因纽特人北极圈理事会（Inuit Circumpolar Council）请不列颠哥伦比亚省前最高法院法官托马斯·伯杰（Thomas Berger）研究其影响。伯杰走访了 62 个村庄听取意见。他在报告中对该法案提出了严厉的批评。伯杰详细介绍了原住民为了偿还商业损失、法律费用和税收而失去土地的风险，指出大多数失败的企业对社区成员缺乏实质性的好处，并强调了产业投资对原住民生存传统的侵犯。

然而，报告的力量并不在于作者所说的话，而在于里面数百条来自原住民的原话引用。在科泽布镇的一次会议上，当地人皮特·谢弗（Pete Shaeffer）告诉伯杰："上帝选择在我们的土地上放置大量的天然材料，就像磁铁一样，这些财富吸引着那些对居住在这块土地上的人没有任何敬意或尊重的人。从制度上讲，他们合谋用最简单的方式来获得土地。他们构想了一个为了达成目的的阴谋，其中就包括《阿拉斯加土著居住权法》。"[16]

在严格控制原住民土地的 3 个标准中，该法案符合了专属使用的标准，但它只覆盖了原住民传统领地的一小部分，并使原住民土地具有明显的可转让性。该法案在伯杰的报告发布之后进行了修订，以减少土地损失的可能性，到目前为止，这些公司一直坚守着领地。然而，国际北方森林运动（International Boreal Forest Campaign）的史蒂夫·卡利克（Steve Kallick）却说："土地已经与部落治理实体脱离关系了。"卡利克在阿拉斯加州工作了 10 多年，倡导森林保护，他还补充道："创建这些公司是为了同化原住民民族，赚取利润，而不是管理土地。"不幸的是，许多公司甚至连利润都没有赚到，而在更成功的公司中，利润也没有流向股东。"你去任何一个村庄问当地村民：'你从《阿拉斯加土著居住权法》中得到了什么？'90% 的人会说：'几乎什么也没有得到。'"

要想走出《阿拉斯加土著居住权法》的困境，需要付出巨大的努力。卡利克没有重新绘制固定不变的原住民领地地图或尝试改革机构，而是为美国的北方针叶林找到了一个不同的解决方案：加拿大式的原住民守护者。卡利克说，为了应对偷猎、火灾和采矿等问题，原住民村庄和其他人可以设计交叉持有所有权的土地使用计划，并让原住民成为北方针林的守护者。他正致力于让来自库尔图瓦网络的加拿大守护者跨越边境，与阿拉斯加社区分享他们的经验。

在《阿拉斯加土著居住权法》中达到顶峰的对阿拉斯加州的殖民统治，始于维图斯·白令（Vitus Bering）在 1741 年由俄国女皇安娜·伊凡诺芙娜赞助的侦察航行。[17]这是在乌拉尔山脉的阴影下开始的东扩计划的最后一章。17 世纪初，哥萨克战士击败了乌拉尔山脉以东的土耳其中亚统治者，为对西伯利亚进行殖民扫清了道路。不出几十年，俄国的堡垒便一直延伸到了太平洋，俄国官员们从当地人那里收集皮毛贡品，抢走他们的妻子和孩子，甚至还会杀害当地平民。[18]据估计，有 80% 的鄂温克人和萨哈人在第一次天花疫情中死亡，随后是性传播疾病和麻疹。在枪支、细菌和毛皮税之后，大量欧洲自耕农也涌了过来。

1916 年西伯利亚大铁路的建成，加速了原住民家园融入俄国的进程。从表面上来看，有大片的森林地区目前由原住民治理。例如，科米人有自己的共和国，是为少数民族建立的 22 个共和国之一。这个坐落在乌拉尔山脉西坡的共和国的国土面积相当于法国，拥有俄罗斯境内欧洲部分最大的森林。但在实践中，马里兰大学森林制图专家斯韦特兰娜·特鲁巴诺娃表示，如何使用云杉和冷杉林依然由俄罗斯政府当局决定。布里亚特共和国的情况也是如此，尽管那里大片的森林与布里亚特文化交织在一起。实际上，俄罗斯联邦政府拥有布里亚特和所有其他共和国的森林。

在其祖先的土地上，成员不到 5 万的民族可以申请传统自然用地

（Territory of Traditional Nature Use）。为了了解更多信息，2019 年 5 月，我
们与通金斯基旅游局官员谢尔盖·马特维耶维奇开了一整天的车，前往萨彦
岭中心的一个偏远山谷，希望能与那里一位名叫诺布（Norbu）的佛教喇嘛
进行交谈（见图 6-4），他为自己的索约特族人（Soyot）建立了传统自然用
地区域。从阿尔尚出发，我们向西行驶，直到通卡河谷的尽头，伊尔库特河
从那里消失在低矮的山丘中。为了使得我们的通行更加安全，我们在路边的
桦树林中为森林中的神灵供奉了大米、烟草和硬币，还在树上挂了祈祷的
丝带。

图 6-4　诺布喇嘛

注：诺布喇嘛在西伯利亚南部的萨彦岭中推广索约特族的传统用地方法。

没过多久，我们确实就需要帮助了。快到蒙古国边境时，我们来到了一个边境检查站。靠近边境的地区受到严格限制。按照正常的程序，我们需要提前几个月申请许可证。但由于我们是临时决定去参观的，所以没有办理许可证。在检查站，马特维耶维奇与那里的工作人员们就我们的任务进行了长时间的交谈。

最终工作人员确信我们并无恶意，挥手示意我们通过。

在一条土路上又走了 5 个小时，我们来到了诺布的家乡奥立克，它位于一片环绕群山、未受侵扰的森林的中心地带。穿着酒红色长袍的诺布给我们讲述了他在高山森林中度过的青春。他笑着说，他一直都是个神枪手。他很小就开始在树林里打猎，由于年纪太小，那时他把枪背在肩上时，枪托还会一直拖在地上。他后来成了军队里的神枪手。他带我们参观了山上寺庙里各种保护神的画作。一幅引人注目的画作上展现了一匹臀部长眼的马，它正用这只眼监视着从后面接近的敌人。

在很久之前，诺布的索约特祖先就已经在密切守护着这片山林。诺布喇嘛率先申请创建了索约特人的传统自然用地，让当地人对木材、狩猎、牦牛放牧、驯鹿放牧和其他索约特人赖以为生的资源有更多的控制权。原住民民族根据区域指导方针创建了数百个传统自然用地，希望管理或共同管理这些传统领地。在一些地方，他们能够否决一些工业发展项目。与此同时，俄罗斯法律却不断减少对传统自然用地的承诺。甚至在使传统自然用地成为可能的法律条文墨迹未干时，就已经颁布了单独的土地法，排除了对某些传统生活方式至关重要的公共土地进行集体管理的可能性。[19]

我们问诺布，传统自然用地能为索约特人带来什么实际影响。他解释道，虽然 260 万公顷的传统自然用地得到了俄罗斯联邦布里亚特共和国政府的法律承认，但没有关于使这块特别领地生效的官方指导。例如，我们见面的时候，他正试图使驯鹿牧场的传统用途合法化。这些动物最初就是在萨彦岭驯养的，所以没有什么比这更传统的方法了。然而，这与拥有 90% 土地的国家政府之间仍存在冲突。与迄今为止创建的其他 500 多块传统自然用地一样，索约特地区得到了地区政府的承认，但没有得到联邦当局的认可。[20]

诺布巧妙地将我们的交谈话题从传统自然用地政治转移到了寺庙的墙壁上，继续着我们的顺时针之旅。这些经他详细解释后的图像，开始变成描绘守护者与恶魔、英雄与智者、天庭之战与朝代更迭的寓言，而受众就是我们这些想要获得如何拯救森林这个问题的简单答案的提问者。

帕维尔·苏尔颜泽卡（Pavel Sulyandziga）是来自俄罗斯远东地区泰加林生物多样性热点地区①的一名乌德盖族（udege）原住民活动家。乌德盖人与东北虎共享着一片领地，这里的人们将东北虎视为与人类有着共同祖先的生灵。乌德盖在乌德盖族语言中的意思是"森林人"。苏尔颜泽卡还是一个由 5 万人以下的原住民民族组成的联盟的前领导人，该联盟被称作北方、西伯利亚和远东的原住民少数民族联盟（Indigenous Small-Numbered Peoples of the North, Siberia and Far East）。作为一位民族领导人，他促成了 2001 年传统自然用地法案的通过，他希望该法案也能适用于他的族人在比金河谷中的森林。伐木工人已经跨过了比金河的下游，这样一来，乌德盖族的文化亚群

---

① 指具有显著生物多样性、同时正受到人类严重威胁的地区。——编者注

从 8 个减少到了 4 个。剩下的文化亚群被证明是更具适应力的。作为一名数学家,苏尔颜泽卡解释道,他的祖父母那一代人曾经敦促他们的社区引入现代教育,但对外来宗教保持抵制的态度。教育给了他们清晰的头脑,让他们能够直面那些已经在远东地区砍伐了不少树木的对手。

但苏尔颜泽卡表示,他试图建立传统自然用地的尝试遭到了当地人的反对,包括一些乌德盖人的反对,他认为这些乌德盖人已经被外部的商人所拉拢。然而,乌德盖人的亲戚——老虎,带来了另一个拯救森林的机会。2010年,俄罗斯主办了保护老虎全球倡议的第一次大型峰会,这项保护工作的参与者包括 13 个有老虎分布的国家、世界银行和史密森学会。俄罗斯提议,在乌德盖森林建立一个国家公园来保护老虎。

乌德盖人说,不行。虽然他们尊崇老虎,并遵守禁止捕杀老虎的禁忌,但乌德盖人不想将控制权交给莫斯科的联邦公园管理者,他们可能会切断村民与维系着村民及其文化的动植物之间的联系。

但乌德盖人仍然为达成协议敞开着大门。他们提出了 7 项要求,其中两项要求修改立法,包括改变保护区的目的声明。"以前,国家公园是为了保护自然。现在它应该是为了保护自然和原住民民族的发展。"苏尔颜泽卡解释道。乌德盖人坚持认为,公园的管理规定不应侵犯他们利用自然的习惯方式,包括狩猎。此外,他们还要求应有一位乌德盖领导人担任公园的园长或副园长。比金国家公园(Bikin National Park)于 2015 年首次亮相。苏尔颜泽卡认为,这对于乌德盖来说是一个巨大的成功。除了对 109 万公顷森林的保护权、狩猎和捕鱼权以及对公园管理的控制权之外,乌德盖人还获得了电力、互联网和健康中心,那些熟悉该地区并担任守卫的猎人还获得了现金收入。"我们有一个足球场，质量非常好。大城市里没有像我们这样位于森林深处的足球场。"苏尔颜泽卡笑着说。

从 20 世纪 90 年代末到公园的设立，东北虎的数量回升了 50%。[21] 由于乌德盖地区的保护措施和其他的保护工作，到 21 世纪 20 年代初，东北虎的数量稳定在了 500 ～ 600 只。比金国家公园并没有削弱乌德盖人获取资源的能力，而是赋予了他们不可剥夺的领地控制权，而这种控制权是很难通过直接承认原住民在泰加林中的土地权来获得的。

唯一一个其原住民土地权利比俄罗斯更脆弱的巨型森林是刚果雨林。俾格米人自古以来进行狩猎、植物采集、部落迁徙和祖先崇拜的领地，要么被严格保护的公园所占据，要么被伐木和采矿公司肆意开发。对班图"共生体"根深蒂固的屈从，使原住民领地认可的概念复杂化；承认俾格米人的土地权而不提及它们的长期社会伙伴，可以被视为对这些关系的攻击。因此，俾格米人与森林的独特联系几乎没有得到任何正式的承认。

一天，当我们驱车穿过诺娃贝尔多基国家公园附近的刚果共和国木材工业公司的伐木特许区时，我们看到为当地人指定的狩猎场的标志，这在极小的程度上微妙地体现了俾格米人的状况。我们是和加斯顿·阿贝亚一起开车过去的，他是那位研究吃松露的大猩猩的阿卡族研究员。他仔细检查了每隔几百米就有的穿过森林的伐木道路。新伐的萨佩莱原木躺在路边，等待被卡车运往工厂。一位阿卡族长者坐在一张脏兮兮的床垫上的一块防水布上，旁边生着一堆小小的篝火。阿贝亚痛惜地说："他们要回到已经去过的地方再次伐木。"

　　非俾格米人在刚果的长期存在、两种文化的亲密关系以及外表和文化差异的持续存在，使得中非巨型森林中的"原住民"概念非常复杂。也许是因为俾格米人与自然的联系最为密切，而且他们在社会上处于弱势地位，森林地区的政府将原住民的标签专门给了他们，这些地区的所有政府都签署了2007 年《联合国原住民权利宣言》(*United Nations Declaration on the Rights of Indigenous Peoples*)。该宣言承诺所有签署者承认原住民的领地。刚果共和国甚至通过 2011 年的立法，将土地授予原住民。维多利亚·塔利－科尔普斯（Victoria Tauli-Corpuz）在 2014 年至 2020 年间担任联合国原住民问题特别报告员，同时也是菲律宾坎坎纳伊·伊格柔特山区部落的成员，她表示，到目前为止，这些都还只是纸面上的承诺。[22]2019 年，她以官方身份访问了刚果共和国，发现俾格米人祖先的森林被纳入了伐木特许区或保护区。[22]塔利－科尔普斯强调"堡垒式保护"是刚果的一个特殊问题，即将当地人关在他们长期生活的领地范围之外。在一个森林人民的领地没有得到官方承认的环境中，保护区的划定是在当地原住民没有获得乌德盖人继续使用其祖先森林的那种权利的情况下进行的。

　　塔利－科尔普斯用一种友善的方式表达了她的愤怒。"作为政府官员，他们谈论原住民的方式是如此令人无法接受。我无法忘记我见过的这位国会主席。我告诉他我在刚果共和国看到的情况，并且问他：'有多少议员是原住民？'他说：'没有。'我说：'连一个都没有？'他说：'没有，但我的司机是原住民。'"塔利－科尔普斯对这种荒谬的言论大笑不已："当有这种文化存在时，即使你有一部好的法律，我也看不到未来会对森林和原住民民族产生任何积极的影响。"

　　刚果巨型森林地区最新的原住民权利法，于 2020 年 6 月被提交给了刚果民主共和国国民议会。如果塔利－科尔普斯在其邻国刚果共和国看到的那种文化障碍没有阻碍它的通过，这项法律将赋予刚果民主共和国的俾格米人与巴西所示例的政策范例那样的权利。2014 年，刚果民主共和国通过了另一项法律，该法律虽然不是单独为俾格米人而立，但允许森林民族建立 5 万公顷的特许经营社区。为了使这种模式能够拯救森林，造福村民，当地人必须组织良好，并制定能通过政府审查的技术管理计划。他们必须找到一种方法，防止村里的精英或国民卫队霸占特许经营权。

这听起来像是一个苛刻的要求，但多米尼克·比卡巴（Dominique Bikaba）认为这是可行的。他是"坚固的根"（Strong Roots）这一组织的创始人和执行董事，该组织致力于帮助原住民社区建立特许经营区。比卡巴在刚果民主共和国东部的一个森林里长大，现在那里已成为一个名为卡胡兹比加（Kahuzi-Biega）的国家公园。尽管比卡巴的家人被赶出了公园，但他还是非常支持这个公园。他定期走访东部低地，与那里的大猩猩共度时光。它们会带给他灵感，让他在地球上最具挑战性的保护模式中，继续努力在人与自然之间取得平衡。

比卡巴主要关注的是在卡胡兹比加国家公园和伊托姆韦自然保护区（Itombwe Nature Reserve）之间跟美国约塞米蒂国家公园面积相仿的森林。在那里，他正致力于根据 2014 年的法律与 7 个团体建立森林社区，其中包括班图人和俾格米人。比卡巴说："每个人都参与了进来，因为一旦森林社区宣布建立，政府就不能再授予任何人矿产开采权或创建国家公园之类的东西。"当地一个部落的国王在 2010 年颁布了禁止捕杀大猩猩的禁令，这也得到了当地村民的支持，这对森林社区来说是一个吉祥的迹象。比卡巴表示，从那时起，保护区内外的大猩猩都能不受打扰地繁衍生息。"原住民社区并不像我们想象的那么复杂。如果他们理解，他们会参与，如果他们信任，他们会支持……他们不需要 100 万美元。他们可以做出巨大的改变却对此毫无所求。"

　　在原住民领地控制的谱系上，新几内亚恰好处在与刚果相对的另一端。原住民控制了新几内亚岛上 90% 以上的土地。正如海尔楚克领导人杰西·霍斯蒂所说，现代新几内亚的土地所有权是对人们与土地的传统关系的粗暴简化。传统的产权方式可以是流动的、动态的、重叠的、复杂的，在某种程度上还是有争议的，能够适应社区内不断变化的需求。现代的所有权形式既可以作为防止土地被盗的屏障，但也可能成为永久出售土地的第一步。

　　当我们走进芬斯·莫莫家族的森林时，她停下脚步，向我们指出了一棵巨大的绞杀榕树——它基部的狭窄根茎长得像扫帚一样。一开始，我们没有注意到那长满苔藓的骨头。原来，在那棵树裸露的根部用拴绳系着二十几只野猪的下颌骨，它们的牙齿也裸露着。莫莫解释说，这是一个斯鲁昂（sruon），是他们祖先的居住区，逝去的氏族成员的灵魂在此居住。我们很难想象莫莫人会出卖他们的祖先、圣山、水晶般的河流、小溪、瀑布、数百万棵树和天堂鸟。莫莫人发誓，不管给他们多大的金山，他们都不会这么做。

　　但其他宗族部落进行了出售。来自桑达纳研究所的尤努斯·尤姆特说，坦布劳乌西南部的索隆县是该省最大的城市，由于那里对不动产的需求很高，森林正在减少。到 2020 年，巴布亚原住民已经出售了索隆 57% 的土地。

桑达纳研究所正努力通过保护传统土地权来避免索隆故事的重演。

作为第一步，他们有时会帮助部落绘制边界图。这么做是为了确保开发人员到达时，原住民可以用其展示那些属于他们的土地，避免与相邻的氏族发生冲突。这是一件复杂的事情，总是会有重叠的范围。想要得到解决方案，需要对历史进行漫长的讨论、调解，以确定哪个群体对哪个领域拥有优先权。桑达纳研究所及其合作的团队每年都会绘制几个部落的版图。他们还有很多的工作要做。在巴布亚和西巴布亚，总共存在 250 多个部落。坦布劳乌最大的部落，阿布部落，有 32 个拥有土地的氏族，分别居住在 85 个不同的村庄里。

撇开实际情况不谈，一张氏族区域地图可能需要数十年的时间来绘制，人们开始怀疑这是不是一个好办法。土地权的社会地理分布与自然地形的陡坡和褶皱一样错综复杂，令人望而生畏。"每个人都害怕巴布亚，因为我们的土地产权状况非常混乱！"尤姆特谈到潜在投资者时说道。"一旦你明确了土地的边界，就可以很容易地把地图交给其他人，这样土地也会很容易地被交给其他人。"尤姆特表示，事实上，开发企业本身也在与社区一起绘制传统的边界地图，以期加快获取资源的速度。

这就引出了桑达纳研究所的第二步——传统治理。在这一步中，部落在其氏族讨论决定出售什么资源的过程中扮演着更为重要的角色。阿布部落的领袖昆德拉·尤迪（Kundrat Yeudi）正试图为他的部落建立传统政府。他自己氏族的低地森林在 2007 年到 2013 年之间遭到了砍伐。一些老人得到了报酬，但鹿和袋鼠变得稀少，水土流失使小溪变得浑浊。而尤迪在那时还是个青少年。2020 年初，我们在西巴布亚的阿布地区与他交谈。此时尤迪已经

27 岁，他留着胡子，说话温和，有 5 个孩子。他说服了一些村庄拒绝伐木者，并领导着阿布部落，努力对用他们祖先的森林资源交换资金的提议做出集体回应。"我们的部落需要一个传统的机构，因为经济价值改变了我们对土地的看法。"尤迪说。

桑达纳研究所战略的第三步是为人们寻找其他的赚钱方式。带领游客到森林里观看天堂鸟，了解森林文化是一种选择。当我们坐在苏米溪旁的浅滩上时，尤姆特指着对岸的管状藤茎说出了另一种选择：家具。尤姆特并没有幻想那些森林友好的微型企业会像自由港麦克莫兰公司挖黄金和铜那样，快速地赚取数十亿美元。但他认为较小的利润就足以满足像莫莫和尤迪他们所在的氏族，因为他们已经从森林中获得了他们所需要的大部分东西。

桑达纳研究所战略的最后一步，则是塑造巴布亚年轻人的个性。大约在 2000 年以前，被选定的青少年会在全省范围接受传统教育。在森林里进行的培训，针对男孩的被称为 wuon，针对女孩的则被称为 fenya meroh。这种培训并非平等主义的。男孩能够选择更多的特殊技能来磨炼自身，而女孩则主要学习能培养家庭和谐的美德。年轻人由长辈（通常是祖父母）挑选，然后被留在森林里长达 8 个月，接受来自他们族人的最基本、最珍贵的教导。"受过传统教育的人一定不会出售他们的土地。"尤姆特说。芬斯·莫莫的表弟——23 岁的乌巴努斯·莫莫（Urbanus Momo）证实了这一点，并希望传统培训能再度回归。"受过培训的人能够了解我们的传统。他们能了解你，尤其是涉及土地权等方面时。他们教会我们在解决问题时要更明智。"

现代学校的教育和教会对巴布亚人的传统教育造成了一定的影响。乡村学校提供的标准印尼课程不允许孩子们连续几个月在森林里学习。芬斯·莫莫告诉我们，一些家庭正在适应新的情况。当我们在 2020 年交谈时，阿亚博基亚的一个女孩进入了森林接受祖母的传统教育，同时完成了同学转交给她的学校作业。几乎所有新几内亚人都是基督教徒，但他们对学习传统的态度存在明显的派系差异。尤姆特说，天主教会支持为传统培训的回归所做出努力，而强硬的新教徒则称其为恶行。

与桑达纳研究所的工作相类似的事情，正在岛的另一边——巴布亚新几内亚的北海岸发生。吉尔迪帕西地区的一些部落集体做出了保护森林 5 年的承诺。这些森林是人们日常不会进入的深林，但在 20 世纪 80 年代和 90 年代它们曾遭到大规模砍伐。"砍伐作业一直延伸到了河岸边，" 2020 年，当我们通过电话与吉尔迪帕西的领导人亚特·保拉（Yat Paol）交谈时，他回忆道，"伐木使得那片区域杂草丛生，害虫也随之而来，还有新品种的蟾蜍和蜗牛。它们都是外来的，以前这里没有。而且，现在我们必须到更远的内陆去获取建筑材料。"保拉表示，对于那些依靠森林进行捕鱼、狩猎、采摘坚果、划独木舟、采药、采集水果、获取建筑材料和其他资源的人来说，这成了一个问题。保拉停顿了一下，不知道该如何表达这份清单上的最后一项。"我不知道这个词是什么，当我们需要找到和平时，我们就去到那里。我们从那里获得力量，然后再回来。"

有 3 个部落氏族驱逐了伐木企业，并于 2003 年建立了保护公约。起初，公约是由律师撰写、审查后才签署的。执法手段可能涉及笞打和诉诸法律。10 年后，这些氏族开始转向传统的承诺形式。现在书面协议已经消失，相反，他们会在每 5 年的 7 月 26 日精心地准备庆典。森林的精神神灵被视为协议的一方。保拉解释说："我们相信现实不仅仅是物质的。我们相信现实既是物质的，某种程度上也是超自然的。"精神的力量也有助于法规的实施和执行。"当我们违反了与超自然力量订立的契约时，那将会是一件严重的事情……任何违反契约的人都会被处理。我们没有护林员，神灵就是我们的护林员。"保拉表示，最近几年发生了一人死亡和两人濒临死亡的事件，这都是因为神灵在惩罚不遵守协议的行为。

对遭到神灵惩罚的恐惧并不是遵守公约的唯一动力。保护区的资源会溢出到周围的环境中。"那里就像一家银行，一切都在流动，"保拉说，"这里没有任何屏障，可以防止资源外流！如果有鸟飞出来，那就是给我们吃的。"每隔5年，也就是公约续签庆典的前一天，村民们会从保护的森林中采集植物、捕获鱼类和打猎；这只是5年1 825天中的一天，它强化了人与土地之间的物质和精神纽带。

保拉讲述了一个关于海洋的类似故事，近年来海洋也已被纳入保护公约。保护海洋的公约在森林公约续签两天后续签。保拉说，2018年，"长老们齐聚一堂做着准备，一致同意如果在26日至28日之间有一只海龟被大海送上岸，他们就会仪式性地杀死它，为签署公约献祭。在过去的20年里从没有海龟被杀。27日下午6点，一只海龟出现了，那并不是海龟正常上岸产卵的时间，所以我们马上意识到，它是超自然力量为了我们的续约仪式而送来的。"

吉尔迪帕西的面积仍然很小，只有数百公顷，但其公约成员已从2003年的3个部落增加到2020年的20多个。这一模式目前正在第二个更大的地区进行试验，该地区是新几内亚最长的河流塞皮克河的源头，也是地球上最具语言多样性的地方。

为了我们自己着想，更广泛的非原住民社会（包括地球上每 20 个人中的 19 个人）需要与我们的生态系统一起生活在一种尊重和互惠的氛围中。人类的领地是地球。我们是天空、叶绿素、水、土地和其他有机体的集合，我们需要开始像对待亲人一样对待所有这一切。乔·威廉姆斯（Joe Williams）看到了这一切的发生。他坚称自己首先是毛利人。首先，他提供了他的山、河、海和部落的名称；然后，他提供了 18 位人类祖先的名字，其中可以追溯到 14 世纪乘独木舟从法属波利尼西亚航行 6 480 千米到达现代新西兰北岛的那个人。威廉姆斯甚至知道那艘独木舟的名字：Matatua。只有在背诵了这本家谱之后，他才能介绍他更次要的那个身份，即他的工作——新西兰最高法院的法官。

　　威廉姆斯法官是新西兰最高法院的第一位毛利人法官。他解释道，在波利尼西亚，天空是他们的父亲，土地是母亲，海洋则是超级亲戚，在土地和天空的 120 个孩子中享有崇高的地位。海草和人类一样，也有着值得史诗歌颂的血统。威廉姆斯发现传统观念开始渗透到更广泛的社会中。2014 年，新西兰的乌雷威拉森林从财产合法地转变为与个人或企业具有同等地位的生物，以寻求司法系统的帮助。根据法律，旺格努伊河也获得了类似的"法人"地位。"在新西兰，政界人士之所以能在法律上越过这条线，是因为它的时机是正确的。不仅仅是毛利人社区深受环境破坏的困扰，整个人类社区都是如此，"威廉姆斯说，"我们终于认识到，人类只是这个星球的孩子——这种想法是多么美妙。"

EVER
GREEN

第 7 章

森林与实体经济，以森林为
导向的经济政策

为了保护冷却地球的巨型森林，我们需要一种支持自然而不是消灭自然的经济。这并不意味着我们要削弱经济，而是要充分认识到这一点。正如帕塔·达斯古普塔（Partha Dasgupta）在 2021 年提交给英国政府的关于生物多样性经济学的 606 页报告中所说，"声称一方面存在'经济论据'，另一方面存在'环境论据'，是对经济学本质的误解"。[1]

经济，指的是我们为了追求幸福而获取商品和服务的所有相互作用和物质世界（包括森林）的总和。在市场经济中，这些相互作用是相当自由的。人们从彼此那里买卖他们喜欢的东西，尽情使用来自大自然的东西。几乎所有的社区都制定了规则，来禁止或阻止某些类型的市场活动，如高利贷、假冒伪劣或危险的产品。然而，我们中的大多数人仍然在经营着合法分割森林的经济体，直到那些森林小到我们甚至无法再在其中迷路。市场允许在森林的局部地区进行商业活动，却几乎不关心使这些局部成为可能的更大的自然系统的完整性。在与巨型森林共同迈向未来时，我们面临的核心挑战之一，就是要改变这一点。如果我们失败了，结果是可以预测的：巨型森林将被分解，正如它们正在被今天的动态经济所分解一样。

2 000 多年前，尤利乌斯·恺撒对着一片他正准备征服的浩瀚森林感叹道："就我们所知，德国没有一个人能说他已经到达了这片森林的边缘，也没有人知道它从哪里开始。"这就是海西森林，据恺撒和老普林尼估计，这片森林从东走到西要花 60 天，从南走到北要花 9 天。[2] 森林覆盖的地区始于西部的莱茵河，一直延伸到现代东欧地区，包括今天全部的黑林山，而且还远不止于此。在欧洲的中纬度地区已经经历了 4 000 年的农业和畜牧业之后，这里是恺撒时代以来就保存完好的森林地带。[3]

罗马人在那里遇到了森林民族，他们常常钦佩森林民族与森林的和谐共生。尽管心生钦佩，但在公元后的最初几个世纪里，罗马人仍在海西森林和现在属于法国、比利时、英国、西班牙和塞浦路斯的小面积森林中缓慢扩张。[4] 为了在伊比利亚炼银，在塞浦路斯炼铜，在法国、德国和英国炼铁，很多树都被砍伐烧毁了。用木材取暖的罗马式桑拿浴室，在公元 1 世纪迅速流行开来，还有以木材为燃料的陶瓷窑、石灰窑和玻璃吹制炉。有一时间，罗马人拥有了大量漂亮的盘子、花瓶、灰泥、上釉的窗户，还有木材做的休闲泡澡盆。但木材用量如此之大，以至于最终还是难以为继。

西班牙木材的枯竭，可能是罗马帝国末日的开始。在西班牙冶炼的银被铸造成一枚枚镌刻着罗马帝国大人物肖像的硬币。罗马统治者正在把树木变成金钱，但在矿石被挖空之前，树木就已经耗尽了。随着帝王们将越来越多不值钱的金属混入他们的"银币"，罗马货币的价值和权威都在下滑。到了 4 世纪初，许多罗马人回归了易货贸易，不再使用摇摇欲坠的货币体系。

罗马帝国灭亡后，中欧的森林在充满迁徙、游寇且乡村人口减少的时期重新生长到了适度的规模。然而，在公元 850 年左右，森林砍伐的钟摆再次摆向了另一个方向，中世纪的大砍伐使得森林面积减少了 1/4 或更多。到公元 16 世纪，欧洲温带地区的森林覆盖率减少到了目前的 40% ～ 45%。[5] 如今，除了俄罗斯和斯堪的纳维亚北部地区，欧洲已经没有未受侵扰的原始森林存在。

大约在 16 世纪，欧洲人第一次前往美洲，开始破坏巴西东南部和北美东部的另外两片巨型森林。大西洋沿岸森林，巴西人称之为他们的沿海雨林，曾经在从今天的阿根廷北部到巴西东北端的沿海地区茂盛生长。东部林带与亚马孙地区相隔 1 600 千米，中间有稀树草原、沙漠和沼泽，其面积相当于 4 个加利福尼亚州。

当葡萄牙航海家佩德罗·阿尔瓦雷斯·卡布拉尔（Pedro Álvares Cabral）于公元 1500 年首次抵达南美洲时，他的探险团队最直接的重大发现，是一棵树。这棵树的名字，也是最终形成的殖民地的名字，来自葡萄牙语单词 brasa（余烬），指的是木头的颜色。这种树木经煮沸后，会产生一种美丽的红色染料。Pau 是这种树的口头名称，所以余烬树的名字就成了 pau brasil。因此，巴西是以在文艺复兴晚期使欧洲人的衣服变红的这种木材命名的。随着时间的推移，执着的商人们把他们能找到的每一棵余烬树都运走了，这也几乎就是全部的余烬树了。[6] 这种树现在非常罕见，几乎具有了神话般的地位。当然，大西洋沿岸森林的溃败并不止于此。随后的糖、咖啡、可可、牛、木炭、矿物和其他木材的市场在接下来长达 500 年的经济周期中毁掉了大西洋森林。[7] 如今，在沦为殖民地之前的 1.29 亿公顷大西洋森林中，天然林地只剩下不到 8%。[8]

当英国人在 17 世纪登陆北美洲时，他们发现了高耸的橡树、山毛榉、栗树和樱桃树。森林从海边一直延伸到密西西比河，向北一直到北极地区。

与那些登陆者家乡岛屿上的任何东西都不同的是，这里的每一棵树都是巨大的。高大挺拔的白松是最重要的发现。17世纪50年代，英国国王乔治一世正面临着桅杆危机。能够被制作成桅杆的树木早就从他的王国里消失了，他的商船和军事舰队依赖着波罗的海森林的补给，而英国的主要商业对手荷兰则控制着这条海上航路。当造船工匠正努力用多块木头制作能够抵御大风的桅杆时，来自马萨诸塞州、新罕布什尔州和缅因州的高大松树开始迅速跨越大西洋，木材、焦油、沥青和橡木也开始被用于木桶的制作。北美洲成了英国的新林地。以狩猎、觅食、捕鱼和小规模农业为基础的美洲原住民森林经济，被英国的森林清算模式和更大的农场强行取代。

在美国独立前的一个世纪里，伐木活动仍在快速地进行，而在美国独立后，砍伐树木的活动就更加不受限制了。锯木厂、农场和铸造厂在19世纪中期摧毁了地球上最茂密的林地之一。尽管地形崎岖不平，纽约州阿迪朗达克森林在1800年至1885年间减少了70%的面积。[9] 19世纪以木炭为燃料的美国钢铁工业每年生产的金属量，几乎是英国工业消耗木炭的巅峰时期（即1540年至1750年）的20倍。[10] 在19世纪第二个10年到19世纪60年代末的短短50年间，美国人将5 180万公顷的森林变成了燃料。这相当于曾经生长在伊利诺伊州、密歇根州、俄亥俄州和威斯康星州的所有树木。[11] 在这一时期，美国的冶金行业消耗了50亿根金属粗线，足以将79根一撮1.2米宽、2.4米长的金属线堆，一直堆到月球上。到20世纪中叶，破败的美国新景观被515万千米的木栅栏围着。[12]

1867年，一位名叫伊克瑞斯·拉帕姆（Increase Lapham）的科学家向威斯康星州立法机构提交了一份报告，称"从上述事实来看，很明显清除威斯康星州的森林将对气候产生决定性影响"。[13] 他警告洪水、侵蚀和干旱发生的可能性。拉帕姆甚至提到了树木的固碳作用："它们通过吸收二氧化碳来净化空气。"拉帕姆谈论的是当地气候，而不是全球气候。但他确实巧妙地指出了威斯康星州（以及更广泛的北美）正在做出的交易，实际上是将有益于社区的自然环境变现为可销售的食物和"文明"生活的个人用品。

看看今天的美国东部，人们可能会想，为何如此大惊小怪？这里仍有很多的树啊。事实上，当美国人在更远的西部找到了更为肥沃的农田，并学会了如何使用化石燃料，东部大片的土地就开始重新焕发生机。80～120年后，人们发现新英格兰地区阔叶林的碳储量与旧森林持平了。[14]生物数量的恢复，有时会以可爱而有用的形式表现出来，如糖枫（supar marple），这是希望的象征。这很好。然而，前殖民地的森林并没有"重新生长"。今天的森林中松树稀少，阔叶林众多。山毛榉的丰度下降了70%左右。[15]数十亿颗坚果和橡果被殖民者的猪吞食。[16]山毛榉和铁杉都处于不利地位，因为它们在现有森林的树冠下，自然生长得极其缓慢，林中几乎没有几棵山毛榉和铁杉。栗树和榆树已被外来的枯萎病所清除。湿地森林被填埋用来耕种。

最重要的是，道路、城镇、电力线、火车轨道、磨坊和矿山将森林分割成了条条块块，这使它无法维持英国人第一次踏上弗吉尼亚海岸时的动植物和文化的生长发展。有些森林则完全没有恢复；据估计，自公元1600年以来，约有1.25亿公顷的林地消失，这一面积比我们目前的国家森林系统还要大65%。[17]

既然未受侵扰的原始森林能给予我们雨水、食物、健康的空气、清洁的河流、万花筒般的生物多样性，以及与原始精神产生联系的感觉，为什么人们表现得就好像我们迫不及待地想要摆脱它们一样？为什么我们要把一个整体变成一块块碎片？为了避免像过去几代人对待他们的森林那样对待今天的巨型森林，我们有必要辨别出使地球上的巨型森林减少到仅剩目前5片的经济驱动机制，而正如前文所述，即使是剩下的这5片巨型森林，它们的边缘地带也正在逐渐消失。

市场理论描述了生产者和消费者是如何决定生产什么以及购买什么的，也就是我们如何与彼此以及物质世界互动。这一理论最根本的支柱是，当人们自由地做出这些决定时，社会的整体福祉就会最大化。个人和公司可以生产出消费者想要的各种商品，比如玉米、电脑、牦牛油、象牙和小提琴。消费者通过决定把钱花在什么上来向生产者发出信号。生产商收取的费用至少要与生产、种植、收集、雕刻及将商品推向市场所花费的成本相同。在理想的市场上通常有很多卖家，他们相互竞争，从而让买家可以在他们的预算内，获得更高质量的商品。成本高的生产商，或者猜错人们想要什么的生产商，最终都会倒闭。这个完美的市场也有很多买家，所以没有一个买家会对价格产生过度的影响力。

在这个模型中，通过一组既定的资源，如土地、树木、工人、水和矿物，一个社会中的人类需求就可以最大限度地得到满足。他们用自己购买的东西来投票，并向其他人发出如何使用时间和其他资源的信号。没有人被强迫做任何事。这一切都像魔法一样发生，这就是为什么苏格兰经济学家亚当·斯密在1776年将市场的引导力描述为"看不见的手"。[18]

当然，我们生活的世界并不同于经济学家所说的"完美竞争"模式。垄断会出现并控制商品价格。消费者购买的产品也并不总是能改善生活，比如奥施康定和大量碳酸饮料。花言巧语的广告与纯粹个人偏好的内在声音，同等地影响着消费选择。这个模式有着凹凸不平的边缘。

而与公共物品相比，这些都是微不足道的。"公共物品"是一个专业术语。理解这个术语最好的地方是大自然，那里有大量的公共物品。在巴西的查瓦利河谷原住民领地，呈牛轭形的湖里到处都是硕大的巨骨舌鱼（见图7-1）。这种鱼可以长到独木舟的大小，形状也与独木舟大致相同。亚马孙人有时会故意把独木舟行至水下，以便从河里捕捞出一条巨骨舌鱼。卡纳玛丽人（Kanamary）是出色的渔民，他们摄取的蛋白质中有很大一部分来自巨骨舌鱼。在巴西圣路易斯的卡纳玛丽村，一个常见的景象便是两名男子用一根横杆穿过"小"巨骨舌鱼的鳃，扛着它穿过村里的足球场，而鱼尾巴一直拖到地上。

当我们访问圣路易斯时，科拉·卡纳玛丽（Korá Kanamary）开车带我们绕过查瓦利河附近的一处牛轭湖，指出了捕鱼的热点区域，并对外部商业团伙几乎每晚非法入侵该湖的行为表示痛心。他们将秘密捕获物供应给市场和餐馆，甚至远至秘鲁城市伊基托斯。这位卡纳玛丽领袖介绍说，要想阻止武装渔民非法捕捞，就需要在数千米长的河岸上设置一个夜间值班站，但这不可行，因为限制进入的成本高得令人咋舌。被过度捕捞的巨骨舌鱼种群及其清洁的湖泊环境，也至少是一部分的公共物品。用经济术语来说，它们是"非排他性的"。相比之下，私人物品想要保持排他性，只需要一把简单的锁。

图 7-1　在巴西苏里摩希河附近的一处湖泊中捕获的巨骨舌鱼

资料来源：照片由 Marcos Amend 提供。

　　要完全符合公共物品的条件，该物品还必须是"非竞争性的"。要是想体验非竞争性的公共物品，你可以等天黑后出去看看月亮。不管你多么专注地凝视它，月亮对其他的所有人来说仍然是明亮的。你的使用并没有使它被消耗。关于排他性，经济学家用成本来对此作出了解释：一旦该物品被创造出来，再提供给多一个人的成本须为零。月亮景观的"创造"可以通过调节空气质量或光污染来实现。其他非竞争性的例子包括一场烟花表演、公共艺术和所有公共物品之母——稳定的全球气候。

　　未受侵扰的原始森林是充满公共物品的花园。气候福利、野生环境、错综复杂的生物多样性网络、溪水中流动的纯净水，以及人类文化的多样性，都是属于非排他性、非竞争性的公共物品。如果没有政府这只看得见的手的有力干预，在市场上运作的人就无法打包销售这些东西；很少有人愿意为他们本可以免费呼吸的清洁空气买单。然而，相反的是，我们却继续打包销售着我们可以从森林中私有化的东西，比如木材、矿产、猎物和树下的土地。

正是巨型森林规模巨大这一特性使它们对维护地球系统稳定，进而维护整个经济的稳定具有重大的价值，而自相矛盾的是，它的规模之重要却又受到严重低估。标准的经济思想重视每单位的资源每次可以产出的产品，因为稀缺的东西比供应充足的东西更有价值，因而价格也更高。这被称为边际价值。边际价值考虑的是，人们每多拥有一个单位的好东西时能有多好，或者每减去一个单位时，会有多差。如果某种东西数量巨大，那么它的边际单位会被认为是相对没有价值的。当面对一片完整森林中数量惊人的树木、动物和其他资源时，一位目光短浅但并不反常的经济学家会认为每个单位的边际价值都很低。

1966 年，竞选加利福尼亚州州长的共和党候选人罗纳德·里根质疑建立红杉树国家公园（Redwood National Park）的必要性，当时该提议旨在保护这个物种最后的原始林区。"一棵树不就是一棵树，你还需要看多少棵呢？"当里根这么说时，他并不知道，古老的红杉可以存活 1 500 年以上，成为地球上最高的树木，可以覆盖其所在的原始森林范围的 1/20。其余的树木与之相比就是一群树孩子，现在情况依然如此。如今，大多数红杉在长到几十年树龄后就被砍伐了，现在森林中的碳积累量是古代森林的 1/30，而且再也无法重现原始森林的生态。[19] 在数百年的风、雾和落下的针叶的影响下，古老的红杉林形成了距离地面数百米高的第二片森林。北美云杉和美洲越橘树在林冠层茁壮成长，为从未接触过森林地面却又不会飞行的动物提供栖身之所，包括蠕虫和蝾螈。这些古树最终会轰然倒下，通常会倒在小溪中，从而为银鲑创造出深潭。

从另一个角度来看，根据州长候选人的观点，剩下的红杉林拥有无数的树干、树枝、针叶和树根。从右边的山顶上看，它们的树冠在太平洋的浓雾中伸展形成了一片片绿色的块状地毯。这种对数量的认知反映了人类在理解较大的数量时存在心理困难。在大多数人类文化中，当计数达到某一点之后，总是会代之以"很多"。谁能分辨出 10 亿和万亿之间的区别？我们总是用"无数""无穷无尽"甚至"无限"这样的词，来描述其实是有限的、极易耗尽的事物。

东南阿拉斯加州保护委员会（Southeast Alaska Conservation Council）负责人梅雷迪斯·特拉诺（Meredith Trainor）表示，这种错觉在美国剩下的巨型森林所在州依然存在："在美国本土的 48 个州，人们认识到资源是有限的，因为他们砍伐了太多的树木，看到了这对鲑鱼回流的影响。而这里仍然存在着天真的错觉和有意的无知，这让人们幻想，仅仅因为窗外还有一片森林，我们就可以把这些小碎片砍掉；即便我们在这里加一条路，在那里加一条路，也并不是真正的问题，因为这里仍有很多森林。"

钻石和水的悖论常常用来解释边际价值。钻石绝对不是生活必需品，但由于它十分稀缺，所以价值极高。而没有水，人是不可能生存的，而水在某些地方是如此充裕，甚至是免费的。然而，如果一个人在沙漠中渴得要死，他肯定愿意用一袋钻石换一杯水。巨型森林中似乎有着充裕的木材、生物和碳，就像湿地中的水一样。用梅雷迪斯·特拉诺的话来说，"把这些小东西从一片大森林的边缘砍掉"来种植一些东西，或为建造房子让路似乎是合理的。在自然资源丰富的地方，消耗掉任何一点点资源的成本似乎都微不足道的。

边际分析的逻辑是传统经济学的核心，它确实粗略地描述了自由市场中的人类行为。如果你是一个喝咖啡的人，想想你是多么重视你早上喝的第一杯咖啡，再对比第二杯、第三杯的价值，直到有人付钱让你喝为止。但经济学不仅仅是一个观察系统。它还被用来作出指导、制定政策、决定一片森林是否应该得到保护，如果是的话，应该保护多少。稍微考虑一下，市场和那些选择不限制它的领导者会砍掉大片森林，直到它们变得稀缺。在最极端的情况下，在一个种群数量下降到一只方舟能够容纳的数量之前，它的边际价值都会被视作是极低的。

同样，经济是指人类如何利用资源生存并让自己感到快乐的活动。一种焚毁公共物品、忽视大规模生态系统完整性的价值的经济正在走向失败。到目前为止，破坏有时是经济活动无意中产生的副产品，有时是先驱者、帝王和企业家们有意进行的项目。直到最近，在这两种情况下，大多数人都不知道物质生产正在侵蚀我们生产物质的经济体系的生物物理基础。过去的森林破坏者对我们现在拥有的对于森林碎片化的知识是一无所知的：这不能继续下去。我们的星球健康和经济健康与更多的森林砍伐是不相容的。作为开端，我们极度低估了把碳留在土地内部和土地表面的重要性。

为了在用以引导政府和开发银行的经济框架中替地球上现存的大片森林创造一席之地，我们必须重新认识我们所说的边际。因为现存的大片森林的数量已经非常少，而它们对气候、生物多样性和文化的贡献又无法以任何其他方式被复制。换句话说，原先的充裕已经变为稀缺，边际分析的单位必须是森林，而不是树木。我们的经济应该考虑整个森林，而不是仅仅考虑涉及下一公顷甚至 10 万公顷的权衡。而更好的思考方式则应着眼于以未受侵扰的原始森林为核心并囊括生态功能缓冲林区（如果使用更密集的话）的整个巨型森林。

当我们讨论经济在分配资源以实现人类福祉方面做得如何时，应该把以森林为导向的指标纳入进来。以下是我们的政策制定者和经济记者现在讨论的内容：我们生产的一切产品的货币价值，也被称为国内生产总值（以下简称 GDP）；GDP 的年增长率；一系列上市公司的未来预期利润现值（如标准普尔 500 指数等基金指数）；有意愿工作的人的就业比例（就业率）；我们的社会是在出售更多的东西，还是在购买更多的东西（贸易平衡）；以及人们的消费意愿（消费者信心）。换言之：狂热的交易、成堆的利润、人类的劳作、与其他国家的贸易优势，以及购买意愿。这些就是我们用来衡量幸福的主要指标。为了扩展经济的定义，《纽约时报》在回顾经济动荡的 2020年时提出了 10 个不同的指标，可其中没有一个与环境相关。[20] 在一个发达的世界里，一切都可能会有所改善。

在新型冠状病毒肺炎疫情（以下简称新冠肺炎疫情）期间，人们以创纪录的数量涌向大自然以提振精神。[21] 但是，正逐渐侵蚀我们的日常福祉，甚至威胁股票市场和 GDP 未来的森林和其他生态系统的损毁这一现实却被视为无关紧要的课题。任何合法行业中的经济扩张都被毫无疑问地认定是好的。因此，我们邀请记者在他们报道每一个事件时都自问一句：这些新闻是否对大自然有益？媒体可以在所有商业报道中加上气候成本和收益。用于评估工程建造、石油开采、消费者支出、航空旅行和航运对大气的影响的数据是可以找到的，为什么不把它们展示出来呢？另一个积极的措施是对森林做出季度报告，内容包括森林的损失和收益、碎片化情况、碳吸收和碳排放，以及受保护状态的变动。全球森林观察系统已经在网上掌握了大部分信息，这些信息应该像任何传统的经济指标一样得到报道。透明度将使消费者更加深思熟虑，并督促政府和企业在森林指标上取得更好的分数。

经济分析可以提供信息，但不应取代有关森林和气候政策的共识。例如，许多关于气候变化的早期经济分析得出结论，决策者应该谨慎行事，不要在阻止全球变暖方面过度投资，并建议制定谨慎的行动纲领。[22] 这是因为成本效益分析低估了未来效益的价值，反映了人们更关心现在而不是未来的事实。我们通常要求支付利息才愿意把钱存入银行，并推迟到以后再使用。利率被用来计算折扣率，并对经济学家得出的应对气候变化的结论产生巨大影响。中高利率意味着，相比于未来，社会更加重视现在的福祉与消费。如果一个人不太关心未来，那么现在就没有太多的经济理由来确保他去做一些诸如保护森林这样的事情。

关于全球气候行动最著名的成本效益分析是 2006 年尼古拉斯·斯特恩爵士（Nicholas Stern）应英国政府要求所作的报告。[23] 斯特恩意识到了把握时机的两难境地，传统的利率计算将拯救气候的价值变得如此之低，以至于尽管存在真正的灾难风险，但几乎不会产生什么合理的经济行动。他使用的利率为每年 1.4%，是经济学家通常使用的利率的一半甚至 1/3。斯特恩的选择基于这样一个理念，即社会政策不应该只重视今天的人，而忽视明天的人。

斯特恩的研究结论认为，现在进行大量投资是值得的，可以避免农作物被毁、洪水、饥荒以及对气候变化不作为导致的其他未来可能产生的后果。

一些经济学家认为，他以较低的利率编造了这份报告，并就用以避免气候灾难的支出得出了更模糊的结论。[24] 斯特恩的报告长达 575 页，迄今仍然是同类研究中唯一的一份全球研究报告。在其报告发布 10 年后，斯特恩也没有改变他的立场。他说，事实上，他甚至还低估了行动的益处。[25]

斯特恩通过改进成本效益分析得出了正确的结论，尽管成本效益分析并不是用于分析环境的。他得到了全世界的关注，这是好事，但也给人造成了错误的印象，让人们误以为这些正确的经济测算可以指导对地球的长期管理。事实上，成本效益分析被纳入决策的意义非常有限。它在 20 世纪 60 年代首次亮相，目的是评估并控制美国的军费开支。[26] 它被扩展到环境政策领域，主要被应用于在最多几十年的时间范围内的人类健康和安全法规决策。

像斯特恩这样时间跨度长达 200 年的分析，不可避免地会充满对未来会发生什么以及人们在今后很长一段时间内会关心什么的猜测。但这些分析永远无法为环境的所有无形的、美学的和精神的价值定价。然而，最重要的是，成本效益分析的问题在于，环境保护和地球一样，应该是永远的，而不仅仅是在未来的 20 年甚至 200 年。遗憾的是，在成本效益分析中，"永远"一文不值。现值是一个有着固定分子和随时间增大的分母的分数。无论使用何种利率（只要是正利率），现值的曲线最终都是一条趋近于零的渐近线。任何关于人类应该如何长期在这个地球上生活的概念，都需要锚定在一块更坚固的岩石上，而不是被固定在一个能用人类历史的 1/1000 的时间让地球消失的方程式上。

经济学在环境政策中的应用应该更加低调，应将重点放在如何在中短期内采取最有效的行动，从一系列政策、技术和地理优先事项中进行选择，以实现由各种流派的知识和伦理所一致构成的目标。就气候变化而言，《联合国气候变化框架公约》（*UN Framework Convention on Climate Change*）已经设定了一个目标，将地球变暖温度控制在 1.5 摄氏度以下。经济学家可以帮助决策者了解为了实现这一目标，他们所拥有的各种选择的不同成本、收益和净值的影响，巨型森林也是他们的选择之一。

富有远见的经济学将有助于各国制定认识到市场局限性的森林政策，避免不可逆转的自然和文化损失，同时具有地域特性和可扩展性。当我们提到森林政策时，我们谈论的是一个社区内的协议，即对供给和需求在自然界的运作作出一些限制。规则和人类一样古老，关于如何使用自然的规则是人类最古老的规则之一。而政策则关乎人们如何将市场置于一个道德和共同目标的框架内。在巴布亚的一个小村庄里，人们可以通过握手或仪式性地食用一只海龟来达成协议。它们可以被编纂成长达千页的国家法律，也可以被设立成被多方接受的条约。

例如，亚马孙河流域的保马利人（Paumerí）明确达成共识，同意暂停在过度捕捞的湖泊中捕鱼。这项政策使得鱼类的存量得以恢复，此外还孕育了巨大的巨骨舌鱼，成为保马利人维持生计的来源之一。玻利维亚的莫塞滕村也做出了类似的安排，将狩猎捕获量限制在个人消费的范围内，这使得森林里到处都有本土的鹿和野猪出没。一个有着迷宫般的亚马孙生物群落的湿地因包含了不同色彩的水域，而被称为因尼利达河之星（Fluvial Star of Inírida）。那里的哥伦比亚社区以为水族馆捕获观赏鱼为生，但人们制定了限制捕捞量的规则，以确保生态系统的健康和他们的长期收入。在拥有共同价值观的小群体中，有无数这样的故事发生，人们在社会压力下相互监督，当有人违反了规则，他们很快就会知道。[27] 埃莉诺·奥斯特罗姆（Elinor Ostrom）因描述了这些动态而获得了 2009 年的诺贝尔经济学奖。

但也有很多其他的例子，一些地方和国家政府利用环境法和自然保护区作为集体应对措施，用以"制造"出经济意义上的清洁空气与水、猎物以及更鲜为人知的野生动物和古树，乃至与森林相关的文化的延续。巴西、俄罗斯和加拿大这 3 个最大的巨型森林大国已经在保护森林方面做了出色的工作。美国对净化空气作出了努力，并拯救了狼和白头鹰等物种。1980 年，美国联邦政府在阿拉斯加精心挑选了 6 350 万公顷土地（该州 37% 的土地）进行永久性保护。刚果盆地国家在拯救大猩猩和森林象方面取得了长足的进步。这些都是通过数百万人的合作，从市场那吞噬一切的无底洞中挽救出来的公共物品。

在国际上，我们有限制市场的协议，如《五大湖区水质协议》（*Great Lakes Water Quality Agreement*）、《迁移物种公约》（*Convention on Migratory Species*）、《生物多样性公约》（*Convention on Biological Diversity*）、《联合国原住民权利宣言》、《联合国防治荒漠化公约》（*UN Convention to Combat Desertification*）和《联合国气候变化框架公约》。当全球协议通过越来越多的地方协议层层分解，一直落实到森林里的人们支持的协议时，就会产生最好的结果。

拯救巨型森林的政策战略可以包括全面的保护激励措施。最著名的经济推动措施包括可持续采伐的木材认证、限制在砍伐森林的土地上生产的商品的贸易、给予农业贷款优惠以及以较低的税收或现金补贴奖励护林员等。这些激励措施相当低调地将一个社会目标传达到市场上，并吸引到了土地所有者，他们被鼓励而不是被命令对土地进行保护。

但这还不足以推动经济朝着正确的方向发展，并对森林景观发展保持乐观精神。人类社会必须明确保护大面积且健康生长的森林。森林保护气候的能力取决于整个森林系统的完整性。与处于更大的自然生态系统中的区域相比，面积相同但被牧场包围的区域的碳储量要少得多，安全性也要低得多。森林的规模和位置也会影响到水、鱼、禽鸟、圣地、当地食材、古树、文化和风景。类似地，人们对临界点知之甚少，比如森林被砍伐到何种程度就可能会使亚马孙的大部分地区变成草丛和灌木丛；激励措施是否足以鼓励足够多的森林保护行动来避免灾难。对生态系统的一些破坏是不可逆转的——你不能在前一天砍伐掉一片生活着濒危物种或未与外界接触的氏族的森林，然后在第二天早上看到自己制造的麻烦时改变主意。[28]

拥有巨型森林的国家在保护特定地区方面已经有了良好的开端。它们都以某种方式规定了森林的不同用途：国家公园、供水、木材开采、道路和定居点等。这是一个坚实的基础，各国可以在此基础上进行建设，使森林空间变得更大、更安全，不受道路和其他逆转事项的影响。进行这些工作的国家为我们所有人生产有关气候和其他方面的公共物品，从而为全球的共同利益做出了贡献。这就引出了一个问题：这些国家是否应该为此获得报酬？

EVER
GREEN

第 8 章

森林的价值，利用热带雨林的
碳金融

1987 年，两位热带生物学家和一位耶鲁大学的经济学家一起走进了丛林。热带生物学家查尔斯·彼得斯（Charles Peters）、阿尔温·金特里（Alwyn Gentry）和经济学家罗伯特·门德尔松（Robert Mendelsohn）想知道从亚马孙雨林采集水果、坚果和纤维是否能获得利润。他们的结论是肯定的。在秘鲁热带雨林区域的米沙纳小社区，以可持续方式采摘的森林水果和橡胶产生的收入是伐木收入的 6 倍。这一发现在 1989 年被发表在《自然》杂志上，点燃了森林可以自我保护的希望。[1] 在接下来的 10 年里，许多自然资源保护者都在寻找方法，帮助国家和社区从生态旅游、巴西坚果、橡胶、藤条甚至谨慎的木材开采中获利。

但在关于米沙纳的研究中，有一句话被许多人忽视了："并不是每公顷热带森林都具有与米沙纳的地块相同的市场价值。"这句话显得有些过于轻描淡写。米沙纳的土地盛产水果，距离伊基托斯只有 29 千米。伊基托斯是一个大城市，那里的居民偏爱新鲜的丛林产品。这些因素对野生水果生意来说是相当理想的。可持续的森林生产为米沙纳等地的森林保护提供了强有力的激励，这些地区既有产品，也有消费者。这些成功是值得庆祝的。但是，同样的经济手段并没有起到保护真正的大森林的作用，这些森林由于它们巨大的体量，总是有大量的区域远离市场。

此外就是碳。与米沙纳出产的新鲜水果不同，碳无须移动就能带来价值。环保人士开始意识到，如果碳储存可以货币化，它将为保护原始森林的政府和社区提供资金激励。这曾经是、现在也仍然是一种诱人的可能性。

碳金融主要关注的是热带森林，而不是北方针叶林，原因有三。首先，热带雨林能在地表上迅速积累大量的碳，以树干、树皮、落叶、蕨类植物、蔓生植物、花朵和其他植物物质的形式存在。虽然北方针叶林确实有着世界上最丰富的碳储量，但高达 90% 的碳储藏于地下，地表的活动可能会释放它，也可能不会。考虑到其地下的碳储量，北方针叶林排放温室气体的风险令人毛骨悚然，但北方地下碳的脆弱性还不像热带森林里将地表的植物部分转化为二氧化碳气体那么容易量化。[2] 其次，现在大部分公开的森林损毁和退化都发生在热带地区。最后，拥有大片森林的热带国家多为预算极其紧张的中低收入国家，它们正在努力向公民提供医疗和教育等基本服务。到目前为止，这些国家中的大多数都不是大气中积累的碳的主要贡献者。其中，只有巴西和印度尼西亚是全球十大历史碳排放国。[3] 热带森林国家需要而且应该得到帮助，以支付它们将碳留在生物圈中的成本（见图 8-1）。

1996 年，大自然保护协会、英国石油公司和美国电力公司向玻利维亚政府支付 950 万美元，要求其取消对 60 万公顷雨林的砍伐，并将该地区纳入诺埃尔·肯普夫·梅尔卡多国家公园（Noel Kempff Mercado National Park）。[4] 这项协议首次实现了向森林资源丰富的国家为储存在其森林地带的碳支付费用的想法。缔约方计算出，此举将在 10 年的时间里避免排放 100 万吨二氧化碳气体。这种安排完全是自愿的。英国石油公司和美国电力公司都没有被要求减少温室气体的排放。他们这样做，至少部分原因是为了展示企业的责任感。大自然保护协会参与了保护一大片完整森林的行动，这片森林因其生物多样性而备受关注。但这 3 个买家和卖家都仔细量化了减排额度的所有权（与玻利维亚政府各持一半），以防它之后会具有货币价值，并就此达成了一致。[5]

图 8-1　刚果森林里有植物碳

那是在第一个具有约束力的气候条约，即 1997 年《联合国气候变化框架公约》京都议定书签署的前一年。这项公约将世界分为富裕国家和发展中国家，对富裕国家的排放量进行了限制。它还建立了清洁发展机制（Clean Development Mechanism），允许富裕国家就像大自然保护协会、英国石油公司和美国电力公司在玻利维亚所做的那样，为较不富裕国家的减排支付费用。但就这 3 个组织探索性地创造出的碳信用而言，清洁发展机制并没有起到什么作用。清洁发展机制的主要关注点在于工业排放，只承认新种植或再植森林的森林碳信用。保护一片现存森林，尽管比新种植一片森林更便宜也更环保，但并不会受到清洁发展机制的认可。[6]事实上，如果建造一座可以取代化石燃料工厂的新水电站，尽管这意味着淹没一片古老的森林，仍然可以获得清洁发展机制的认可。在 21 世纪初出现了许多类似这样的应用。

然而，拯救森林以守护地球的逻辑是如此令人信服，以至于在接下来的 20 年里，至少有 350 个类似诺埃尔·肯普夫·梅尔卡多模式的自愿项目涌现出来。[7]这些交易虽然规模都比较小，却成了如何构建协议、衡量其结果的试验场，并确保它们不会简单地将森林损毁推移到其他地方。正如经济学家所料，自愿花额外的钱来保护森林碳这种公共物品，并没有让企业界大吃一惊。一些公司自愿选择了这种做法，也受到了许多关注，保护森林碳的资金中有 90% 是持续来自政府。[8]在全世界的人类社区里，志愿服务只能是解决方案的一部分。

保罗·穆蒂尼奥（Paulo Moutinho）明白，保护雨林必须成为联合国官方气候方针的一部分，这样碳经济才能对亚马孙和其他热带丛林产生明显的影响。作为巴西亚马孙环境研究所（Amazon Environment Research Institute）

的联合创始人，穆蒂尼奥与来自巴西倡导团体——社会与环境研究所（Socio-Environmental Institute）的马西奥·桑蒂利（Márcio Santilli）以及美国环境保护基金会（Environmental Defense Fund）的人类学家史蒂夫·施瓦茨曼（Steve Schwartzman）进行了合作。他们开始参加一年一度的缔约方大会（Conferences of the Parties）。这是联合国举办的会议，成员国会在此期间讨论气候条约的细节，数千个组织共同举办气候博览会并进行游说。穆蒂尼奥和他的盟友提出了一个想法，他们称之为森林砍伐的"削减补偿"——因减少森林砍伐而获得补偿金。[9]该提议遭到了巴西政府的强烈抵制，它并不希望亚马孙遭到破坏的情况被曝光。而绿色和平组织和世界自然基金会等组织也对此提出反对，这些组织认为，像玻利维亚那样的协议将允许富裕国家继续污染环境，无法保证森林的"削减补偿"将减少总的森林砍伐量。

"我们被赶出了会议室，看到人们把我们的出版作品成堆地扔在垃圾桶里，"穆蒂尼奥笑着回忆道，"我们只能在走廊和酒吧的黑暗角落里组织我们的宣传活动。"

2003 年，玛丽娜·席尔瓦（Marina Silva）成为巴西的环境部长，她来自一个橡胶工人家庭，他们一家的生计都依赖于完整的亚马孙雨林。在那一年的气候大会上，穆蒂尼奥的森林碳团体再也没有被逐出任何会议室。他们的活动有 600 人参加，其中包括巴西外交部的官员。在一位魅力四射的内阁部长的支持下，加上快速改进的测量森林碳含量的技术，他们如虎添翼。2007 年，哥斯达黎加和巴布亚新几内亚政府提出，发展中国家的森林保护是一项合情合理的气候保护行动，帮助支付其费用的富裕国家应该为此获得碳积分。由此诞生了在此后 10 多年的森林金融讨论中占据主导地位的一个缩写词：REDD+，即减少毁林和森林退化导致的排放（Reducing Emissions from Deforestation and forest Degradation）。后面附加的"+"使首字母缩写保持简短的同时还能包含各种活动，比如可以保护森林并为森林增加碳储量的谨慎的林业活动。

一个潜在的旨在保护热带森林的大规模经济刺激闯入了大众的视野。又一次联合国气候会议即将召开。2009年在哥本哈根，许多人希望并预期各国能就新的具有约束力的排放限制达成一致，包括一个全球性的限排目标，以避免全球变暖毁灭世界，这不仅对地球的生存，而且对为保护未受侵扰的原始森林筹集资金都有重要意义。

这一限制将被视为限额与交易制度中的"限额"，这一政策被证明是切实有效的，例如对美国的二氧化硫排放。二氧化硫主要来自煤炭燃烧，它导致了对河流和森林有害的酸雨的形成，并会溶解大理石或石灰石制成的所有物品，如雕像和建筑物。1990年，根据美国《清洁空气法案》（Clean Air Act）的新规定，每年二氧化硫排放量的上限约为816万吨，比之前减少了50%以上。现有的发电厂共享了这816万吨排放量配额。但一些公司减少排放的成本会比其他公司更低。例如，一些公司可以从怀俄明州获得低硫煤，而另一些公司则不得不依赖阿巴拉契亚的高硫煤，为此还必须安装昂贵的洗涤器，以便在污染物离开烟囱时将它们收集起来。能够以较低成本减少排放的发电厂可以向减排成本较高的公司出售他们的排放配额。配额交易发生在限额与交易的系统中，因为减排成本不同，而且配额受到总量管制的限制。在二氧化硫减排的这个例子中，这些功效十分惊人，甚至实现了污染清理成本只是项目开始前估算的数字的18% ～ 27%。[10]

相对于从能源、汽车、工业生产中减少排放的成本而言，保护森林碳的成本是低廉的。因此，在一项全球碳排放限额与交易协议中，森林国家有望成为卖家。

然而，哥本哈根会议并不成功。在全球金融体系崩溃之际，各方都没有做出重要的表态。即使奥巴马总统积极主动地亲自参与谈判也无法扭转针对会议的局势。这些国家几乎没有达成任何协议。全球碳排放上限和国家层面的责任都没有确立，因此建立碳减排的国际市场已不再具有可能性。拯救碳储量丰富的森林的资金必须来自其他渠道。

事实证明，其他渠道指的是政府，这些政府决定继续推动保护气候和森林的双重追求，哪怕投入的资金不会获得回报。在哥本哈根会议召开的 3 年前，这些交易开始以刺激经济的市政投资的试验形式出现。哥本哈根惨败后，这些国家成了唯一的主导力量，其中，挪威起到了领头作用。到 2014 年，它已经承诺支付 40 亿美元，是紧随其后的美国的 4 倍，比另外 9 个捐助国的总和还要多。[11] 挪威以及其他一些国家很早就与巴西、印度尼西亚、圭亚那、哥伦比亚、厄瓜多尔、秘鲁、利比里亚和坦桑尼亚达成了协议。这些安排让森林资源丰富的国家能为减少森林砍伐和避免森林退化作准备，在少数一些情况下，还能制定和实施相关的项目。

正如人们可能预期的那样，这些试验性协议已经出现了需要调整的地方。一些人认为，这些交易应该变得更加直接。担心资金被滥用的捐助国，已经规定了富林国家应该如何使用这些资金。黎巴嫩气候专家、刚果民主共和国的 REDD+ 国家基金会首席技术顾问米雷·阿塔拉（Mirey Atallah）认为这是一个错误。她认为，如果支付森林碳的国家将细节把控交给森林所在的国家，REDD+ 的效果会更好。"这是一项市场交易，涉及一项服务的交付和对该服务的付款。捐赠者仍在根据资金的使用情况来决定该服务的付款方式。这就好像你从苹果公司购买了一部手机，随后你还要去问史蒂夫·乔布斯或他的继任者：'你打算怎么花我支付的这笔钱？'你是因为手机满足了你的要求才花钱购买手机，没有理由再去过问其他的事情。无论他是拿这钱买一瓶威士忌，还是把钱花在孩子的教育上，都与你无关。然而，我们在REDD 的语境下看到的是，仍然存在条件和要求，想要知道这些国家将如何使用这些资金。"

一天晚上，当我们在西巴布亚的索萨波尔镇上的一家公交车站大小、仅有两张餐桌的餐厅里等待晚餐时，尤努斯·尤姆特与我们讨论了 REDD+ 项目。他参与了巴布亚 REDD+ 项目，该项目被纳入了印度尼西亚更大的森林减排计划中。"我们从 2011 年开始设计我们的 REDD+ 系统，当时碳排放量正在不断上升。"尤姆特说。他表示，那些资助印度尼西亚建立 REDD+ 项目的国家正在努力做对的事情。但人们花费了数年的时间决定哪些省份应该储存多少碳，以及如何精确地衡量获得的好处等问题上。他模仿着将合同交给专家顾问的场景。"这里有 100 万美元供你设计 MRV 系统。"他一边说，一边假装递给同事桑迪卡·阿里安西亚一袋钱，让他拿出一个定制的测量、报告和验证规程。"这里还有 200 万美元供你的组织用于……"他停顿了一下，手指摸着下巴，"基础研究！"他说着，把假想的现金交给了约翰。

由于 REDD+ 基金的设立方式，大部分资金都需要通过援助机构交付，这些机构的采购政策极度谨慎，同时它们在对待森林或气候方面几乎没有任何技术层面的经验。在世界银行和联合国，财务审批是如此缓慢，以至于到2006 年，为 REDD+ 融资承诺的 22 亿美元中，只有 2.47 亿美元在 8 年后进行了支付。而这两者并非孤例，国家之间的资金流动也很缓慢。[12]此外，米雷·阿塔拉指出，虽然刚果民主共和国政府迟迟没有达到森林保护的基准线，但这些资金实际上已经被开发机构用在了一系列杂乱无章的项目上，这些项目往往彼此之间或与东道国政府并不协调。

对 REDD+ 基金的另一个批评是，它的资金量非常少。挪威是世界第 26 大经济体。然而，在一个显示各国森林碳基金贡献的条形图上，代表挪威的长长的条形仿佛进入了错误的图表，它高耸于代表其他国家贡献的不协调的扁平矩形之上。由于捐款国家太少，而且捐款的数目也不大，热带森林在 2010 年到 2015 年期间只获得了全球气候总资金的 3%[13]，尽管它可能占到近期解决方案的 30%[14]。

李·怀特（Lee White）在加蓬森林政策中心的经历让他对 REDD+ 基金产生了怀疑。他是加蓬森林、海洋、环境和气候计划部的部长。作为有着几十年野外考察经验的生物学家，怀特曾多次遭到大猩猩和大象的袭击。当我们在 2020 年初交谈时，他谈到了他最近见证的一次濒死的体验。在加蓬的一个国家公园里，他的妻子被一头森林大象用鼻子卷起来扔了出去。但当时他正穿着白衬衫，打着黑色领带，自在地待在他位于利伯维尔的挂着金色流苏窗帘的办公室里。

怀特苦笑着说："在过去的 15 年里，我们从森林中减少了约 3.5 亿吨的碳排放。加蓬以每吨碳 5 美元的价格完成了约 20 亿美元的 REDD。"准确地说，是 17.5 亿美元，来自一个人均 GDP 不到美国 1/5 的国家，它正免费给地球降温。如果人们能因此得到报酬，"仅加蓬一个国家，就会用光过去 10 年 REDD 几乎所有可获得的资金。这还只是加蓬。我们的森林只占非洲雨林的 10%，而非洲雨林只有亚马孙雨林的一半大，所以我对 REDD 持怀疑态度，尽管我会参加有关的谈判会议，而且已经参加了 10 年"。

怀特所说的 5 美元的这个数值，正是迄今为止，几乎所有与挪威签订的国家协议中，热带森林所节约的每吨碳的价值。"说实话，我甚至不知道这 5 美元的定价是从何而来的。"挪威气候与环境部的政策主管马兹·哈尔夫丹·列（Mads Halfdan Lie）说道。2008 年至 2009 年间的一些学术模型确实发现，理论上，大多数毁林者会被 5 ～ 8 美元的奖励数值劝阻，但当碳储存作为一种现实商品首次亮相时，并没有历史记录可循，因此没有人真正知道它的价值。[15]

根据一吨碳在洪水、干旱、火灾和瘟疫方面造成的损失成本，2015 年接受调查的 365 名经济学家给出的平均答案是 50 美元。[16] 这在政策行话中被称为碳的"社会成本"。如果由行政官员而非市场来为碳设定金融价值，这一个理论数字将成为碳定价的有用基准。

相比之下，一个具有竞争力的市场应该在森林所有者保存一吨碳的低成本（以 2008 年到 2009 年的研究估值为基准）和买方防止自身排放的高成本（例如减少污染活动或转换技术）之间达成一个均衡价格。然而，要成为一个有竞争力的市场，买卖双方必须在交易中拥有对等的影响力。到目前为止，挪威几乎是唯一的森林碳买家，而许多热带国家正在出售森林碳。

虽然挪威似乎没有滥用自身的影响力，并且一直在寻求公平有效的交易，但如果有 15 ～ 20 个国家愿意购买，可能会出现更为合理的市场价格，我们将会看到由需求带动的大规模的森林保护行动。举例来说，有 14 个国家的石油产量超过挪威。而所有这些国家都未出现在碳市场中。有 26 个国家的人均二氧化碳排放量高于挪威，其中包括美国，其人均污染量大约是挪威的两倍。高排放、富产石油、资金充裕的中东国家也没有采取行动。[17]

怀特对避免碳排放的每吨碳 5 美元的实际价格的看法是什么？"我们不认为每吨碳 5 美元的 REDD+ 机制会鼓励所有人去保护他们的森林。提高我们的森林在经济上的重要性，并使它们为加蓬的经济做出贡献，这是我们认为的能够让我们的森林生存下去的方式。REDD 可能会帮助我们管理国家公园，但它不会帮助我们发展我们的国家，也不会为我们的年轻人提供就业机会。"

此外，怀特指出，当森林保持生长以保护气候时，它们也会接纳黑猩猩和大象，并在陆地上形成降雨循环。"原始雨林的碳每吨只值 5 美元，这让我很生气。我认为雨林碳应该比欧洲水泥厂减少排放的碳的价值更高。"正确的价格是多少？"当然应该在 50 美元以上。"

米雷·阿塔拉同样认为 5 美元的定价是可笑的。她将刚果民主共和国减少一吨雨林碳排放的实际成本定为 30 美元或更高。

尽管怀特对 REDD+ 多有批评，加蓬和挪威还是在 2019 年签订了 REDD+ 协议。挪威将在 10 年内支付给加蓬 1.5 亿美元，以减少 1 500 万公吨的森林碳排放。[18] 这笔交易代表着几大进步。加蓬将因其丛林在这段时间内吸收的碳获得报酬，而不仅仅是因为其避免了砍伐森林导致的碳排放。这一点很重要，因为加蓬是一个几乎没有森林砍伐现象发生的国家。它是被 2007 年的一篇论文《不让任何森林掉队》（*No Forest Left Behind*）确定为"森林覆盖率高、森林砍伐较少"（High-Forest, Low-Deforestation）的 11 个国家之一。[19] 在过去，REDD+ 买家不会为森林砍伐并未发生的国家付钱来避免其砍伐森林。在某种程度上，这是一个非常合理的立场，也是至关重要的，因为保护森林开始被视作对买家自身的碳排放的抵消。

然而，不利的一面是，偏远的森林和森林砍伐率整体较低的国家在碳融资方面被边缘化，其中包括一些极度贫穷的国家。这些国家需要资金来建立防御体系，以应对丛林最终将面临的压力。一个荒谬的结果是，像加蓬、苏里南或刚果共和国这样的历史森林损毁率最低的国家，需要开始砍伐森林以形成威胁，然后才会得到报酬来阻止砍伐森林。这种情况提出了一个问题：高砍伐率时期是否可以被锁定为一条有利的基准线，使国家可以几乎没有困难地在这一基线之上加以改善，还是应该采用一些国家使用的波动历史基线，要求它在森林砍伐和保护之间上下波动，以降低砍伐率以利于销售。森林覆盖率高、森林砍伐较少的国家倾向于提出一个令人信服的论据，即他们长久地保持了自己作为森林国家的地位，也应为此得到奖励，而不是被迫养成砍伐森林的习惯来吸引 REDD+ 付款。加蓬的交易并没有完全达到理想情况，但这是朝着正确方向迈出的一步。

加蓬 - 挪威协议还将一吨碳排放的价格提高到了 10 美元，并将其规定为一个下限，而不是最终的价格。哈尔夫丹·列解释说，挪威保证加蓬每吨碳 10 美元的价格，并持有积分。如果加蓬发现有新买家愿意支付更多，那么挪威将向新买家转让积分。例如，如果加蓬在未来某天从西班牙获得了每吨碳 25 美元的报价，那么挪威将把积分转让给西班牙，而加蓬将获得每吨碳额外的 15 美元。通过遵循一个严格的新标准，即 REDD+ 环境卓越标准（REDD+ Environmental Excellency Standard），碳效益将对买家更有吸引力。哈尔夫丹·列表示，不管最终会出现什么样的碳交易市场，鼓励"超高质量"

碳减排的想法都是会优先受到鼓励的。

哈尔夫丹·列和他的挪威同事们在执行这些 REDD+ 协议时，最令人印象深刻的一点是，他们从容应对了巴西总统雅伊尔·博索纳罗（Jair Bolsonaro）的上台。他像一枚眩晕弹一般登上了国际舞台，带着反对环保的立场四处夸夸其谈。2019 年 1 月 1 日，博索纳罗上台后，他宣布对亚马孙展开全面攻势。虽然在博索纳罗的前任米歇尔·特梅尔（Michel Temer）和迪尔玛·罗塞夫（Dilma Rousseff）的领导下，巴西曾经辉煌的巨型森林保护纪录已经开始逆转，但相比之下，新总统让特梅尔和罗塞夫看起来就像是约翰·缪尔和蕾切尔·卡森（Rachel Carson）[①]。他开始放宽环境许可证的发放，缩小保护区，在森林中开辟新的道路，并允许农业企业租用原住民民族的森林，将其变成大豆田。森林砍伐量激增。

博索纳罗的环境部部长里卡多·萨尔斯（Ricardo Salles）在上任之前甚至从未去过亚马孙地区。萨尔斯提议，将挪威和德国在 REDD+ 协议中提供的 10 亿美元亚马孙基金（Amazon Fund）用于解决与气候变化无关的城市环境问题，而联邦当局则对雨林开战。这简直是赤裸裸的挑衅。欧洲捐助者表示抗议，基金也被冻结。人们可以从这场角力中得出结论，该计划完全在按照当初的设计进行：巴西停止了执行，挪威和德国就停止了付款。

哈尔夫丹·列的看法也是如此。他是一个超级跑者，喜欢尽可能大步地跑进挪威的森林，在两棵树之间挂起吊床，睡在上面过夜，然后在早上再跑

---

① 约翰·缪尔和蕾切尔·卡森都是知名的环保主义者和作家。前者著有《夏日走过山间》，后者著有《寂静的春天》。——编者注

回来。耐力和耐心，对于他的工作来说是十分有用的品质。他说，他的同胞仍然支持 REDD+，尽管有博索纳罗这样的反例，尽管国际性市场也尚未出现，尽管腐败的政府和官僚中介机构像冷糖蜜般难缠。"我们 10 年前就警告过所有的政客。"在巴西新总统上任第一年快要结束的时候，我们与哈尔夫丹·列交谈时，哈尔夫丹·列如此说道。正因如此，人们对挫折的反应是沮丧，而不是震惊。值得注意的是，挪威的政治领导人们跨越了意识形态的差别，继续支持为热带森林买单，这是他们的巨大功劳。"人们似乎只是单纯地喜欢森林，那是贴近人心的东西。"

与博索纳罗的争斗揭示了一个风险的存在，而未来的交易需要设法防范这一风险。如果一个出售森林碳的政府除了获得资金，没有任何自己的理由去保护森林，那么任何协议都将是脆弱的。

亚马孙基金支持那些旨在保护雨林的环保机构、原住民组织以及公共机构。事实上，在21世纪10年代，亚马孙基金为巴西保护亚马孙的科学机构、倡议团体和公共机构开展工作所提供的资金占所有海外支持资金的 75%。[20]通过对亚马孙基金的破坏性操作，博索纳罗切断了对其环境政策批评者的资助，但巴西的经济并未因此付出太大代价。巴西 2019 年的联邦税收收入大约是当年环境机构、非营利组织和大学损失的一亿美元亚马孙基金资助的3 840 倍。[21]该基金可能很容易就在巴西的财政收入中丢失，并且在很长一段时间内不会被人想起。

巴西的公众舆论和主流媒体都很成熟，倾向于保护亚马孙。就公众对"生物多样性"一词的认识度而言，巴西是世界上排名第一的国家。2021 年联合国和牛津大学就气候变化进行的民意调查问道，在列出的 18 个解决方

案中，人们更倾向于选择哪一个来解决这场危机。保护森林是巴西人的首
选，60% 的受访者选择了这一选项。[22] 尽管保护森林得到了大多数人的支持，
但亚马孙基金的脱轨表明，政府和企业的某些部门，尤其是那些对森林命运
握有权力的部门，需要更加重视碳交易的成功。例如，巴西的农业部、规划
部、交通部和能源部就拥有这种权力和影响力，但在 REDD+ 倡议中几乎没
有发挥作用。他们没有从亚马孙基金获得资金。一项保护森林碳的国家倡议
如果能与那些利益相关的机构合作，将有更大的成功机会。

尽管遭遇挫折，但森林资源丰富的国家和资金雄厚的国家之间的碳节约
协议仍然至关重要。保罗·穆蒂尼奥给出了一些令人信服的理由来让我们继
续努力。"巴西政府了解到，你可以为森林保护设定目标，就像卫生和教育
目标一样。这些森林保护目标会成为我们国家气候法的一部分。"亚马孙基
金推动了科学和低碳发展创新项目的爆炸性增长。穆蒂尼奥表示，它为 100
亿美元的全球绿色气候基金和德国与各州政府的 REDD+ 倡议提供了一份蓝
图。它使巴西伊马孙组织（Imazon）的森林砍伐实时警报系统得以启动，并
资助了著名的 MapBiomas 组织，该组织自 1985 年至今一直在追踪巴西每公
顷土地上发生的变化。[23] 穆蒂尼奥称 MapBiomas "可能是世界上最大的土地
使用独立监测系统"。他还补充说，在地面上，强化农业项目使一些小农场
主增加了 120% 的利润，同时还减少了 60% 的森林排放。

"现在我们有办法了。"穆蒂尼奥说道。他简述了巴西一系列成功的执法
措施、以环保为条件的农业贷款和新设立的保护区，这些措施共同遏制了森
林砍伐现象。

亚马孙基金并不仅仅是用现金来换取环境的改善。这是一种适度的财政

刺激，也是国际社会对巴西政府和活动人士对反对砍伐森林所做努力的支
持——在 21 世纪初，在牛肉和大豆生产蓬勃发展的时候，他们阻止了数十
亿吨碳进入大气层。巴西在保护森林所需的科学和人才方面也取得了重大的
收获。在巴西索利姆斯河附近的一片高碳森林中，一只栗耳簇舌巨嘴鸟栖息
在树上（见图 8-2）。

图 8-2　栗耳簇舌巨嘴鸟

　　碳并不是森林的全部价值所在，但碳的安全储存对人类的共同命运至关
重要。大量的碳在未受侵扰的原始森林中被生产和储存。此外，这也是从米

沙纳到其他极其偏远的地区的森林都能提供的一种便利而非凡的统一商品。与碳挂钩的资金可以用来支付各种有助于保护森林的干预措施：守林者、保护区、替代性非道路运输、可持续产品补贴，以及针对目前从事高排放行业的人的转行计划。随着越来越多的碳买家进入这一领域，每年的支出可能会攀升至数百亿美元，这些协议将效仿挪威等"买家"和巴西、加蓬等"卖家"的做法，向这些为保护大森林而进行金融合作的先驱们学习。

EVER

第 9 章

属于人们的森林，增设森林保护区

俄罗斯的自然保护运动始于俄国沙皇尼古拉斯二世。他创建了俄罗斯第一个自然保护区。在这样做的过程中，他启动了一个基于科学的保护区系统，这是一项全球首创。

巴尔古津自然保护区（Barguzinsky Zapovednik）位于贝加尔湖东岸，是一片森林覆盖的山区，占地 24.8 万公顷。尼古拉斯建立它的主要驱动力来自黄鼠狼家族中的一种小型食肉树栖动物，名为黑貂。在西伯利亚的所有动物中，黑貂的皮毛最为珍贵，欧洲对黑貂皮毛的需求在很大程度上推动了对黑貂的捕杀。几个世纪以来，人们一直在围堵并射杀栖息在树上的这些可爱的棕色生物，到了 19 世纪 90 年代，当一个狂热的猎人——当时还是王子的尼古拉斯在东部大森林巡游时，黑貂几乎已经消失殆尽。

保护自然的理念在俄罗斯已经存在了几十年。[1] 这一理念最著名的支持者是莫斯科大学的蜜蜂专家格里戈里·科兹夫尼科夫（Grigorii Kozhevnikov），他还领导了对按蚊的开创性研究，这是一种能够传播疟疾的蚊子。科兹夫尼科夫和同事们对人类社会不断进步的足迹持谨慎态度，并建议将未受人类影响的自然区域作为科学"控制"区加以保护，以此作为生物学家可以用来衡量其边界外的环境破坏程度的比对基准。他们将生态系统看成是自然场所，只要人类被挡在外面，它就能保持静态平衡。俄语zapovednik（自然保护区）一词来自俄罗斯东正教的zapoved（戒律），它被用于规范日常生活的各个方面，包括森林保护。因此，当美国林业之父吉福德·平肖（Gifford Pinchot）和美国总统西奥多·罗斯福以让人类广泛使用的信条为基础建立美国公共土地体系时，俄罗斯科学家提出了一个严格的不受人类干扰的生物保护区系统。

尽管自然保护区倡导者们关于自然是静止的观点已被生物学家们彻底推翻，但他们对具有代表性的生态系统进行保护的理念已被广泛接受，俄罗斯保护区的表现也令人钦佩。森林茂密的巴尔古津自然保护区是世界上受到最严格保护的区域之一，它防止了黑貂的灭绝。直到今天，这里还是棕熊、驼鹿，甚至独一无二的贝加尔海豹的家园，贝加尔海豹是贝加尔湖岸边特有的，也是世界上唯一的淡水海豹。在 2009 年的一次重要评估中，世界野生生物基金会俄罗斯分会得出结论，在当时所有的 101 个（现在是103 个）俄罗斯联邦自然保护区中，有 28 个是"处于原始状态的"[2]，这是一个超高的标准，表明它们在 5 个标准上得到的评级都非常高，这 5 个标准如下：

- 大到足以容纳生态系统过程
- 未受干扰
- 与之接壤的环境亦未受干扰
- 居住着栖息地会自然出现的全部物种
- 是全球稀有或其他重要动植物的家园

在 101 个保护区中，大多数保护区的综合得分都很高。在各种标准中，这些自然保护区在最重要的第 4 项标准上表现最好，这是 5 个生态系统完整性指标中最直接的一个。

一个由学生和科学家组成的独特联盟，在过去那个狂野而暴力的世纪里持续推动着这些保护区的建立，即使是在 20 世纪 30 年代末也不例外，当时激进主义的政治与国际科学界的联系达到了顶峰。[3]

20 世纪 90 年代，正当世界上许多国家开始创建类似于俄罗斯自然保护区的科学保护区时，俄罗斯则将重点转向了国家公园，其典型的娱乐逻辑与 100 年前北美地区划出的国家公园一样。俄罗斯的第一个国家公园是在 20 世纪 80 年代建立的，但为游客设立公园的想法在 20 世纪 90 年代真正兴起，当时的公园数量从 10 个增加到了 38 个。自 2000 年以来，又创建了 10 个，使得公园总面积超过了 1 540 万公顷。[4]

其中一个例子是位于西伯利亚中部、贝加尔湖西南部的通金斯基国家公园（见图 9-1）。该公园建于 1991 年，占据了其同名行政区的 117 万公顷土地，旨在吸引游客前往风景优美的山谷，那里有丰富的野生动物和温泉，与美国黄石公园（建于 1872 年）以及加拿大的第一个国家公园班夫（建于 1885 年）的所有特征相类似。该地区的旅游官员谢尔盖·马特维耶维奇用蒙古国民歌向我们致意，他在过去 20 年里一直参与公园的工作，最初是一名护林员，后来在该地区的政府任职。"我想使人和自然发生联结。" 2019 年 5 月中旬的一天，他在带领我们沿着冰雪刚刚融化的黑河前行时如是说道。

图 9-1　通金斯基国家公园

我们在通金斯基国家公园中一处立着 5 根杆子的地方停了下来，5 根杆子上端扎着蓬松的马鬃。这些 2.75 米高的"战士"站在云杉和新长出叶子的桦树和杨树中间，戴着金属头带和装饰着徽章的三叉戟头冠。齐胸高的位置系着大量祈祷用的丝带。我们继续沿着大路向前走，马特维耶维奇正在接听来自办公室的电话。就在这时，我们遇到了一只棒球大小的赤麻鸭，它可能一两周前刚被孵出来，正惊慌失措地盯着我们。马特维耶维奇一边拿着手机接听电话，一边在路上追逐着这只分外敏捷的水鸟（见图 9-2）。他打完电话，收好手机，解放出双手，然后在我们的帮助下抓到了这只小鸭。他介绍说，它将长成一种亮橙色的水鸟。我们花了一段时间试图找到它的父母但未果，于是我们将这只窥视我们的幼崽放进了黑河边一片潮湿的森林里，希望它一切顺利。马特维耶维奇带我们到了小径的尽头，那里有一连串的疗养温泉。据说，其中一处温泉有助于肾脏健康；而充满洋娃娃和玩具的另一处温泉则有助于传宗接代。温泉水中富含铁元素，把河床染成了橙色。我们把水瓶灌满，一点一点地啜饮着这令人兴奋的液体。马特维耶维奇一口气喝完了他瓶里的水。

图 9-2　马特维耶维奇和赤麻鸭

我们通常所说的"保护区"既包括经科学选择的、未遭破坏的野生区域，如巴尔古津自然保护区，也包括让游客短暂停留、陶醉于大自然的公园，如通金斯基国家公园。这两者对大森林和整个地球的健康都至关重要。保护区有很多不同的名称，包括保留区、维护区、保护单位、禁猎区、管理区、国家森林、联邦森林、生态站、生物站、特别研究区和野生动物庇护区，不一而足。其中一些只是同一事物的不同名称，另一些则在其允许的范围内意义有所不同。

世界自然保护联盟（International Union for the Conservation of Nature）采用了6种严格的分类，为这些大杂烩式的命名带来了一些秩序。[5]像巴尔古津或巴西的生物保护区那样的，是最严格的第一类。唯一被允许进入此类保护区的人是研究人员。我们想要进入贝加尔斯基自然保护区的失败尝试也证实了这一点。第二类是诸如美国国家公园和通金斯基等鼓励休闲活动，但禁止开采大部分资源的地方。第三类适用于通常面积较小且保护"遗迹"的区域，这些遗迹可以是文化的或自然的，比如洞穴和特殊岩层。第四类是另一类通常很小但对于拯救特定物种至关重要的特定区域，比如佛罗里达黑豹，美国为它设立了一个9 874公顷的国家野生动物庇护区。第五类和第六类保护区在确保生态学过程和物种繁荣的条件下，允许更多的人类活动。第五类通常是已受到大幅改造的景观，比如经过了几个世纪传统农业的改造，而第六类地区往往是大片的自然景观，并且可以在对环境影响较小的情况下利用其资源。第六类的例子包括秘鲁的公共保护区和巴西的可持续发展保护区和采掘保护区，人们在那里捕鱼、狩猎，并从森林中采集非木材产品。

为了简单起见，我们使用"公园"和"保护区"这两个术语来指代所有这些类别。它们是一个社会决定共同拥有的地方，并有着特定的规则来管理人类与非人类之间的关系。人们同意按照一定的原则来对待一个地区，以适度地对它进行开发。美国环保主义者奥尔多·利奥波德认为，人类和生物世界都是一个相互依存的统一社区的一部分，其成员，无论是人类还是非人类，都需要得到道德对待，以维护整个社区的发展。[6]他将这种以尊重和克制为特征的关系称为"土地伦理"。这不是这位生态学家在他周围看到的。利奥波德将 20 世纪中叶美国人对待自然的方式与古希腊的奴隶制相类比，他们将自然视作一个与社会伦理规范无关的生物集合。他提出土地伦理的理念，以期改变美国公共及私人生态系统的这种状况。

公共保护区是民族国家最充分地实现了利奥波德关于人类与生态社区其他成员之间的伦理关系理念的空间。虽然全球有成千上百万的私人土地管理者，但很少有人保护大规模的森林。有人可能会立刻想起道格拉斯和克里斯汀·汤普金斯夫妇（Douglas and Kristine Tompkins）在智利和阿根廷的大片巴塔哥尼亚土地。他们保护了大量土地，并最终将大部分土地赠送给了智利和阿根廷政府作为公园。

当然，当利奥波德的《沙乡年鉴》（*A Sand County Almanac*）于 1949 年发表时，土地伦理已经不是一个新的概念。数千年来，人们为自己的土地和水域制定规则，并禁止在特定区域进行某些活动。有些地方被留作墓地，有些地方则是留给祖先的，比如莫莫人森林中的斯鲁昂。一些区域被划定出来，以供被狩猎的动物繁殖。在卡斯卡地区的一座山顶，约翰·阿克拉克指向了这样一个地方，那是沿着佩利河的一片生长着云杉、裸白杨和柳树的低地森林。"那是我们的驼鹿农场。"阿克拉克说。除紧急情况外，原住民民族自古以来便限制该地区的狩猎活动。

保护巨型森林的部分解决方案是大幅扩大森林保护区。成倍地增加公共保护区既在政府可承受的范围内，又具有实际的可行性，因为政府已经拥有了所需的大部分土地，这在 21 世纪这个如此拥挤的星球上颇有点令人惊讶。这些土地都是从哪里来的？至少在一万年前，人类就已经探访了世界上所有的森林。他们可能在 6 万～ 10 万年前抵达刚果[7]，5 万年前来到新几内亚[8]，4.5 万年前出现在西伯利亚[9]。我们知道，人类 3 万年前在北美出现[10]，1.4 万年前来到了亚马孙河流域的南部地区。在现代之前的几千年里，所有的森林都听到过人类的脚步声。森林为人们提供食物并满足他们的各种其他需求，从驯鹿皮大衣、雪鞋到吹箭和葫芦。人类无处不在。

然后，装备精良、携带病菌的伊比利亚人、哥萨克人、法国人、英国人、荷兰人、比利时人和其他人开始四处游荡。在帆船（一种可以轻易地逆风航行的小型船只）的帮助下，到 16 世纪初，探险家们已经到过地球上的大部分角落。在几个世纪的进程中，大片森林中的原住民被驱赶乃至消灭，其中一些森林，在一段时间内，再也没有被新的主人占据。例如，在美国，紧随着北美大陆的种族灭绝之后，人们对山地荒野的热爱在 19 世纪末达到了顶峰，以至于早期的环境保护主义者还有机会阻止在大部分人口稀少的地区发展大规模工业。[11] 事实上，黄石国家公园的建立是在美国人口普查局 1890 年宣布美国边疆已不复存在的 18 年前。美国军队驻扎在该公园，以抵挡该地区最后一批自由原住民的袭击。在与原住民进行第一次接触之前，有 26 个不同的原住民部落与黄石地区存在联系。[12] 美国最大的完整温带森林景观，在 648 万公顷的通加斯国家森林内得到了保护。通加斯国家森林于 1907 年在特林吉特人（Tlingit）、海达人和钦西安人（Tsimshian）的传统领地上建立。

新几内亚的森林情况与其他 4 个巨型森林不同，这使得保护区在这里显得既难办又没有必要。荷兰人、英国人、德国人和澳大利亚人都来过这里，寻找羽毛、原木、黄金和石油。但在森林内部，旧的土地分配和管理方式依然存在，在巴布亚新几内亚 1975 年独立和西新几内亚 1969 年被印度尼西亚正式接管后，这些方式在法律上得到了认可。人们保住了他们的土地。

在其他 4 个巨型森林中，正确的保护区措施可以成为对其历史的道德回应。受保护的公共土地阻止了工业文明给失去了大量原始人口的景观带来致命的生态打击。这些地方奇迹般地经受住了过去 500 年的经济"进步"。现在它们需要保护。现代的自然保护需要承认当前对于森林所有权的不公正裁定，并重视仍在森林中生存的人。

如今最有趣的国际趋势之一是原住民监护和传统保护的融合。乌德盖人对比金国家公园的欣然接受就是一个例子。哥伦比亚丛林中的一个部落创建了一个类似的公园，在那之前，这里受到雷鸣般轰响的瀑布和阿帕波里斯河上一处凶险无比的峡谷的庇护。金矿开采是一个日益增长的威胁。根据哥伦比亚强有力的原住民土地法，原住民部落拥有对森林的合法权利。然而，矿主们仍然可以试着用金钱引诱部落酋长，分化社区，从而挖到矿石。因此，原住民社区的领导者要求哥伦比亚公园管理局在他们的传统土地上建立了亚伊戈赫阿帕波里斯国家公园。这一公园于 2008 年建立，在消除了采矿威胁的同时，对自然的传统用途没有形成任何限制。这一创造性举措为当地人赢得了 2014 年的联合国赤道奖（Equator Prize），用以表彰试图同时解决贫困和环境保护问题的努力。

这一趋势在加拿大最为明显。加拿大社会并没有采取早期建立公园时迁出原住民的那种做法，而是把他们放在环境保护运动的中心。北方针叶林现在是原住民、地区、省份和联邦政府展现挽救过程的舞台，人们正在形成对建立大规模保护区的共同愿景。2018年，一个名为原住民专家组（Indigenous Circle of Experts）的组织提出了原住民保护区（Indigenous Protected and Conserved Area）原则。政府随后向原住民民族征求建议。截至2020年中，有大约 5 261 万公顷拟建的原住民保护区处于规划阶段，包括穿过不列颠哥伦比亚省、育空地区和西北其他地区的几乎连续不断的弧形森林带。第一处正式建立的新原住民保护区包括西北地区德乔·德内人（Dehcho Dene）的领地内的 142 万公顷森林和水域，那里栖息着北美野牛、驯鹿、苔原天鹅和白额雁。这片名为埃德泽（Edéhzhie）的保护区创建于 2018 年，面积是班夫国家公园面积的两倍，将由名为德乔·凯霍迪（Dehcho K'éhodi）的守护者组织进行管理。[13]

第二处原住民保护区是一片 263 万公顷的北方针叶林生态系统，名为塞甸尼内尼（Thaidene Nëné），由德内人的另一族群鲁特塞尔克人（Lutsël K'é）与西北特区及联邦政府合作保护。[14] 如今，受到法律保护的森林环绕着广袤的大奴湖的东南侧，该湖的湖岸线受到冰川影响，曲折不平，格外引人注目。代表原住民进行谈判的史蒂文·尼塔（Steven Nitah）在一次当地媒体的报道中说："我们保护这一切的基础是鲁特塞尔克德内人和鲁特塞尔克德内法……因此，我们给这种关系带来的是官方法律与原住民鲁特塞尔克德内法的协调合作。"

育空地区拟议的罗斯河卡斯卡原住民保护区将正式保护 405 万公顷的土地，并给予卡斯卡人自前殖民时代以来从未有过的控制权（见图 9-3）。[15] 它占罗斯河社区传统领地的 64%，并与南部其他几个计划建立的卡斯卡原住民保护区相毗邻。合并后的提案将保护他们更广阔的 2 430 万公顷传统领地的 40% 左右，其中绝大多数地区是未受侵扰的原始森林。罗斯河的提案引用了大量的科学数据，并强调了这对驯鹿生存的益处，此外还附有一系列引起官方政府关注的其他动植物物种。原住民保护区文件中有着"北方低生物气候区"（boreal low bioclimatic zone）之类的行话，还有 WKA 之类的难懂的首字母缩略词，意思是"野生动物关键区域"（Wildlife Key Area）——原住民保护区中已有 26 个为驼鹿而建的野生动物关键区域。

图 9-3　北极光在拟建的卡斯卡 - 德纳原住民保护区上空绽放

但这项提议的核心是卡斯卡人对自己生活的地方负有责任。原住民保护区所依据的土地使用计划被称为 Gu Cho Kaka Dee，意为"我们的祖训"。这些祖训将历史古战场、陷阱、圣地和传统食物采集地统统纳入了保护区的规划中。卡斯卡长老诺曼·斯特里亚（Norman Sterriah）一直在带头推动原住民保护区的建立。他留着稀疏的长胡子，透过金属边框眼镜，向外看向漂浮在罗斯河中的由佩利河河水形成的大块的冰。他用难懂的卡斯卡语解释了原住民保护区，还不时发出嘶嘶声，乔希·巴里切洛帮忙做了翻译："我一直在思考，直到最后，我也在思考德纳伦理准则。它被白人称为原住民保护区。如果我们按照德纳准则生活，一切都会对我们有利……造物主为我们创造了这片土地，并在上面放上猎物。他为我们创造了水和鸟类。他创造了一切。很久以前，苏加耶·德纳（Sugayeh Dena）曾在这片土地上行走，跟猎物们交谈。这就是我们之间的互相联系。我们都是那样的……我们是通过这片土地的传统法律来监管它的。如果白人能用他们的眼睛看到这一点，也许他们最终能讲出真相。"

在过去的一个世纪里，特别是在过去的 30 年里，保护区数量在世界范围内猛增。1990 年，许多国家还没有保护区，地球上只有 4% 的土地受到保护。现在，几乎所有国家都是《生物多样性公约》的缔约国，该公约设定了到 2020 年保护 17% 土地的目标，并且也基本实现了这一目标。这是在全球范围内取得的保护大自然的惊人成就。

在热带地区，保护工作同样取得了惊人的进展。汤姆在 1965 年第一次看到亚马孙雨林。当他面对这堵几乎看不见动物的绿墙时，他感到一丝不知所措。随后，他开始注意到森林里数不清的绿荫和树叶的多样性，树与树的种类似乎很少重复。他看到了难以想象的各种蚂蚁，并开始区分生物体在视线无限受阻的环境中用来交流的无数种声音。作为地球上最大的热带森林，亚马孙生物群落是多样的，但在当时，那里也只有两个保护区。一个是1961 年建立的欣古河原住民公园（Xingu Indigenous Park），作为欣古河流域的原住民部落的庇护所。另一个是 1962 年在奥里诺科盆地建立的委内瑞拉卡奈依马国家公园（Canaima National Park）。

在其他热带地区，公园也同样罕见。在刚果东部，维龙加国家公园 ①（Virunga National Park）从 1925 年开始保护山地大猩猩。奥扎拉国家公园（Odzala-Kokoua National Park）于 1935 年在刚果共和国建立。1921 年，荷兰殖民者在今天的印度尼西亚划出了一个公园来保护爪哇犀牛（如今仍然存在），在 1923 年又设立了另一个公园用来保护人类——新几内亚部落。仅此而已。[16]

大部分行动还是从 1990 年开始的。那一年，全世界 12% 的热带森林得到了保护。到 2015 年，保护率跃升至 26%。[17] 巴西一马当先，拥有 1.93 亿公顷受保护的亚马孙地区，其中包括 1.05 亿公顷的原住民领地。截至 2021年，巴西亚马孙河流域的总体保护率为 46%。[18] 印度尼西亚以大约 1/3 的森林保护率排在第二位，总计 0.52 亿公顷，散布在其众多岛屿上。委内瑞拉以 0.45 亿公顷紧随其后。下一个是刚果民主共和国，保护面积为 2 428 万公顷。[19] 在过去几十年中，面积较小的国家也取得了巨大的进步。几乎完全是丛林的加蓬，在 2002 年一下子推出了一个由 13 个国家公园组成的新系统，覆盖了其 11% 的领土。

---

① 原名为阿尔伯特国家公园（Albert National Park）。

一个常见的误区是，世界各地偏远地区的大型保护区都是"纸上公园"，这些公园的边界线存在于地图上，但无助于真正地保护自然。事实上，自2000年以来，世界自然保护联盟第一至第三类保护区（管理最严格的保护区）中的完整森林景观被分割或砍伐的可能性是未受保护或受到松散保护森林的1/3。[20] 一项研究发现，在2000年至2010年间，巴西森林砍伐量大幅下降，其中37%是由于保护区的出现。[21] 另一项研究表明，与未受保护的森林相比，巴西管理严格的森林保护区减少了约85%的森林损毁，而政策更灵活的保护区减少了近60%的森林砍伐。[22] 保护区并不完美，但也确实不是"纸上公园"。在刚果，唯一能显著减少由道路升级引发的森林砍伐的干预措施就是建立保护区。[23]

目前最大的两个生效的全球环境协定是《气候变化框架公约》和《生物多样性公约》，它们都是在1992年里约热内卢地球峰会上签署的。那次会议还成立了全球环境基金（Global Environment Facility），这是一个供资实体。峰会结束后，保护自然行动开始了。在过去的10年里，世界银行在热带地区发放了一些环境灾难贷款，使得开发机构普遍渴望为森林做点好事。它们准备并愿意为环境保护提供资金，随后私人慈善家也加入了进来，如英特尔联合创始人戈登·摩尔（Gordon Moore），他的基金会在2003年至2021年间向亚马孙保护区提供了4.5亿美元的资金，这可是前所未有的。在许多热带国家，第一代土生土长的自然资源保护主义者是在20世纪80年代出现的，他们准备抓住时机。

《生物多样性公约》缔约方目前已将保护目标提高到2030年的30%。[24] 这相当于增加17.4亿公顷，并且会包括所有类型的生态系统。我们估计，大约5.6亿公顷的完好无损的核心森林景观需要保护，其他森林区域则为它们提供缓冲和连接。这是一项地理意义重大但价格合理的事业。利用委内瑞拉生物和地理学家珍妮思·莱斯曼（Janeth Lessmann）开发的一个模型，我们计算出，每年管理 1 120 个新的保护区（每个保护区面积约 63 万公顷，这大约是未受侵扰的原始森林的平均规模）将花费约 10 亿美元。[25] 莱斯曼的模型显示，随着保护区面积的增加，每公顷土地的保护成本会急剧下降。森林保护面积增长 10 倍——从 6.3 万公顷到 63 万公顷——管理成本只增长了两倍。根据莱斯曼的说法，每年的机会成本（即因放弃农业等与新公园不兼容的用途所损失的收入）会增加 10 亿美元。

为拯救尚未受到保护的未受侵扰的原始森林，每年的管理和机会成本加起来高达 20 亿美元。这很多吗？ 2019 年，全世界的人类花了 940 亿美元来喂养我们家里的宠物。[26] 如果我们每喂 47 次我们自己的宠物，然后把价值相当于一顿宠物餐的钱放进一个存钱罐里，那么我们就足以为森林家园提供资金，为数万亿能够自己捕食的动植物提供资金。我们将降低地球未来的温度并保持水分循环。即使我们在某种程度上将未受侵扰的原始森林的保护成本降低到原来的 1/10，它仍然很便宜：每年 200 亿美元保护未受侵扰的原始森林的价格仅占 2019 年全球 GDP 的 0.002%。[27] 这是很划算的事情。

从经济的角度看，这是有利的，但它在一个关键方面过度简化了这项挑战。潜在的保护区在一些简单的交易中，不仅仅是土地需要支付机会和管理成本，人们也住在那里。在一个有着 80 亿人口的世界里，5.6 亿公顷的新保护区意味着人与树之间的重叠。据一项估算，保护地球上一半的土地（这是由爱德华·威尔逊[28] 等著名科学家提出的建议）就需要保护已经有 10 亿人口居住的领土。[29] 现有的保护区里住着 2.76 亿人；在原始的荒野丛林中，人口相对较少。尽管如此，森林公园和人类必须共同繁衍生息。好消息是，我们已经探索出了良好的工作模式。

一个叫马米拉瓦的地方就是范例之一。马米拉瓦可持续发展保护区没有大门，很多当地的里贝里尼奥人（ribeirinho）在保护区里过着他们的日常生活。里贝里尼奥大致可翻译为"河边的人"，指的是居住在亚马孙河沿岸、以不同方式依赖土地生活、有着不同祖先的人，他们的生活方式在许多方面与亚马孙盆地的原住民相似。他们在旱季种植木薯、南瓜和豆类，因为亚马孙河水位下降已经超过 12 米，露出了满是安第斯淤泥的肥沃的河滩，还能看到浮出水面的海豚（见图 9-4）。他们捕鱼、打猎，并在马米拉瓦经营着一种名为乌卡里小屋的飘浮酒店。这个名字来自保护区里引人注目的明星白秃猴（Bald-headed Uakari），一种笨拙的猴子，完全秃顶，有被晒伤的粉红色头皮，全身其他地方覆盖着绒毛状的白毛，看起来就像是一个从马瑙斯旅游团里逃出来的小个子男人——他穿着一身类似患白化病大猩猩的服饰，却忘了戴上面具。

2017 年 7 月，当我们参观这里时，水淹没了树干底部往上 9 米的地方，这已比顶峰时下降了 3～4 米。被洪水淹没的森林被称为伊加波（igapó），这是图皮人（Tupi）的古老术语，意为"根森林"。向导划着独木舟载着我们，沿着水路在树干迷宫中前进。独木舟 0.1 米的干舷使我们的肘部只比凯门鳄的眼睛高出一根头发丝的高度。马米拉瓦生活着两种凯门鳄，一种是体形较小、不那么可怕的眼镜凯门鳄，这也是美洲虎最喜欢的食物，另一种是黑凯门鳄，可以长到 4 米长，会吃人。几年前，一位年轻的生物学家垂着腿坐在乌卡里小屋的码头上，结果被一只黑凯门鳄咬住拖到了河底，虽然她奇迹般地活了下来，但失去了一条腿。

图 9-4　马米拉瓦的海豚浮出水面

　　森林里十分喧闹，处处有鸟叫、虫鸣和猿声，但同时又安静得足以让我们注意到船桨亲吻水面的声音。向导——为我们指出松鼠猴、树懒、咬鹃、眼镜凯门鳄、沉睡的夜鹰、砍林鸟和卡通人物般的巨嘴鸟，但我们最终寻找的是那似乎故意躲避的白秃猴。当一道白光闪过树冠时，我们终于在突然摇曳的树枝间看到了这种猴子。

　　在巴西贝伦的亚马孙河口长大的生物学家马尔西奥·艾尔斯（Márcio Ayres）是马米拉瓦的捍卫者。他在远离丛林的德国动物园里第一次看到了一只白秃猴，这名年轻人被迷住了。几年后，他决定在这个生活着健康的白秃猴种群的地区进行他的博士研究。在收集数据的过程中，他说服了当局禁止渔船进入马米拉瓦湖，因为这妨碍了他的研究。这使得艾尔斯成了当地不受欢迎的人，甚至还受到了死亡威胁。但他还是设法收集了数据，回到剑桥大学撰写他的论文。当他回到亚马孙时，当地一位曾经对艾尔斯关闭湖泊的高压措施最为不满的老居民休·华金（Seu Joaquim），这次却敦促艾尔斯再次帮助关闭它。事实证明，保护湖泊（巨骨舌鱼的繁殖地）的生物效应很快就给周围的河网、河道和被淹没的森林带来了好处。现在，在取消保护措施的几年之后，鱼类数量再次下降。

艾尔斯和他的妻子卡罗琳娜与当地社区合作，建立了一个联邦政府认可的保护区，这个保护区涵盖了所有的村庄、庄稼地和渔场。当地人在艾尔斯带来的一位科学家的帮助下开始管理鱼类资源。艾尔斯还组织了定期的巨骨舌鱼普查，用一张大网捕捞所有的鱼并给它们贴上标签，这需要一周的时间和大量渔民的帮助。里贝里尼奥人会自娱自乐，打赌在渔网收网之后会抓到多少条鱼。他们的猜测往往出奇的准确。在如此重复多次并排除了偶然性的影响后，鱼类专家开始让里贝里尼奥人按照自己的方式进行鱼类资源评估，这只花了大约一个小时而不是一周，并且没有给鱼类造成压力。他们的秘密是什么？巨骨舌鱼有一个混合呼吸系统，既使用鳃呼吸，也会浮到水面上吸入空气。由于巨骨舌鱼每隔一段时间就会浮出水面，因此一辈子都在这些生物身边生活的人只要看一眼水面，就可以很容易地计算出鱼群的数量。

20 世纪 90 年代末，根据集体协议，里贝里尼奥人开始严格限制鱼类捕捞，只捕杀真正大体积的巨骨舌鱼，其中一些长达 2.4 米、重达 180 千克。对年轻人来说，这些就是传说中的利维坦怪兽，而对老年人而言，它们是过去不太常见的访客。在该计划的头 3 年里，鱼类的存量增加了 200%，目前这种模式已在亚马孙各地得到了推广。

马米拉瓦保护区赋予社区权利去管理足够多的森林和水域，以便社区能够对资源进行集体管理，如游客和鱼类，而不是争夺每一条巨骨舌鱼或是最后一处白秃猴观赏点。

里贝里尼奥人世代以来一直在这里捕鱼、打猎和耕作，也周期性地吸收诸如舷外发动机、无线电和现代医学等技术。在可持续发展保护区中保护他们的土地和水域是地球的一个胜利，这确保了各种不同物种的生存，也使全球和南美的气候变得更为稳定。社区为他们的集体领地赢得了安全，在实际操作层面上，他们与鱼类和猴子的关系也使保护区工作人员的数量需求降至最低。社区成员有内驱力，会自主保护森林以及供养他们的河流。

也是多亏巴西生物学家丽塔·梅斯基塔（Rita Mesquita）的努力，类似的保护区数量出现了激增。20 世纪 80 年代，研究鸟类的梅斯基塔参与了汤姆在马瑙斯附近的森林碎片化研究项目。在该项目中，科学家们调查了将小片雨林与一片连绵不断的巨型森林分隔开的影响。梅斯基塔是家里第一个上大学的人，她在佐治亚大学获得了博士学位后回到亚马孙，在那里生活了近 40 年。2004 年，梅斯基塔放弃了在巴西国家亚马孙研究所（National Institute for Amazon Research）的舒适工作，前往亚马孙州创建保护区。2020 年年中，她在马瑙斯的家中与我们视频通话时笑着说：“我刚到达我的新办公室时，那里什么都没有，没有纸，甚至连一支铅笔都没有，只有一部电话机被挂在隔间的挡板上。”梅斯基塔散发着一种对世界的母性本能，带着质疑批评出现的问题和不作为、错误的做法。对那些试图去解决她列举的大多数问题、有时也会失败的人，她则充满同情。

梅斯基塔本身就是一股自然的力量。在政府工作的 4 年间，她将亚马孙州的保护区扩大了 526 万公顷，增长了 76%。大多数新的保护区与马米拉瓦类似，并采用了里贝里尼奥人雨林经济的法律框架。这些地区具有与原住民领地类似的操作优势。当地人继续着他们传统的生活方式，与森林以及蜿蜒流过其中的河流进行着亲密的对话。

当被要求选出一个模范保护区时，梅斯基塔说："有很多例子。我最喜欢的是乌卡里可持续发展保护区，这是我们创建的一个保护区。"它是以吸引游客到马米拉瓦的那种猴子命名的。"那里的领地内有着强大的社会组织，所以那里发生的事情都是当地人希望看到的。他们有在漫滩森林抵制砍伐的历史。乌卡里人的首领们都非常强大。"梅斯基塔赞扬了他们在教育、社会服务方面的工作，以及成功地将森林产品推向市场以提高当地人生活水平的做法。她讲述的都是关于社区内的社会动态，而不是外部资源管理者的科学决策。不过里贝里尼奥人总是受到出售木材和过度捕猎的诱惑。这些森林社区并不是生态乌托邦。虽然形式上的保护可以减轻社区放弃以自然为基础的经济转而追求大而短暂的意外之财的压力，但森林的命运最终还是取决于人类相互合作的程度。

我们与梅斯基塔交谈是在 2020 年，我们很想知道，她在巴西 6 880 万公顷尚未划定的、面积相当于整个法国的公共森林里究竟看到了什么。"我相信，未来我们将再次建立保护区，"她预测道，"虽然现在这不会发生。我们现在要做的是维护我们现有的系统。我认为现在最重要的是展示出管理良好的保护区可以为社会带来的好处。现在是创造良好模式的时候了。"

在建立新的保护区之前应该优先考虑哪些地方？这是我们向加拿大甲虫

专家阿德里安·福赛斯（Adrian Forsyth）提出的一个问题。福赛斯在史密森学会、保护国际（Conservation International）、戈登和贝蒂·摩尔基金会（Gordon and Betty Moore Foundation）等组织拥有 40 年的亚马孙地区保护经验。"凡是你在谷歌地图上能找到的没有道路的原始森林，从今天开始都需要得到保护。"福赛斯回答道。物种分布和其他生态系统特征的细微差别很有趣，但在很大程度上与这个问题无关。"你不需要踏足那里，就会知道保护它是值得的。这是科学已经告诉我们的。"他所说的科学，是指保持完整性在维护这个星球的大规模生物物理健康中的作用，是任何整体事物的相对丰富性，以及这种丰富性的日益稀缺性。

美国进化生物学家克里斯·菲拉迪（Chris Filardi）是尼亚泰罗组织（Nia Tero）的首席项目官，这是一个支持原住民守护生态系统的组织。他对福赛斯的观点表示赞同，他的说法听起来更具灵性。"这不是一个可以决定保护什么的算法，而是关于这些空间究竟在哪里。"菲拉迪说，"保护区是为了保护这些空间，让人们热爱它。更深层的价值观才是最重要的。它们关乎爱与神秘以及知识和认知。保护区是我们对一个充满未知的未来的免疫反应。"

在对大到几乎不可思议的热带森林的保护工作取得了惊人成就的几年后，丽塔·梅斯基塔意识到，尽管亚马孙州拥有数千万公顷的保护区，但其创建目的还未被普罗大众所知。"我开始思考与社会更直接地交流生物多样性和亚马孙价值的必要性。"梅斯基塔在 2008 年获得了一个机会，她应邀在马瑙斯境内占地 10 117 公顷的阿道夫·达克森林（Adolpho Ducke）中经营一座新的亚马孙博物馆。她知道她不能把所有的城市居民都带到野生丛林中，所以她把丛林带给了人们。

在梅斯基塔和她会说鸟语的丈夫马里奥·科恩－哈夫特的陪同下，我们爬上了森林中央一座 42 米高的高塔，在一个温暖的、新冠肺炎疫情尚未流行的夜晚观看满月升起。在塔顶，我们发现自己置身于一群年轻的马瑙斯城市居民之中，他们在以雨林为背景自拍。科恩－哈夫特用双筒望远镜巡视了森林的林冠层，并给我们指出了一对蓝黄相间的金刚鹦鹉。梅斯基塔介绍说，在这里，成千上万的亚马孙居民被这片森林给震慑住了，从某种意义上说，他们以前并没有意识到自己就生活在这片森林里。"如果我们对以积极的态度和目标维持我们的保护区制度抱有希望，那么这种希望完全存在于公民社会的内部，"梅斯基塔说，"保护不能只是社会精英阶层的事情。我们必须让每个人都能接触到大自然。"

我们表示赞同。为了保护大的地方，我们的社会也必须保护一些小的地方。大多数大森林仍然很大，那是因为人们很难到达那里。每个个体在没有接触过"森林"这个抽象概念之前，他们在情感上的反应是迟钝的。马瑙斯的公园给人们提供了与森林接触的途径。这是一个野生的前哨站，让众多亚马孙地区的城市居民有机会感受这片巨型森林的魅力。面积较小的森林可以让你的心平静下来，让你眼花缭乱，让你想深呼吸，让你忘却时间，在森林中漫步得更远。这样做可以提醒我们，在这个世界上的一些地方，自然在延续，永无止境，森林的内部空间就像一个又一个通往另一个房间的房间，通向更多更远的空间，远得足以让那些从未与人类接触的生物在其中怡然自得。

EVER

第 10 章

少修一些路，无路化是巨型森
林生存的核心

如果一个人在有人居住的大洲上空被抛出飞机（带着降落伞），并降落在没有道路的地方，那么平均而言，他有望步行 45 分钟左右到达一处有路的地方。在欧洲，步行 15 分钟，就能找到一条路。不过，如果降落在加拿大北方针叶林里，他应该带上食物，因为那里最大的无路区域约为 1.16 亿公顷。这相当于一个边长为 1 078 千米的正方形，比得克萨斯州、俄克拉何马州和新墨西哥州的面积加起来还要大。几何学和概率论决定了他的着陆地点有可能距离最近的道路远至 180 千米。

如果这位跳伞者落在地球上最大的无路地区，除非能被乐于助人的亚马孙人找到，否则他就倒霉了。他预计至少要在丛林中跋涉 233 千米才能到达最近的道路。众所周知，想在热带丛林里保持直线前进非常困难。

以上计算基于一张 2016 年的全球无路区地图。[1] 这张地图由德国研究员皮埃尔·伊比施（Pierre Ibisch）及其同事绘制，他们在地图上以红色标示道路，而且每条道路两边各 1 千米的缓冲区也用红色标示，地球上的其他地方则用从橙色到深靛蓝色这一色谱上的颜色表示。其中，暖色代表着离道路更近的土地；最深的蓝色表示距离道路最远的区域。美国本土的 48 个州、加拿大南部、欧洲、日本和韩国等国家在图上发出纯红的光，中间夹杂着一些橙色，而 5 片巨型森林则是深蓝色的。

为了体验一下从红色区域来到蓝色地带的感觉，我们将在玻利维亚境内亚马孙河边一个名叫鲁雷纳巴凯的小镇着陆。在贝尼河的东岸，鲁雷纳巴凯镇有一个由铺设的街道和一些郊区土路组成的小路网，还有一座小机场，这里不久前才刚刚从草地修整为坑坑洼洼的柏油路，在这里你还能找到酒店、出租车、互联网和一家名为莫斯基托的酒吧，你可以用西班牙语、英语或希伯来语在酒吧点混合饮料。

鲁雷纳巴凯镇是前往马迪迪国家公园的起点，从某种程度上说，那里是世界上生物多样性最丰富的保护区。[2] 每年都有数千名游客被吸引到公园内贝尼河沿岸的一个区域，以及从鲁雷纳巴凯坐船几小时就能到达的一条名为图伊奇河的风景优美的支流。但公园里也有极其偏远的地区，包括马迪迪河的源头。马迪迪河上游区域的隔绝状态使得前玻利维亚独裁者乌戈·班塞尔（Hugo Banzer）选择这里作为监禁其反对者的地点，其中许多人死于那里的集中营。集中营关闭多年后，1990 年在该地区进行的一次科学考察发现了非常惊人的生物多样性，研究人员当即便呼吁对其进行保护，最终玻利维亚于 1995 年宣布创建该公园。[3] 约翰和妻子卡罗尔一直对这个名为阿尔托·马迪迪的地方很感兴趣，于是在 2016 年 10 月，他们跟着几位当地向导来到这里旅行，领队的向导是一位名叫达尔文（Darvin）的塔卡纳印第安人。

我们乘一艘水上出租船横渡贝尼河后，沿着一条砂石路向西北走了几个小时，途经错落有致的田野、森林和偶尔出现的福音派教堂。路边的小广告牌上印着供水、安装排水管道和建设养鸡场的代理机构的标识和名称。两个小时的车程把我们带到了塔卡纳社区的中心图穆帕萨，又过了两个小时，我们来到了能使用手机的最后一个城镇伊克西亚马斯，从那里沿着一条越来越崎岖的土路向西行驶。锯木厂和玻利维亚政府为了提高边境地区生活水平而援建的标准砖房有规律地出现在路边。这些房子建在山区，就像处在热带烈日下的加热的比萨烤箱一样。这里的人们大多将其用作仓储，自己则继续居住在古老的木制住宅中。

再往前走，一队穿戴整洁的门诺派金发小孩坐在他们同样打扮得体的父亲驾驶的摩托车里，穿过路上的水坑和车辙。来自高地采矿省波托西的移民妇女，穿着宽下摆的裙子，戴着宽边太阳帽走在路上。路上的最后一个城镇是埃尔蒂格雷，该地区也是这么称呼美洲虎的。埃尔蒂格雷成立于 20 世纪 90 年代，由一家小商店、几条泥土路和一小片木屋组成。

沿着这条路继续前行，我们穿过了一片还在阴燃的森林废墟，那里闻起来像潮湿的篝火。瘦骨嶙峋的残存树木在强光中扭曲着，而其他树木则被烧焦，纵横交错地倒在地上。又开了一个小时后，我们终于进入了凉爽的森林，来到一个小营地，一位年轻的母亲在蓝色帆布下准备食物。她的女儿围着一堆堆食物——洋葱、土豆、橙子、鳄梨以及柴火蹒跚学步。周围是薄薄的帐篷、树桩家具和两辆摩托车。我们停下来跟她聊天。她说，她的家人正在新开出的田地里种植牧草。这些地方在全球森林观察地图上属于刚刚闪烁出粉色的区域。

路的尽头是一个伐木营地（见图 10-1）。那里没有伐木工人，但有几十根直径约为 1.5 米的原木，以及堆放在一大堆废木料中的铣床。空帐篷矗立在一个临时厨房附近的平台上。到处都是垃圾：手电筒电池、塑料瓶、紫色和橙色的饮料包装袋、垃圾食品包装纸、牙膏管、空的洗发水包装袋、堆积如山的空扁鸡蛋托和折断的帐篷杆。"PELIGRO"（危险）的字样和一个骷髅及交叉骨头的标志被喷在空地上一棵孤零零的白色树木上。营地旁边是一条干涸的小溪，达尔文说，这条小溪曾经从森林覆盖的山坡上清澈地流下。

图 10-1　位于玻利维亚马迪迪国家公园附近道路尽头的伐木营地

在营地的另一端，除了帐篷、垃圾和原木，是一大片空着的泥地，那里最近又堆积了更多的原木，等着被卡车运到我们来时经过的锯木厂。拖拉机轮胎在泥地上留下了深深的印迹，雨水在其中积蓄，为蚊子聚集和孵化幼虫提供了水源。我们在泥地的边缘扎营，嚼着古柯叶，向地球神灵帕查玛玛献上香烟和酒精，感谢它保佑我们在森林里安全地旅行了 8 天。

第二天早上，在我们出发之前，一辆摩托车从森林里呼啸而出，车上载着两名乘客和一个装满猎物的大袋子。一条猴尾巴从袋子的开口处软塌塌地垂下来。

在路上的前几个小时里，我们看到了猎人的踪迹：他们的足迹、一个满是苍蝇的营地、被拔下来的丛林猎鸟凤冠鸟的羽毛、一副龟壳和丢弃的汽水瓶。再往后，就只有森林了。林中的小溪有着不同的色调，有些是铁橙色的，有些是红茶色的，还有一些十分清澈。达尔文喝了每条小溪中的水。然后我们闻到了白唇野猪的浓烈味道，这是当地的一种野猪品种。事实上，我们先听到了它们的动静：它们用下颌压碎棕榈果实的硬壳时会发出枪响般的声音。我们跟在达尔文身后，爬上一条大约有 100 只野猪在其中觅食和游荡的沟壑。野猪闻到了我们的气味，吓得向森林深处狂奔而去。

沿着林中小径走向更深处，现在离公路很远了，20 只黑蜘蛛猴在树枝间悠来荡去。这些灵长类动物知道自己有可能成为猎物，因此始终与我们保持距离。看到这些蜘蛛猴，就表明我们正在进入一个自由自在的动物领地。它们用手和可缠绕东西的尾巴在树间移动，这是一种被称为"双臂摆荡前行"的运动方式。蜘蛛猴及其在大西洋沿岸森林中的近亲绒毛蜘蛛猴是美洲唯二采用这种运动方式行进的灵长类动物。其他灵长类动物都是爬到树枝的顶端前行。采用"双臂摆荡前行"的最纯种动物是亚洲长臂猿，但所有的猿类——大猩猩、黑猩猩、倭黑猩猩和红毛猩猩都会做一些类似的动作，包括你在操场上看到的一些人类，当他们仍然很轻，却又足够强壮到可以使用攀爬架时，就会进行这样的运动。

当我们走到距离马迪迪河还剩最后 1.6 千米的时候，光线渐渐暗了下来，我们来到了曾经的班塞尔监狱。第二天，我们接着向上游走去，来到一片轻木树丛中。我们尽可能多地拖出倒下的树干，然后用砍刀砍倒了几根。在达尔文的指导下，我们用树皮内侧的茎条捆扎原木，制成了一条长约 6 米、宽约 1.5 米、中间有一个小平台的木筏。

清晨，我们划着木筏出发了，沿着碧绿的马蹄形河道漂浮前行，一路上没有看到其他人。达尔文说，平均每年只有一队游客会来到这里。晚上，在一个主要的捕鱼地点，我们将木筏拖上岸，向一个很深的池塘扔出手绳，发现有一只近 2 米长的巨型水獭正坐在原木上，咀嚼着一条盘子大小的珍贵的大盖巨脂鲤。灌木丛里的一声怒吼告诉我们，一只美洲虎正在观察着只顾看水獭吃鱼的我们（见图 10-2）。第二天早上，怒吼声更近了。我们吓得从帐篷里滚出来，冲下河滩，绕过灌木丛，就在它转向树林前的一瞬间，我们发现自己与西半球最大的猫科动物美洲虎面对面撞上了。

这就是无路地区的情况，即伊比施地图上的深蓝色区域。

巴西在亚马孙地区开通的第一条公路，就像我们刚刚参观过的玻利维亚小镇一样，也是以谨慎的丛林大猫命名的。1958 年，连接巴西首都巴西利亚和大河河口的贝伦的美洲虎公路（Jaguar Highway）开始建设。有几个因素推动了这条公路的建设，其中一个是巴西政府的"昭昭天命论"，由巴西总统热图利奥·瓦加斯（Getúlio Vargas）在 20 世纪 30 年代提出，被称为"向西部进军"（Westward March），尽管对于进军者来说，亚马孙更偏北，而不是偏西。[4] 巴西军方担心该国的丛林边界，将军们也想要通过修路，在狂野的北方建立秩序并控制局面。美洲虎公路，如今也被叫做贝伦 - 巴西利亚公路（Belém-Brasília），于 1960 年完工。

图 10-2　马迪迪河岸边美洲虎留下的足迹

　　森林砍伐和混乱随之而来。土地投机者、金矿开采者和定居者在该地区横行肆虐，欺压原住民。1965 年汤姆来到这里时，这场混乱似乎让贝伦的居民们大吃一惊；他们认为这条路只是往来巴西利亚的一种方式，而不是破坏两地之间生存空间的催化剂。

总体而言，亚马孙 95% 的森林砍伐发生在道路 5 千米范围以内，或是与该地区主要通航河流相邻的地方。[5] 贝伦 - 巴西利亚公路只是道路建设规划的开始，该规划后来包括了更知名的项目，如跨亚马孙高速公路，这条公路便是深入森林的鱼骨状横向道路布局的开端。[6] 最近，该地区的政府和开发银行合作开展了一项宏大的地区基础设施项目 ①，其中包括穿过亚马孙雨林深处的道路。幸运的是，许多项目尚未建成，但相关倡议仍在继续。

在刚果，森林砍伐还没有以这种亚马孙式的活力从道路上扩散开来，但也确实发生了。就在刚果新建的柏油路附近，91% 的森林被砍伐。在道路（见图 10-3）两侧的两千米内，近 20% 的大树被夷为平地，甚至在距离道路 10 千米之外的小块森林也消失了。这些都是平均数。在完好的森林中，道路的破坏力最大，这些地方都是首次开放的。然而，道路在非洲造成的最大冲击是提供森林砍伐数据的卫星所看不见的，那就是狩猎。[7] 道路传播了一种灭绝动物的瘟疫，因为人们通过道路闯进来，捕获任何会移动的东西，首先是大型动物，然后把肉出口到城市的市场。[8]

森林大象仍处于危险之中。在刚果西部的一项研究中，研究人员为 28 只大象安装了无线电跟踪设备，观察它们在一年内的活动情况，并在其中任何一只穿越道路时进行记录。保护区内外都有道路。这些大象中只有 4 头幸运儿在活动范围内没有穿越道路。剩下的 24 头大象中，有 17 头曾在保护区

---

① 该项目的西班牙语缩写为 IIRSA，后来又增加了 COSIPLAN。

内穿越道路，其中一些还经常这么做。追踪装置让科学家可以看到大象移动的速度，记录显示，大象穿过保护区内的道路时并不特别匆忙。只有一头名叫穆阿杰（Mouadje）的母象带着小象穿越了保护区外的一条道路。它总共穿越了 3 次，并发现了公路沿线 134 个村庄之间最大的一处缺口，然后不顾一切地快速移动，实在令人惊叹。在正常的日子里，它平均每天走大约 1.5 千米。在穿越道路的日子里，它的旅行里程激增到约 24 千米。

图 10-3　诺娃贝尔多基国家公园外的伐木道路

大象知道道路会带来死亡，尤其是在保护区之外。在累计 28.5 年的观察期里，它们穿过的未受保护道路只有 3 条，这表明道路就像围栏，甚至比围栏更加封闭，因为大象知道其危险性，甚至根本不去接近它们。[9] 在刚果西部森林，一旦离开一条主要道路 24 千米或更远，你踩到大象粪便的可能性就会大大增加。[10]

在北方森林里，道路会阻断溪流，引发更多林火，进而威胁到驯鹿等猎物。阿拉斯加州费尔班克斯北部环境中心（Northern Environmental Center）的执行主任伊丽莎白·达布尼（Elizabeth Dabney）举了拟建的 354 千米安布勒矿区工业通道作为例子。这条由州政府支持建设的道路将穿过南布鲁克斯岭及北极之门国家公园，目的是纾解一系列利润微薄的矿山的运输问题。11 个原住民村庄反对修建这条路，部分原因是，这些社区依靠北极西部的驯鹿群获取蛋白质和文化福祉。驯鹿和大象一样，通常拒绝穿越道路。安布勒项目将阻止这些动物从其夏季栖息地迁徙到产犊的地区。这些动物的正常生命周期将受到干扰，幸存者将被有效地圈起来，成为从城镇驱车而来的猎人的猎物，而村民们也将失去数千年来赖以生存的驯鹿群。

无论是在热带，还是在北部地区，无路化都是巨型森林生存的核心。但据我们所知，很少有国家颁布了明确的无路化政策。[11] 美国则是一个小小的例外。在美国，保护无路区域的做法已有了近百年的历史，它始于奥尔多·利奥波德，他于 1909 年从耶鲁林业学院毕业后就直接进入美国林业局工作。在管理新墨西哥州和亚利桑那州森林的第一个 10 年里，利奥波德目睹了由于道路建设、放牧、灭狼、鹿的数量激增而导致的环境破坏。溪流消失了，大片的山体崩塌坠入山谷，原来由美国黄松占据的开阔土地上长满了灌木丛，当地的鳟鱼也消失了。尽管利奥波德当时仍然是致力于发展的林业局创始人吉福德·平肖的狂热信徒，但他也在寻找一个可以建立无路荒野的地方。1920 年，他列出 6 处备选地，但有机会实行计划时，道路已经逐渐潜入了其中的 5 处。1924 年，他在新墨西哥州西南部的吉拉国家森林创建了美国第一个荒野地区。[12]

鲍勃·马歇尔（Bob Marshall）是远在阿拉斯加的荒野捍卫者和探险家，他从利奥波德手中接过无路化行动的接力棒，继续向前奔跑。1939 年，马歇尔在去世前不久严格限制了约 560 万公顷国家森林内的道路建设。[13]

1964 年的《美国荒野法案》（Wilderness Act）将这些想法编成法典，要求政府确定国家林地中值得保护的部分，使其免受工业的侵扰。这个过程一部分是要确定哪些地区仍然没有道路。评审分别于 1967 年、1977 年和 1998 年完成。最后一次评审之后，比尔·克林顿政府的林业局局长迈克·唐贝克（Mike Dombeck）起草了一项政策，以保护无路地区，不仅是像在之前的评审中所做的那样保护其中的部分地区，而是保护所有地区。

2001 年 1 月，乔治·沃克·布什就职的 10 天前，林业局禁止在约 7 730 万公顷的国家森林系统内尚未修建道路的任何地方修建新路。这 236 万公顷土地是在国家荒野地区之外新增的，国家荒野地区内已经禁止伐木、采矿和机车娱乐活动。这项无路化政策包括了通加斯国家森林超过一半的区域，以及阿拉斯加东南海岸 647 万公顷多雨、长满苔藓以及巨大的铁杉和雪松的森林。

克林顿和唐贝克认为，要保护日益支离破碎的森林景观，最简单、最可靠的方法就是把道路（见图 10-4）挡在外面。美国的私有森林正在被砍成碎片。自 20 世纪 70 年代末以来，面积小于 20 公顷的私有森林所占的比例翻了一番。大部分的公共森林都已有道路侵入。仍然没有道路的健康森林保护着 80% 以上、被林业局生物学家归为"敏感物种"的鸟类、哺乳动物和两栖动物。此外，这些不断缩小的荒野空间在那些想要远足、露营、漂流以及与大自然亲密接触的人群中有着很高的需求，而这一群体正在快速壮大。[14]

图 10-4　亚马孙西部的道路

注：在亚马孙西部，道路出现了，树木却消失了。

资料来源：© Sebastião Salgado。

该政策还提到了一个实际的问题，即缺乏联邦资金来维护现有 62 万千米的国家森林中的道路。这相当于州际公路长度的 8 倍。美国国会平均每年只能向林业局提供所需维护资金的 20%。[15] 大多数森林服务道路的状况都不达标，水土侵蚀，并造成其他严重的破坏。更重要的是，到目前为止尚未有路的地区所属地形都极具挑战性，修建和维护道路的成本很高。

2019 年，当林业局改变方向，将阿拉斯加的国家森林置于无路化政策之外时，通加斯又回到了砧板上。这意味着，由税收资助的道路可以穿透最后一片未受侵扰的温带森林。拜登于 2021 年就任美国总统，他上任第一天立即做了 180 度的改变，下令对前任政府开放阿拉斯加无路森林的举措进行审查。在 2020 年初的一次视频通话中，阿拉斯加东南部保护委员会（Southeast Alaska Conservation Council）的梅雷迪思·特雷纳解释道，通加斯的伐木道路只是又一个基础设施的双输案例。"在过去两年中，无论是就业还是收入，伐木在我们地区的经济中所占比例都是 0.7%，而不是 7%，"她说，"守旧的阿拉斯加人怀念阿拉斯加东南部伐木行业和伐木就业的美好时光，他们愿意竭尽全力振兴这个垂死的行业。"

通过让包括通加斯在内的超过 2 711 万公顷阿拉斯加林地保持无路化，美国可以为保护地球上的巨型森林做出贡献。[16] 正如时任林业局局长唐贝克在 2018 年《纽约时报》的一篇专栏文章中所说："无路化是一项非常保守的规定。[17] 它节省了纳税人的钱，并使我们仅存的几块偏远的野生公共林地保持完好无损。"

唐贝克关于环境保护和保守开支相结合的言论，在全世界的巨型森林中都是正确的。具备破坏性的森林道路通常是一种巨大的资金浪费。首先，偏远的森林道路建设成本很高。它们通常远离沙石、钢材、水泥和沥青等建筑材料的产地。热带雨林中的降雨和北方森林中的降雪在河流和沼泽中积累，需要建设桥梁、堤道和涵洞来跨越它们或是绕道而行。有时，正是由于其地形的险恶，森林才能保持完好无损，比如玻利维亚、秘鲁和厄瓜多尔境内近乎垂直的安第斯－亚马孙山坡。20 世纪 90 年代，玻利维亚关闭了一条名为"死亡之路"的道路。这条路太窄了，它所环绕的悬崖又太陡峭，导致车辆总是从靠右行驶变为靠左行驶，这样靠近边缘的司机就可以从侧窗向外观察，以防驶出道路而坠入深渊。由于降雨、地质和坡度，建设新的丛林通道的成本是当时建设平地柏油路的 5 ～ 10 倍。[18]

在另一片山地热带巨型森林所在的新几内亚岛，道路必须穿过复杂的山体褶皱和山脊，在这些地形上即使步行也很困难。过去人们只能步行进入坦布劳乌山脉的中心地带，直到 2007 年一条蜿蜒崎岖的道路通到了那里。岛上大部分不陡峭的地方都是沼泽。

其次，偏远道路的维护费用也很高。2009 年，刚果共和国建造了一条 386 千米长的沥青路，以方便刚果共和国首都布拉柴维尔和该国森林覆盖的北部地区之间的交通。竣工 10 年后，这条路上已经到处都是深坑。在道路交叉口上，剩下的路面铺装就像是多孔的蛋糕上一层薄而精致的巧克力糖霜。男人们在爬过排水沟的灌木丛中挥舞着砍刀，迫使车辆回到道路的中心线上。道路上剩下的铺装路面，经常变得像是一个狭窄的地峡，窄得无法承载汽车的两个轮胎。小巴和伐木卡车在这些山脊般的道路上缓慢行驶。最终，重型卡车在 2019 年的一段时期被禁止在该路段行驶。能够捕捉商机的当地人为爬行的车辆带来了一串串煮熟的蚱蜢和一袋袋蒸熟的木薯。有些人甚至在自家前院开辟了小道，出售更多的商品。

　　偏远的森林道路浪费资金的另一个原因是，没有足够多的人使用它们。约翰·阿克拉克分析丛林道路的经验表明，每天大约需要 300 辆汽车的车流量才能从经济角度证明铺路是合理的。例如，20 世纪 90 年代末，有人提出修建一条柏油碎石路，用于取代我们前面描述过的、穿过图穆帕萨和伊西亚马斯的土路，就在马迪迪国家公园以北。但是，这条路现在每天的使用者不足 12 人，1999 年的一项研究估计，修路计划将损失 2 500 万美元。[19] 几年后的另一份报告证实了这一估算。[20] 10 年来，这条路一直是一条泥泞的小路。2011 年，尽管交通流量没有什么改变，其实几乎没有什么交通流量，但世界银行还是贷款给玻利维亚 1.29 亿美元来铺设这条道路。

　　这让人感到奇怪。世界银行总部位于美国华盛顿特区第 18 街和宾夕法尼亚大道交叉路口的一座闪闪发光的大厦里，距离白宫两个街区。它沿街的玻璃幕墙反射着街对面公园里的树木。大楼里经济学家云集，全是世界上最优秀大学的博士毕业生。他们做出了类似于资助玻利维亚修建公路的决定，而这条公路却给马迪迪国家公园造成了威胁。在这家银行的高档地下自助餐厅里，只需在餐巾纸背面进行一些计算，就可以确定这条路缺乏经济可行性。为什么这些聪明人会把钱投入世界上最具破坏性、最无利可图的公共工程中？

　　其中一个原因是，道路资金主要来自城市纳税人，他们从未见过濒危的森林，也不会在这些不必要的道路上开车。其次，贷款偿还和维护费用是后来才会发生的，因此部分的账单在时间和空间上都发生了转移，从今天的选民转移到了 10 年或 20 年后将要选举政府的选民。那些从偏远的森林公路上赚钱的人是不会为之付钱的。

热带森林公路的主要贷款人历来是国际开发银行，如世界银行、美洲开发银行、非洲开发银行和拉美开发银行。这些机构从各个成员国获得资金注入，以消除贫困和促进经济增长。应该说，这些机构的投资理念都在朝更加可持续发展的投资决策靠拢。

作为一个整体，所有这些银行都比商业银行更有可能放出财务上表现不佳的道路贷款。它们使用的资金来自许多匿名且不知情的主体：纳税人。商业银行的资本则来自存款人和密切关注自己的资金并期望获得高于市场利率回报的投资者。当涉及由开发银行支付的项目时，对代理人如员工、经理和政府官员的评判主要基于交易完成情况，尤其是大型交易，在某种程度上与资金的回报无关。

森林道路也有利于伐木者、牧场主、大豆种植户、可可种植户、油棕种植者、小农户和矿工。道路使用者类别很多，但相对于为每一条道路支付建设费用的数千万人（而且他们中的大多数人都不知道自己在这样做）来说，他们的总人数很小，可能只有数千人。

因此，这种基础设施往往既没有经济意义，也没有环境意义，还对森林造成长期威胁。要想抵制它，需要良好的分析、媒体曝光、强大的法院以及可靠的政府机构和法规。对于道路选择的经济和环境方面的研究是一切的基础。例如，2019 年对亚马孙河流域 1.2 万千米拟建道路的一项研究发现，45% 的道路可以因经济原因而舍弃，这甚至是在考虑其对森林的影响之前。这些糟糕的项目所承诺的每一美元的交通效益，都将花费超过一美元的建设和维护费用。该研究团队来自几个亚马孙河流域的国家，由保护战略基金和亚马孙环境研究所领导，通过考虑他们所说的"社会及环境风险"，进一步筛选出了风险清单。例如，这些风险是由于道路过于靠近未曾接触外界的原住民群体或助长森林砍伐而产生的。该团队得出结论，最好的 10% 的项目可以在对森林破坏最小的情况下建成，同时提供总体正向经济效益的 77%。[21]

类似的分析可以为其他热带森林提供更好的道路选择。例如，世界银行 2015 年对刚果的一项研究，应用了各种标准来判断整个盆地内项目的优劣。[22] 结果表明，在刚果民主共和国中部的偏远丛林中修建道路，比在更容易接近的地点修建道路所导致的森林砍伐率更大。一项全球性研究验证了亚马孙的研究结果，发现仅用最小的经济牺牲就可以保护无路的森林。最好的农业用地，以及真正最需要道路的土地，位于野生森林之外。[23]

哥伦比亚的道路规划者会使用一个名为特雷马克托斯（Tremarctos）的系统，它以安第斯眼镜熊命名。[24] 该系统主要由环境保护组织——保护国际开发，允许官员快速将候选道路绘制到显示着保护区位置、原住民土地、易危物种和高火灾风险等因素的数字地图上。世界上每一位环境官员和交通规划者都应该能够使用这样的工具，它能够分层显示未受侵扰的原始森林和其他原始森林。一条将缩小未受侵扰的原始森林规模的拟建道路可能会自动促使规划者考虑替代路线或其他交通方式。

2000 年之前，这种技术手段都还很少见。自然资源保护主义者往往要么辞职，要么愤怒地面对大型基础设施项目的威胁。很少有环保主义者具备从技术层面介入这些辩论的专业知识。如今，新一代的独立经济学家、生物学家和地理学家在不必要的基础设施支出的硕大靶心上训练自己的技能、检验自己的模型和地图，他们的工作成为传统行动主义的良好补充。

一位名叫莱昂纳多·弗莱克（Leonardo Fleck）的巴西分析师就是一个很好的例子。弗莱克在巴西南部长大，在马米拉瓦可持续发展保护区开展研究的一年里，他爱上了亚马孙。他善于分析，对一切保持怀疑，并总能关注到最小的细节。2007年，他为非营利组织保护战略基金的巴西办公室工作，仔细研究了巴西亚马孙中心386千米联邦公路重建计划的厚厚文件。将马瑙斯与国家公路网连接起来的这项提议，可以说是21世纪头10年亚马孙面临的最大威胁。弗莱克计算出，这项耗资2.75亿美元的项目将在25年内导致约461万公顷的森林被砍伐，并造成1.5亿美元的净经济损失。[25] 他还计算了碳排放和其他可量化的环境破坏的经济价值，这使得该公路的预计经济成本超过10亿美元。

弗莱克向每一位愿意倾听的人解释了他的发现。许多人相信了他的话，包括州和联邦环境机构、地方政府、记者和巴西国会议员。他的数字让人们相信，这条路被设定为发展与自然之间的一项选择是错误的。人们就负责任的公共支出、交通替代方案和缓解成本的预算展开了一场复杂的讨论。良好的判断力鼓励人们——包括当时的环境部长卡洛斯·明克（Carlos Minc）——反对该计划，使其沉寂了10年，在此期间，保护区有机会在该地区扩大。不幸的是，这个项目现在又死灰复燃，即便如此，它所造成的损失也将远远小于10年前就铺设这条道路所造成的损失。

稳定的规则和机构有助于阻止不良投资。在20世纪90年代之前，热带地区几乎不存在"环境影响评估"（Environmental Impact Assessments）的文件，而现在它们几乎被广泛使用。其中大部分都体现了第一部环境影响评估法的要求，即美国总统尼克松1969年签署的《美国国家环境政策法》（*US National Environmental Policy Act*）。而在操作层面，这些文件通常是数千页的、读来令人昏昏欲睡的、通过复制与粘贴形成的材料，没有真正考虑不修建特定道路、桥梁或运河的替代选项。即便如此，开发商还是厌恶这些文件，因为准备这些文件并通过审查会减缓投资项目的推进速度。

根据我们的经验，尽管有点形式主义，但环境影响评估还是会给公民一些参与权。它们是准备充分的律师、环保人士和科学家可以利用的工具，使建造森林道路的决定朝着有利于环境和社会健全的大方向发展。他们参加公开的听证会，并提出可以仔细审查和批评的方面，即一些需要改进的地方。例如，20 世纪 90 年代中期，在巴西巴伊亚州，有人提议修建一条道路，这条道路将影响一片曾经保有树木多样性世界纪录的森林。当地环保人士利用该项目的环境影响评估，说服州政府创建康杜鲁州立公园（Conduru State Park），来保护受柏油碎石路威胁的森林。

经济可行性标准也有助于引导公共资金流向更好的项目。虽然大多数国家的财政部确实会对政府项目的经济效益进行筛选，但与环境影响评估相比，前者的标准更易变，也不太具有通用性，而环境影响评估则拥有国际标准和专业人员的支持。

对于木材经济不断扩张的国家来说，将道路和森林分开是一项挑战。尽管如此，伐木并不一定意味着森林的毁灭。刚果废弃的伐木道路重又融入了森林。在收获后关闭伐木道路是一项廉价且具有常识性的政策，可以最大限度地减少偷猎者接触野生动物的机会，因而降低政府的执法成本。政府可以要求木材加工业尽可能集中在已经发展成熟的城镇附近，而不是将主要的伐木道路变成多用途道路并创建新的工业城镇。

国际野生生物保护学会的俄罗斯和东北亚地区协调员乔纳森·斯拉特（Jonathan Slaght）讲述了一位伐木者封闭伐木道路以拯救野生动物的故事。[26]斯拉特是《远东冰原上的猫头鹰》（*Owls of the Eastern Ice*）一书的作者，他在书中描述了自己基于科学目的发现、捕获和释放世界上最大的猫头鹰之一——布拉基斯顿猫头鹰的冒险经历。2006 年冬天，他在俄罗斯远东地区露营寻找猫头鹰。一天早上，他被重型机械的声音惊醒。从帐篷里爬出来时，他遇到了一个正搬来一大堆土以堵住一条路的人，这条路是斯拉特回到文明世界的唯一道路。猫头鹰专家介绍说，这位名叫亚历山大·舒利金（Aleksandr Shulikin）的伐木工人是一名热心的渔民和猎人，来自当地一个人口约 800 人的村庄。斯拉特在接受采访时说："他所在的伐木公司正在铺设这些道路，而他看到了这些道路将带来的不利影响。"该地区的伐木道路数量猛增，从 1984 年的 153 千米增加到 2005 年的近 3 000 千米。鹿、野猪和鲑鱼正在消失。因此，舒利金开始封堵这些偷猎者借以进入森林深处的伐木道路。

几年后，斯拉特完成了博士论文，开始与俄罗斯远东地区最大的伐木公司合作，以复制这种方法。自 2015 年以来，他们已经关闭了十几条伐木道路，形成了约 5 万公顷的事实上的保护区，除了最无所畏惧的猎人之外，其他人都进不了保护区。斯拉特说："如果有人想走进森林，射杀一头鹿，然后背着它走出去，我可以接受。而那些开着皮卡车进去，射杀一切动物然后带着兽尸满载而归的人，他们才是应该远离森林的人……封闭伐木道路的方法是可行的。如果能在更大的范围内实施，那就太好了。"例如，老虎的栖息地面积超过 12 万公顷。斯拉特断言，控制道路是我们为保护区外的老虎所能做的唯一最重要的事情。2020 年，国际野生生物保护学会正在研究将封闭伐木道路纳入俄罗斯森林法规的政策选项。

这些道路能让偏远的森林社区更容易与世界其他地区接触，反对修路的态度似乎过于苛刻。政府、银行和社区的行政人员经常将道路通行视为一种类似于呼吸自由和言论自由的权利。通行权虽然很重要，但无条件建设社区道路的权利缺乏道德基础。巴西的莱昂纳多·弗莱克研究拟在亚马孙州铺设BR-319 道路的提案时发现，这条拟建的 386 千米长的道路沿线，大约只有400 ～ 500 户家庭。为他们修建这条路将花费每个家庭 50 多万美元。公共资金总是有许多相互竞争的紧急用途，包括教育、卫生、集体安全和环境保护。为一小群人在偏远的森林里修路，既是对环境的破坏，通常也是不合理的资金使用。

　　政府可以在不修建道路的情况下帮助与世隔绝的森林社区向前发展，例如补贴航空运输，就像为加拿大无路地区的食品供应 [27] 和巴西亚马孙地区城市之间的旅客旅行所做的那样 [28]。此外，卫星互联网还可以将教育、医疗保健和银行等服务传送到偏远的居民点，让村民不用再去那些需要经过长途跋涉或为期一周的乘船航行才能赶到的丛林城市接受社会安全检查、上学或做日常健康和牙科检查。在西巴布亚村庄阿亚博基亚，我们曾在那里遇到芬斯·莫莫和她的侄女阿纳斯塔西娅，多亏了一处新建的天线和一排太阳能电池板，这个村庄现在可以向城市直接发送信息，而不用再借助交通工具。河港和航运的基础设施也可以得到改善。厄瓜多尔的一家公司卡拉太阳能（Kara Solar）正在帮助原住民阿丘雅人（Achuar）开发太阳能船。这项创新使交通与高价燃料脱钩，同时使道路变得毫无必要。

　　道路已经存在很长时间了。数千年前，印度、波斯和中东都有道路，当然后来还有加速了军事远征的著名的罗马大道。由于橡胶的硫化，在过去的一个世纪里，道路已经成为连接人类世界的主要基础设施，大多数无路的地方都被破坏了。道路是最大的人造物，就像在山毛榉光滑的树皮上刻下的巨大首字母。但说我们伟大的森林时，这种"雕刻"的冲动必须被制止。有些道路只是加速森林肢解的一种昂贵方式。为了保护生态完整性，政府及其公民必须开始重视森林无路状态的价值。大森林是另一种形式的基础设施，它们可以让我们穿越时间，而不是空间。它们是我们生存的基础设施，借助它们，我们才能从现在逐渐进入宜居的未来世界。

EVER
GREEN

第 11 章

促进森林景观恢复，
让自然再生

2 000 年前，一片中美洲雨林开始向位于其中的埃尔米拉多金字塔索回领地。它把高大的桃花心木和雪松送上天空，高耸于桉树的树冠之上，覆盖着由多香果树和扇形棕榈树形成的下层植物。森林的芬芳和蜿蜒的树根将建筑的直角包裹起来，顽强的藤蔓爬上了墙壁，树苗顶破废弃城市的路面顽强地发芽生长。美洲虎、鹦鹉、美洲狮、蜘蛛猴、吼猴和鹿都回来了。森林也像生物一样爬行着，想要夺回自己的家园。它给充满战争、权力斗争和日常城市生活的历史披上了一层绿色的毯子。树木封存了埃尔米拉多的秘密，并从其石造建筑的每个接缝和裂隙中代谢出生态的可能性。

在展现自然恢复力的景象中，很少有植物像茂盛的热带雨林那样，直接从人类建造的永久性建筑中生长出来。埃尔米拉多始建于 2 500 年前，比蒂卡尔和帕伦克等著名的玛雅古城早了几个世纪。这里有 3 座巨大的金字塔建筑群、数十座其他建筑，还有一块巨大的名为斯特拉斯的石碑，上面雕刻着图画和象形文字。20 世纪 90 年代，在考古发掘正式开始之前，森林覆盖着古代的建筑，一直延伸到约 72 米高的拉丹塔金字塔顶端。塔身大部分都被树木所覆盖。吼猴和蜘蛛猴在树冠中发生了小小的冲突，巨嘴鸟则在一旁看着。猩红色金刚鹦鹉以永久的一夫一妻制的明确队形像箭一般成对地划过天空。

据负责埃尔米拉多挖掘工作的理查德·汉森（Richard Hansen）说，这片森林似乎已经收回了这处遗址，部分原因是玛雅人在使用树木时没有做长久的打算。这座城市位于一处叫作巴乔斯的沼泽低洼地带，周围则是覆盖着高大森林的干旱地带。巴乔斯到处都是肥沃的泥土，而在地势较高的地方，石灰岩顶部只有一层贫瘠的黏土。如今，农民在这个生态系统中努力种植着几穗玉米。而埃尔米拉多的玛雅农民将肥沃的泥土从巴乔斯运到梯田中，喂饱了都市中的人。这一方式运作了数百年。

如果前古典时期的玛雅人没有那么偏爱灰泥，这一方式可能还会持续下去。他们用这种煮熟的石灰泥抹平墙壁、地板和街道，看上去非常漂亮。为了生产石灰泥，他们必须将大量的绿色木材送入窑炉作为燃料。伐木使得贫瘠的黏土流失，这些黏土被冲进巴乔斯沼泽，形成一层 3 米厚的难以穿透的白色盖子，覆盖住了肥沃的泥土。过度砍伐森林最终意味着肥沃土壤和城市食物供应的终结。[1] 大约 2 000 年前，这片森林开始向埃尔米拉多周围逼近，爬上金字塔的台阶，填满梯田，把树根扎进墙里。

这是一个具有警示性的故事，滥伐森林会导致文明的颠覆，而这也正是我们今天面临的前景。不过埃尔米拉多的森林也揭示了另一个令人振奋的事实：只要有土壤、水、阳光、传粉者和播种者，森林就会重新生长。埃尔米拉多曾经繁华的大都会，如今坐落在中美洲最大的未受侵扰的原始森林——玛雅森林的核心区域。后来古典时期的玛雅遗址也同样坐落在丛林中。这些森林所显示出的耐久的生命力，让人很是宽慰。

然而，与让森林重新恢复相比，第一时间避免森林的损毁要容易得多，成本也低得多。经济学家乔纳·布施（Jonah Busch）和延斯·恩格尔曼（Jens Englemann）将资助热带森林保护的可行性与利用碳储存获得的补偿来恢复森林做了比较。他们计算出，一笔用于恢复森林的费用，可以保护 7 ～ 10 倍面积的现有森林。[2] 天然林不需要任何种植或养护，且毫不延期地提供其所有的碳储存、生物多样性和其他的好处。而再生的森林需要几代人才能养护成熟。

此外，重新种植的森林往往无法带回曾经生活其中的物种。例如，以前在美国东部很常见的狼、美洲狮和麋鹿在森林重现之后很久，都还没有回来。亚马孙东部的森林通常在恢复 20 年以后，才能拥有等同于森林砍伐前的物种总数，但这些物种与原森林中的物种不尽相同。在原始森林中诞生的人类文化回归的可能性更小。重新造林不是保护巨型森林的可行的后备计划，而只是无可选择时的一种补充手段。

之所以需要重新造林，是因为在前工业化生态系统中储存的 9 000 多亿公吨活性炭中，大约有一半已经释放进了大气。[3] 为了保持气候稳定，必须将其中的一部分带回生物圈。德国和世界自然保护联盟于 2011 年发起的波恩挑战（The Bonn Challenge）呼吁到 2020 年在全球范围内恢复 1.5 亿公顷的森林；到 2030 年，目标是 3.5 亿公顷，大约是阿拉斯加面积的两倍。[4] 世界自然保护联盟为响应波恩倡议的 58 个国家政府行使着信息交流中心、啦啦队和技术支持中心的职能。2018 年，13 个国家向世界自然保护联盟报告了进展，这是目前的最新进展，其后由于新冠肺炎疫情大流行而没有更新。他们已经完成了 2020 年总承诺目标的 56%。[5]

　　世界自然保护联盟的工作人员斯瓦蒂·欣戈拉尼（Swati Hingorani）和安德里亚娜·维达尔（Andriana Vidal）表示，他们承诺要做的事情实际上不应该被称为重新造林，正确的术语是"森林景观恢复"。从生态学角度讲，恢复森林景观不仅仅是植树造林。例如，森林景观恢复可以通过在一块土地上加强农业以减轻另一块树木正在自行生长的土地上的农业压力来实现。另一个公认的方法是恢复起重要生态作用的物种，比如传播种子、将营养物质从一个地方运送到另一个地方，或者控制可能过度食用树木种子的其他动物种群。森林景观恢复的一个突出例子可能是鲑鱼洄游的复现，这一过程将生物量从海洋带入俄罗斯远东地区和北美太平洋海岸的北方森林深处，从而将海洋和森林食物链联系起来。它们养活了熊、大鱼鹰和树木。在不列颠哥伦比亚省的鲑鱼溪流沿岸的植物中，40%～80% 的氮来自海洋。[6]

　　森林景观恢复丰富的定义为波恩倡议响应国履行其承诺提供了一大堆选项。一些专家甚至认为选项太多了。利兹大学科学家西蒙·刘易斯（Simon Lewis）领导的一组研究人员在 2019 年计算出，一片再生天然林所储存的碳是同等面积短轮伐期人工林的 42 倍。他们批评波恩倡议没有区分这两种方法，并指出 45% 的参与国的计划中都存在树木种植品种单一的问题。[7]刘易斯及其同事认为，为了气候和生物多样性，森林景观恢复应该排除林场这一选项，并鼓励尽可能多的天然森林的恢复。

　　如果周围还有健康的森林，最好的选择就是退后一步，让大自然来完成这项工作。例如，2020 年 2 月的一个早晨，在西巴布亚岛上，我们站在浓密的树冠下，听着树梢上犀鸟振动翅膀的嗖嗖声。在主人芬斯·莫莫开始讲故事之前，我们完全没有意识到这个地方曾经是一片农田。在 20 世纪 60 年代到 90 年代，她的母亲和姑姑们在这里种植红薯、玉米和芋头。

然后，在我们来访的 25 年前，她们把农田搬到了离村子更近的莫莫族领地。我们更仔细地环顾四周，发现这里的树林确实比周围的树林要稀疏一些。有一些我们没有注意到的红色露兜树，每一棵树的光茎上都长有一扇长长的叶子。这是人们种植的一种本地植物，可以用于制作垫子，其果实有抗病毒的特性。森林中露兜树的集中种植是人类曾经占领此地的标志。我们拜访那里后不久，随着新型冠状病毒的抵达，巴布亚城市中对露兜树果实的需求激增。

如果被妥善使用，这片曾成为农田的森林可以很容易重新生长出来，而且它们已经这样做了数千年了。当莫莫族人把他们的作物转移到其他地方时，土壤中已预埋了野生的种子。鹤鸵排泄出了含有更多种子的肥料"蛋糕"。蕨类植物的孢子飘了进来，昆虫、千足虫和青蛙在适当的时候四处游荡，森林重建了自身。一只美丽的天堂鸟标识出一处展示场地，一丝不苟地将其清理干净。树袋鼠回到了这里，野猪用鼻子耕种了人类休耕的土地。莫莫族人的旧农田之所以能够重返森林，是因为重建森林所需的所有"建筑构件"都还在（见图 11-1）。

在完全没有种植作物的地方，自然再生尤其有效。广袤的热带地区伐木量很小，通常每英亩仅砍伐一棵树。只要人们彻底废弃伐木道路，停止未来的砍伐，或者采用影响较小的伐木技术，这些森林就可以自行恢复其生态完整性。来自爱丁堡皇家植物园（the Royal Botanical Gardin in Edinburgh）的戴维·哈里斯（David Harris）研究刚果植物已有 20 多年。他认为，一个普通人可以走过中非森林中大多数以前的伐木道路却毫无察觉。这里的森林并非毫发无损，但只要人类不去侵扰，它可以在 10 年左右的时间内恢复。

图 11-1 西巴布亚森林

注：这片森林在莫莫族人曾经耕种的地方重新生长。左上角是露兜树。

　　毫无意外，多数可以恢复的森林都位于那些已经失去了其大部分树木的地区，即以前的巨型森林。2019 年的一项研究采用了 3 项标准（成本、生物多样性和碳储存潜力）来提出恢复热带森林的优先事项。[8] 研究包括巴西的大西洋沿岸森林、曾经茂密的西非森林、南亚和东南亚大陆，以及印度尼西亚的爪哇岛、苏门答腊岛和加里曼丹岛（婆罗洲）。这项研究发现了一个修复和扩展现有巨型森林的显著机会：亚马孙东南部。沿着贝伦－巴西利亚公路和其他几条联邦公路，大片地区被砍伐、耕种或放牧，留下了一大片杂草丛生的草场。据估计，1 011 万～1 497 万公顷土地被归类为"退化和未充分利用的土地"。[9] 而这片被破坏的土地与英格兰面积相当。

保罗·穆蒂尼奥是一位国家级环保领袖，也是 REDD+ 的创始人之一，还是一位竞技自行车运动员。2017 年，他在跨亚马孙公路上冒着灰尘和烟雾骑行了约 1 100 千米，以此呼吁人们停止对森林的侵扰。在寻求亚马孙地区人类可持续生存模式的过程中，他的投入和创造力是无穷无尽的。身材瘦削、留着山羊胡的穆蒂尼奥眼中闪烁着精灵般的光芒，但目睹巴西在过去35 年里失去 8 900 万公顷自然生态系统，他也难掩悲伤。穆蒂尼奥在着力扭转亚马孙东南部的森林砍伐趋势。[10]

恢复这些森林对整个亚马孙地区都是一件好事。该盆地的"飞河"依靠森林蒸散补充水分，而东南部的森林砍伐已使其变成"涓涓细流"。穆蒂尼奥表示，失去一棵树冠直径达 20 米的树，每天会损失 500～1 100 升的蒸汽流。由此导致更远的西部地区降雨减少，其中包括 1 600 千米以外的巴西西部边疆，那里是塔玛辛帕的族人马鲁博人的居住地。

"由于地面干燥，猎物越来越难以追踪，而且我们行走时踩在脚下的树叶发出太多的声响。你走路的时候双脚会发出'嘎吱，嘎吱，嘎吱'的声音。"塔玛辛帕滑稽地夸大了鲁莽的猎人嘎吱作响的脚步声。"我祖父说，土地很愤怒，因为南方的白人在砍伐森林建设农场。"在肉食爱好者马鲁博人的领地里，鱼类曾经过着悠闲的生活。这个部落对以捕鱼为主的文化不屑一顾，但现在得依靠钓鱼来弥补狩猎收获的不足。

尽管恢复亚马孙东部森林既明智又重要，但穆蒂尼奥提醒说，要完全恢复一片郁郁葱葱的天然森林及其原始碳储量，就像把岩石推上山一样困难。"植树造林不太可能大规模进行，因为对土地所有者来说，这就像把钱扔掉。"他所说的土地所有者是在过去50年间沿着打通森林的道路定居的人。不能指望他们一掷千金。

在最好的情况下，森林能通过自身再生，其恢复成本约为每公顷375至625美元，用于以栅栏隔离土地，使得奶牛不会啃噬树的幼苗。不幸的是，大多数退化的土地都在热带阳光下炙烤，在半吨重的奶牛的脚步下硬化到了混凝土般的密实度，它们的蹄子落下时的最大输出压强为每平方米450吨左右。[11] 而人类男性对地球的平均压强为每平方米5.6吨。[12] 为了在这些地区重新造林，必须反复种植和培育树木，土地所有者的每公顷花费可能高达近2 500美元。[13] 穆蒂尼奥指出，人们经常忘记考虑种苗后的维护费用，这大约占总费用的60%。在一些地方，成本可能高达每公顷12 500美元。

对于土地所有者来说，在巴西法律要求范围之外重新种植森林将是一种志愿行动。在30～40年内可能会有一些硬木木材可以采伐，但是，穆蒂尼奥说，没有人指望通过种植本土树木来获得伐木收入。正如西蒙·刘易斯和他的同事所指出的，如果木材是他们想要从森林景观恢复中获得的，土地所有者会选择柚木、桉树和成行的松树等外来树种。

如果土地所有者能够从再生林积累的碳储量中获得报酬，也会有所帮助，但生物量恢复得很慢。穆蒂尼奥说："我从未见过森林从退化的牧场恢复到以前的样子。它们从树冠高达40米的原始森林转变为树高不超过6米的树林。"这是因为森林砍伐使当地气候变得更热、更干燥，而像貘这样的播种者已经逃到了未被砍伐的森林的深处。重新生长出来的只是一堆藤蔓、瘦小的树苗和草。这一切都是极易燃烧的。

多年来，林火的强度和发生频率一直在增加。火灾的隐患由农民造成，气候变化则是火上浇油，而当地树木损毁造成的小气候干燥更是加剧了火灾。自 2000 年以来的干旱年份，火灾影响了亚马孙东南部 5% ～ 12% 的地区，而正常年份火灾影响的地区只有不到 1%。[14]"正常"年份正变得异常。2005 年，百年一遇的干旱侵袭了该地区，之后在 2010 年和 2015 年再次出现极端干旱天气。这种情况使得高成本的重新造林成为一个更不完备的提议。在森林周围设置一道防火带（即一条裸露的土壤）可以降低林火风险。根据穆蒂尼奥的说法，这种保护措施在某些时段内是有效的，其每年的成本为每千米 45 ～ 150 美元。

农民们在恢复森林景观中无数河流和小溪沿岸的树木时，看到了更令人鼓舞的结果。由于水迅速重新出现在之前因森林砍伐而干涸的河床中，从而冷却了当地气候，并带回了食用果实和散播种子的大型哺乳动物，这些哺乳动物散播的种子长成了更多的树木，为亚马孙区域的"飞河"提供水分。快速生长的树木，有些是外来品种，与土地树种混合在一起产出水果、燃料或木材。这种趋势反映了巴西重新造林最伟大的一项成就。里约热内卢的奇久卡森林是世界上最大的城市森林，占地约 3 万公顷。它在 19 世纪被重新种植，以控制水土流失，保护城市供水。外来树种与本地树种混种在一起，在大西洋森林中形成了一道新的风景，而不是原来森林的复制品。这片新丛林为数百万卡里奥卡人带来了不可估量的好处，也为一些本土动物提供了可供生存的栖息地。

对于河流区域以外的退化地区，穆蒂尼奥有另一个想法。"让我们利用被砍伐的地区进行农业生产。"他引用了世界银行的估算数据，表明目前牧牛场的效率十分糟糕，每公顷可喂养一头牛，如果效率提高50%，将使4 000万公顷已经被砍伐的亚马孙林地得以用于农业。"与其创建一个试图重新造林数百万公顷的大型项目，不如创建一个利用退化的牧场种植粮食的大型项目，这样我们就可以停止对森林的滥伐。"换言之，在森林退化地区强化农业发展，以使其停止侵袭亚马孙盆地中原始森林的退化。

穆蒂尼奥的减压处方符合波恩倡议通过森林景观恢复来间接保护森林的想法。要想发挥作用，必须有直接的保护措施与之相伴。否则，只要全球对牛肉和大豆有足量的需求，只要有足够的人力可供砍伐树木，亚马孙的农民就会复耕已退耕的农场，甚至砍伐更多的林地。事实上，美国的高科技集约化农业并没有阻止耕地面积的扩张，曾经覆盖约6 800万公顷土地的高秆草草原有99%被改为了耕地。[15]亚马孙农田的大量额外补充，可以实现的是暂时减轻其经济压力，进而免于毁林。而毁林的暂停可为各国政府提供一个时间窗口，以正式保护大片未划定的未受侵扰的原始森林。[16]

在泰加林中，也存在着类似的机会。绿色和平组织全球制图中心（Greenpeace's Global Mapping Hub）莫斯科负责人伊洛娜·朱拉夫列娃（Ilona Zhuravleva）领导的一项研究表明，俄罗斯所拥有的约7 700万公顷的北方针叶林可以进行自我再生。她的团队检查了过去20年的卫星数据，查看了所有正式被划为农业区的土地。他们发现，由于农场无法盈利，那里的森林正在自行恢复生长，数量惊人。人们所要做的就是袖手旁观，任由白桦和松树铺就的地毯在眼前延展。在贝加尔湖附近的通卡山谷，一条暗黄绿色的幼树带遮住了较低的山坡，与较高的森林相遇在一个看起来像是用尺子划出的边界处。这是一片废弃的田野。20 世纪 90 年代，这里的树木逐渐恢复了生长。

问题在于这些重新生长的树木是非法的。在通金斯基这些树木可能会获得许可证，因为那是一处国家公园，但俄罗斯法律要求大多数土地所有者继续在这些地区耕作，否则将面临高额罚款。所以，当幼树发芽时，人们会烧了它们。这反而会让野火蔓延到附近的其他森林。绿色和平组织断言，这是 2019 年夏天在泰加地区肆虐的特大火灾的主要原因之一。允许约 7 700 万公顷的土地变成森林，这将吸收 3.5 亿吨碳，相当于法国 2017 年的碳排放总量。[17]

但绿色和平组织俄罗斯分部负责人亚罗申科有另一个可以说是更务实的理念。虽然这听起来不太可能出自一位终生致力于野生森林保护的环保活动家，但亚罗申科希望推广林场。"保护生物多样性的唯一方法是使伐木两极分化。让一些地区保持其野生状态，同时密集利用另一些地区。"他估计，只要把错误分类为"农业"土地的 2/3 用于植树造林，俄罗斯就可以轻松满足其木材需求。虽然木材生产区的碳储量比完全恢复成熟后的碳储量要少，但碳储量将被保留在其他地方，即在俄罗斯野生森林中那些原本会被伐木工人砍伐的野生树木里。总的来说，他认为，在生物多样性、碳储存和社会发展等方面，俄罗斯将走在前面。

"人们需要工作。政府试图让农村地区发展，但遵循的却是 20 世纪初的逻辑……现代化农业没有提供足够的工作岗位，因为它是高度机械化的。人们喜欢住在一起。他们想要一个大的定居点，以便有药店、学校、交通、互联网等等。"亚罗申科说。木材加工业可以为这些城镇提供足够的就业机会。他提醒我们，就像在亚马孙一样，在人工林场中压缩产能并不会自动保护野生森林。他分析说:"如果不扩大森林保护区,伐木工人就没有足够的动力从荒野转移到发达地区。好的林场的成本高于开采野生木材的成本。"他指的是砍伐野生木材且几乎不考虑砍伐后生态系统的恢复和继续提供未来收成的能力的做法。

在贝加尔湖以东的一处宽阔山谷中,针叶林矗立成一片实心的多边形,有着笔直的边缘。我们开车从此处经过时,当地的一位朋友阿列克谢·哈马加诺夫(Alexey Khamaganov)证实这是一处重新造林的地方。这让他想起了小时候的野外考察。学生们成群结队地跑来跑去,互相推搡、摔倒、大叫、大笑,然后几乎随意地种下树苗。林业管理部门开始注意到,兴高采烈的年轻人种植的树木比忧郁的成年人种植的树木存活的数量更多。哈马加诺夫笑着说:"所以,现在林业管理部门会将他们的卡车开去学校,带上孩子们,然后出去重新造林。"

"如果你想参加这次会议,你需要承诺参与种植 1 万亿棵树。"这是 Salesforce 首席执行官马克·贝尼奥夫(Marc Benioff)①向聚集在瑞士达沃斯世界经济论坛 2020 年年会上的商界大亨、国家元首和专家名人发起的挑战。贝尼奥夫在论坛上宣布,已经有 300 家公司加入发誓要种植一亿棵树的 Salesforce。[18] 达沃斯论坛的网站上充斥着各种解决方案,包括使用节省劳力

---

① Salesforce 创始人,其颠覆性的《Salesforce 传奇》一书记述了他自身创业的心智与历程,为你揭开 Salesforce 高速发展背后的 9 大关键法则。该书中文简体版已由湛庐引进,由中国纺织出版社于 2021 年出版。——编者注

的无人机，将发芽的树木种子投射到光秃秃的地面上，以及一款允许人们在智能手机上为植树造林捐款的应用程序。[19] 1 万亿棵新树将占用大约 4 亿公顷的土地。一份全球可供树木种植的土地清单表明，地球上还有足够的空间。[20]

这是一个惊人的大目标。从长远来看，Salesforce 令人印象深刻的 1 亿棵树的贡献将只占这一目标的 1/10000。在 2015 年之前的 5 年中，全球每年在增加约 43 亿棵树的同时也损失了 76 亿棵树，这一趋势大致延续至今。[21] 如果环境保护工作能够阻止这 76 亿棵树的损失并保持 43 亿棵的增加值，那么需要 232 年才能增加 1 万亿棵树。而贝尼奥夫建议在 10 年内完成这一目标。

达沃斯论坛的常客格蕾塔·桑伯格（Greta Thunberg）曾是直言不讳的年轻人的代言人，她称"万亿棵树"这一跟风活动"分散了人们的注意力"。[22] 是的。数十亿美元和政治资本可以更好地用于保护森林和其他的气候举措，而这些举措成本更低、风险更低、对维持我们生存的非人类生命网络也更有利。精明的企业家应该很容易认识到，在我们现在拥有的壮观且复杂的森林中储存碳的低成本、高效益和其他多重好处，这些森林处于公园和森林民族的集体领地内。热心的森林投资者行动清单上的下一步，应该是保护那些被轻度砍伐的林地，这些地方的生态系统可以迅速得以恢复，并具备完备的功能。为了保持一致性，并且不抵消其通过种树带来的好处，商业巨头可能会选择不会让事情变得更糟的那些行业内的客户提供服务。例如，石油、煤炭和不负责任的农业综合企业只能使用 Salesforce 以外的系统来跟踪客户。

一旦所有这些都完成了，我们还需要更多的森林。现在大气中游荡着的大量的碳需要在这里安家，森林也可以养育林地动物群，并带来雨水。在

"万亿棵树"活动的虚张声势下,我们看到了一丝对地球的真爱。虽然这些树木中的大多数不需要一棵一棵地种植,但在恢复森林的一系列解决方案中至少有了种植的一席之地。植树是一种精神行为,是一种给予生命、确认亲属关系的祈祷仪式,它让人们立即切实地扮演起看护人、家长和保护者的角色。即使是住在城市里的人,也可以走出去,写出一部生态史诗的前几行,尽管这部史诗可能要经历数百万次的波折,涉及跨越人类多个生命周期的昆虫、鸟类、蘑菇和风。只要我们完成了保护巨型森林所需的其他行动,即便种植树木对大气的气体平衡只能产生微不足道的短期影响,但它也会在种植者心中激起巨大的改变。

守护人类未来，一份来自森林的邀约

2020 年年中，像我们许多人一样，塔玛辛帕通过视频会议的屏幕，向我们讲述了他对人类选择的思考："有一次，我在给我爸爸读《创世记》，把《圣经》翻译成马鲁博语读给他听。我读到了关于伊甸园的部分，在那里夏娃吃了什么东西，不管是什么东西，然后就遇到了麻烦。这时我父亲说：'就是那里。那就是加那沃（Canavoã）给我们的地方。'"塔玛辛帕停顿了一会儿。加那沃是马鲁博人至高无上的神。"我想告诉你，有些地方仍然存在天堂。坐在小溪边听鸟鸣，那里就是我的天堂。我不知道如何用语言表达，但这就是我想向你解释的。""天堂"在马鲁博语中是 yovevõ may，它意味着一个充满和平、宁静和联结的圣地（见图 12-1）。

塔玛辛帕继续说道："人们需要理解地球，我们就住在地球上。有真正的物理问题在起作用……如果我们继续新冠肺炎疫情之前的活法，我们离世界末日就不远了。一切都取决于我们。你明白吗？我们可以在这里创造天堂或地狱。森林是这一决定的一部分，天堂还是地狱？这是加那沃留给我们的最后一样东西。"失去这个星球上完好无损的巨型森林,将使我们陷入与稳定的人类社会互不相容的气候轨道,数百万种生命形态会消失,而人类则会成为一支更加整齐划一的两足动物大军,在一块越来越死气沉沉的岩石上狂欢。这就是塔玛辛帕口中的地狱。

图 12-1 库鲁查河上游的马鲁博人的家园

资料来源:© Sebastião Salgado。

20 世纪 60 年代初,俄罗斯的环保主义学生发起了德鲁日纳运动（Druzhina movement）。任何一个从事环境保护工作的人,只要稍微内省一下,都可以理解这一运动。人们总是时不时地在想,我们的地球是不是命中注定要带着很多无辜的非人类地球公民成为一颗超新星。市场,这只强大的看不见的手，为被肢解的森林部分，如木材、猎物、泥炭和土壤，提供自动的奖励。与此同时，森林本身急需果断和坚定的集体行动，而在我们每个作为个体的人身上，娱乐消遣和自我放纵有时也会挤掉我们更慷慨和开明的本能而占据上风。

德鲁日纳运动由学生中的自然爱好者发起，同样，世界各地都有人每天一起床就继续尽其所能地推动、劝说和引导社会朝着有希望的环境轨道前进。重要的是，要将这视为一个长期的需要学习的科学和精神项目，并考虑到今后几百年的环境目标。这个项目具有足够的空间和生物适应性，人们关注大自然，我们可以想象（这想象不再是天马行空），很久以后，我们的子孙在一片大到他们无法想象的森林中行走，那里到处是鸟类、蕨类植物、蘑菇、鱼类、大型猫科动物、兰花、有袋目哺乳动物和其他形式的生命，这些生命度过了气候危机及其相关灾难的瓶颈期存活了下来。在他们的世界里，我们智人将更加充满力量，并学会了相互合作。我们将不再追求人口的高速增长，也不再使用诸如"自然资源"之类的古怪术语，转而采用其他方式来谈论这个我们与之有着明显血缘关系的星球，这一点是如此明显，以至于不需要再特别强调它。

世界上最像森林的大型建筑——西班牙建筑师安东尼奥·高迪（Antoni Gaudí）位于巴塞罗那的圣家族大教堂就是我们对完成这项工作所需耐心的例证。这座教堂的立柱上点缀着五颜六色的阳光分叉，延伸成锯齿状的花冠。这位建筑师的加泰罗尼亚现代主义风格将自然转化成了石头、铁和玻璃。这样的建筑是前所未有的，当石匠们在 1882 年铺好它的基石时，他们很可能对自己能看到最终完成的建筑不存一丝幻想。高迪本人于 1926 年去世。预计将在 21 世纪 20 年代竣工的圣家族大教堂提醒我们，这类作品是一代又一代人共同创作的，每一代都在上一代的基础上增添了一些东西。

我们的大教堂是为了学习或重新学习如何在地球上生活而建立的。我们在这里倡导的公园、原住民领地、无路化和森林恢复是我们需要立即为我们的"大教堂"添加的"基石"。它们是我们这个时代的贡献。如果树木繁茂的国家真的能成功地将一个拥有巨型森林，如广袤的马鲁博天堂般的地球传给下一代，那会是因为数百万人以前所未有的规模号召和组织了克制与合作的双重力量。共同的土地伦理将战胜我们各个派系的小算盘和短暂的人类放纵。

我们在这里提出的很多建议都是官僚体系和公职人员的事情。对于我们大多数不掌控森林政策操纵杆的人来说，我们如何才能在日常生活中做出保护巨型森林的行动？一些人认为，个体消费者的选择太少，无法产生影响力。改变需要从那些挖掘和搜刮全球最偏远地区的企业开始。另一种观点是，企业只是提供人们想要的东西，如果人们想要绿色能源和小型汽车，企业就会提供这些。在这种观点下，企业只是一个空心的容器，是消费者盲目的仆人。这两种观点都不对。买家和卖家是同一系统的不同部分。对企业进行泛泛的指责无济于事，企业虚伪的道德中立也同样无济于事。双方都需要直面这一挑战。

森林土地以两种方式完全融入我们的粮食、纤维和能源经济中。首先是作为潜在的原材料来源和种植场所。我们社会的物质需求越大，我们对森林的要求就越高，对于森林的使用则是越少越好。其次，我们的消费选择引发的气候变暖影响了森林。快速的变化肯定会瓦解一些生态网络，使一些物种灭绝，而这将需要很长时间的物种进化才能弥补。

所以，是的，我们的个人选择很重要。下次你盖房子或买房子时，考虑一个更小一点的房子，因为少用木材，意味着北方针叶林南部的采伐量会减少；少用铜线，意味着新几内亚和阿拉斯加山区的采矿量会减少；少用塑料管，意味着安第斯亚马孙山麓的油井数量会减少。诸如此类，对于组成房子的所有建筑材料，你都考虑是否能尽可能少地使用它们。你可以选择一辆小一点的车，骑自行车，在屋顶装上太阳能板，关掉暖气，关掉照明，关掉空调，使用晾衣绳，减少乘坐飞机的次数，多用视频聊天，少吃牛肉或根本不吃牛肉。购买可再生资源，但不要仅仅因为它是绿色资源就购买更多。

在撰写本书的过程中，我们走访了多个不同的森林民族，询问他们想让读者了解他们森林的哪些地方。这个问题的前提是，我们可以将他们给出的信息传达给那些希望帮助保护新几内亚荒野或遥远的泰加林的人，即使他们可能永远也不会到访这些地方。我们本以为接待我们的森林民族可能会揭示有关森林疗法、精神和食物的秘密。或者，他们可能会将气候变化趋势与河流干涸或永久冻土流失导致的土地隆胀联系起来。我们以为，他们可能会给出一些指示。

然而，他们传递给我们读者的最普遍的信息不是这些，而是一份邀请："叫他们来！"这句话通常是带着灿烂的笑容说出来的。因此，我们如实地传达这个信息：去看看那片大森林吧！居住在那里的人们希望你直接地、用你所有的感官去体验这些我们在字里行间竭尽所能给出的最好的暗示。一些大森林比你想象的更容易到达。所以，如果可以的话，就出发吧！

当然，情况可能是这样的：时间、金钱、你个人的碳预算、新冠肺炎疫情或其他一些因素会阻止你进入巨型森林的中心地带。不管你有没有机会去到亚马孙、刚果或西伯利亚，我们都还有一个额外的建议。

到户外去。常常到户外去，去任何地方，找到一片叶子，让它带着你心驰神往。看看它的叶脉三角洲。用手指轻触叶片的背面。尝尝它吧。看看它是否有绒毛。把它揉皱，再闻一闻。再走远点，去到任何规模的森林里，一片林间空地，一丛灌木，甚至只是一棵树下的一点地方，在那里，即使你还可以听到远处的汽车声和狗吠，你也可以坐在柔软不平的地面上，闭目冥想。想想周围的树木所见证的人类活动的线索，它们可能是以什么样的兴致或是怎样的冷漠静静旁观的。观察地面，想象一下菌丝和根系在交错间交换着糖分、水分、碳和信息，这是树木在蘑菇的辅助下进行的对话，流露出对彼此的关怀。留意光线穿过树叶在地面上投下的马赛克光影或是地上落下的针叶形成的编织网络。保持安静，鸟儿会进入树林。树木，即使是一小组，也能释放出单萜类物质来帮你减压、降低你的血压和心率，甚至还能激发你的多巴胺分泌。[1] 所以，在那里待足够长的时间来感受你的情绪变化，看着影子变短或变长。迎接一场雨、风雪或是黄昏的降临。让自己走一会儿神。

小森林就像大森林的分形旋钮。这里可能没有大象、狼、美洲虎、未接触外界的人类、猛犸象化石、保持世界纪录的生物多样性，地下也没有 3 米深的泥炭饼。但身边的树林是一个实用的地方，可以满足其他创造的需要。与它相会的重要性不仅仅在于陶醉其中。因为人类很容易产生错觉，也就是说，一旦停止了体验，我们就会以为我们对某件事已经有了足够的了解。在远方，真正的森林凝结成了静态的"森林"概念。而亲身体验迫使我们进行观察和探究，将我们与现实中仍然存在的那些令人难以置信的事物相连接。

我们坐在一辆丰田越野车的后座上，行进在刚果北部的一条土路上。灌木丛擦着车的侧面，这条小路通往一个叫作蒙迪卡的大猩猩研究营地。与我们同行的是一位名叫蒂埃里·法布里斯·埃博比（Thierry Fabrice Ebombi）的高个子年轻人，我们管他叫法布里斯（见图12-2）。他在离森林数百千米远的布拉柴维尔长大并上了大学。

2012年，法布里斯应聘并加入了戴夫·摩根在诺娃贝尔多基国家公园研究灵长类动物的项目。到达后不久，尽管之前并没有经验，他还是出人意料地被选去负责使大猩猩习惯人类的工作。法布里斯的上一任花了3年的时间，尝试说服以洛亚为首的银背大猩猩家族允许生物学家跟它们和谐共处，但几乎没有取得任何进展，于是在3年后突然辞去了工作。

法布里斯在出发面对洛亚之前仔细阅读了不少相关的资料。按照标准的适应方法，这可能需要花费一年的时间，还需要两个或两个以上的人跟随银背雄猩猩，直到它受够了，向人类发起反击。当发怒的、重达225公斤的大猩猩像一辆货运列车般冲向你时，正确的方法是坚守你的阵地，它们往往会在最后一刻停下来。经过反复的这般重复，大多数银背猩猩及其家人会得出结论，人类既不是威胁，也无法躲开，于是它们开始容忍，甚至接受人类，有时还会关照人类。一天，蒙迪卡营地附近的一只大猩猩对研究人员发出提醒，让他躲开了一条致命的犀咝蝰。

图 12-2　刚果共和国蒙迪卡研究营的蒂埃里·法布里斯·埃博比

"法布里斯是我们的大猩猩耳语者。"在车的后座上坐在法布里斯身旁的戴夫·摩根慢吞吞地说道。法布里斯正前往蒙迪卡营地，去开始适应一个新的大猩猩群。摩根透露，法布里斯设计了一种新方法，将适应过程缩短到了几个月。约翰想知道怎样才能让大猩猩更快地放松下来。他猜测，比如在正确的时间接近大猩猩，或者去的人少一些，也许是从某个特定的角度，或者当大猩猩一家分散出去觅食，只剩银背猩猩独自一人时。他请法布里斯这位大猩猩耳语者描述一下这项技术。

法布里斯·埃博比笑了。

"Il faut les aimer."

这是法语"你得爱它们"的意思。法布里斯没有进一步详细说明。毫无疑问，技术很重要，人类也已拥有很多技术。但他的提问者永远不会尝试与银背猩猩相互适应。然而，我们大家都可以运用我们各自的特殊技能和资源，做出其他方面的贡献，以拯救赋予生命的大森林，守护我们唯一的地球村。对于任何这样的努力，法布里斯·埃博比的五字箴言都是一个很好的开始。

卡罗尔看了我们的很多版草稿，一遍又一遍，多到我们自己都数不清了。她用剪刀、胶带、彩色记号笔、对双关含义的 X 光透视眼以及令人敬畏的对森林的热爱，引导我们走上了一条充满正直和友爱的道路，这比任何我们在没有她的情况下所能找到的东西都更为珍贵。

鲍勃·赫普纳（Bob Hepner）在生命的最后一年开始阅读我们所写的章节。他强打精神打来电话，与我们讨论每一个章节，给予我们有趣的评论和真诚的鼓励，并帮助我们为了读者着想而删除了一些内容（包括数学方程式！）。在与我们并肩完成初稿后，鲍勃离开了我们，在新墨西哥州器官山的峡谷中与世长辞。

我们非常感谢 W.W. 诺顿公司以及我们优秀的编辑约翰·格拉斯曼（John Glusman）和海伦·托迈德斯（Helen Thomaides）。格拉斯曼先生敏锐地意识到写作本书的必要性，并作出保证使我们能够撰写这本书。这两位编辑都清楚，要帮助我们完成这项任务，需要投入多大的精力。

塞巴斯蒂安·萨尔加多（Sebastião Salgado）在本书中贡献出了他拍摄

的数张照片，对此我们非常感激。几十年来，他的照片让我们在内心深处感受到了他拍摄的场所、人物以及他们的故事；他能参与本项目是我们莫大的荣幸。我们还要感谢另一位杰出的巴西摄影师马科斯·阿蒙德（Marcos Amend），感谢他拍摄的巨骨舌鱼。约翰的摄影技术之所以有所长进，很大程度上是因为他有很多机会在马科斯的三脚架旁边竖起他自己的三脚架以同步学习。对于本书的视觉呈现，我们还要感谢戴维·阿特金森（David Atkinson），他绘制的宏伟地图总是让我们迫不及待想去往那些地方。

感谢创作本书时为我们提供帮助的人们：感谢克里斯汀·汤普金斯为我们提供了位于智利巴塔哥尼亚公园的营地，在那里我们写下了本书最初的一些内容；感谢已故的安德鲁·蒂林（Andrew Tilin）的指导；感谢艾米·罗森塔尔（Amy Rosenthal）的牵线搭桥；感谢约翰·吉达（John Guida）和克里斯·康威（Chris Conway）将《纽约时报》的巨型电话借给我们使用；感谢我们的经纪人劳伦·夏普（Lauren Sharp），因为他比其他人更早看到了本书的可能性。

将我们的爱和最深的敬意献给在地球上最壮丽的森林中接待我们的主人。戴夫·摩根和来自国际野生生物保护学会、诺娃贝尔多基国家公园以及古阿卢戈三角洲猿类研究项目的好心人们与我们分享了刚果北部美丽的原始森林，还向我们讲述了它们的历史和细微差别，并介绍了该地区非凡的灵长类动物。非常感谢林肯动物园的史蒂夫·罗斯（Steve Ross）和吉利安·布劳恩（Jillian Braun），他们在卡车和独木舟上为约翰安排了一个位置。

特别感谢唐·里德和诺曼·巴里切洛，他们在育空地区接待了约翰。唐和他的同事希拉里·库克以及杰米·凯尼恩向我们分享了科学知识以及他们对极北地区富有感召力的奉献。诺曼向我们介绍了罗斯河社区，那里的长老克利福德·麦克劳德和约翰·阿克拉克热情地欢迎我们去到卡斯卡－德纳地区。诺曼还介绍我们认识了他的儿子乔希，乔希帮助我们翻译卡斯卡语，还对语言不光塑造人的思维，更会塑造人的行为这一点提出了他的见解。感谢凯特琳·贝克特（Caitlynn Beckett）分享她的研究之旅，感谢约翰·沃德（John Ward）在塔库河特林吉特县与我们分享美食和他的故事。

桑达纳研究所的优秀团队在 2020 年 2 月，在这一切仍然可能的最后时刻，带领约翰走访了西巴布亚的山地森林和沿海丛林。尤努斯·尤姆特、桑迪卡·阿里安西亚、贝特韦尔·耶瓦姆和阿古斯蒂努斯·塔夫兰（Agustinus Tafuran）也加入了穿越坦布劳乌山区的团队。我们非常感谢阿亚博基亚村，尤其是莫莫族人，让我们有机会在他们的传统土地上行走、睡觉和游泳。在克沃村，德里克·曼布拉萨尔及其家人在风暴中为我们提供了庇护，让我们在他们的低地森林中度过了美好的时光。我们还要感谢坦布劳乌县的县长加布里埃尔·阿塞姆（Gabriel Asem），感谢他在费夫的盛情款待，感谢他对保护他所统治的家园的非凡远见。

非常感谢谢尔盖·马特维耶维奇、诺布喇嘛、埃琳·卡玛加诺娃（Erjen Khamaganova）、玛丽亚·阿佐诺娃（Maria Azhunova）、阿列克谢·哈马加诺夫和仁钦·伽马埃夫（Rinchin Garmaev）在布里亚特和索约特地区给予我们的热情欢迎，以及对他们世界的中心贝加尔湖中的水生物的介绍。

约翰特别感谢查瓦利河谷原住民地区的人们：卡纳玛丽人、科鲁博人、库利纳人（Kulina）、马鲁博人、马茨人（马约鲁纳人）、马蒂斯人（Matís）和佐霍姆迪亚帕人（Tsohom Dyapá），因为他们让约翰有机会在尼亚泰罗组织的日常工作中与他们一起工作和学习。也要感谢查瓦利印第安人基金会的人们。

约翰还要向他的雇主尼亚泰罗组织表示由衷的感谢，尼亚泰罗给他提供了休假、耐心与精神支持，而最重要的是教育。谢谢大家！约翰还要特别感谢克里斯·菲拉迪（Chris Filardi）给予的谈话、鸟鸣以及所有智力和精神上的馈赠。还要感谢约翰在保护策略基金会工作多年的前同事们所做的最出色的工作和你们教给他的一切。

汤姆对与我们一起分享亚马孙的兴奋和欢乐的一众科学家、学生和其他人表示永远的感谢。深切感谢伊丽莎白·库森斯（Elisabeth Cousens）和联合国基金会理解森林的重要性，感谢卡门·桑代克（Carmen Thorndike）一直以来为我们提供的令人愉快和使人惊叹的援助。

当我们一次又一次地提出问题时，有一些人的耐心值得特别提及。他们回答了我们的问题，与我们分享文章，把我们和其他能给出解答的人联系起来，并阅读了本书的各个部分，以确保我们写作内容的正确。这些人包括彼得·波塔波夫，斯维特拉纳·图鲁巴诺娃，瓦莱里·库尔图瓦，戴夫·摩根，史蒂夫·卡利克，穆巴里克·艾哈迈德，汤姆·埃凡斯（Tom Evans），塔玛辛帕，布鲁斯·比埃（Bruce Beehlher），戴维·戈登（David Gordon），多米尼克·比卡巴，伊洛娜·朱拉夫列娃，杰西·霍斯蒂，胡安·张（Juan Chang），乔纳·布施，保罗·穆蒂尼奥，丽塔·梅斯基塔，马里奥·科恩-哈夫特，马科斯·阿蒙德，诺奈特·洛约（Nonette Royo），纳迪纳·拉波特（Nadine Laporte），马兹·哈尔夫丹·列，弗拉基米尔·克雷维（Vladimir Krever），安德烈·谢格勒维（Andrey Shegolev），迈克尔·科埃，亚历山德拉·艾肯瓦尔德，维多利亚·塔利-科尔普斯和詹妮弗·科尔普斯（Jennifer Corpuz）。我们还要感谢其他参与采访和提供信息的人。

国际野生生物保护学会是保护未受侵扰的原始森林事业的全球领袖，在我们所写到的大多数地区都为我们提供了巨大帮助。俄罗斯绿色和平组织在地图和研究方面提供了巨大的帮助，马里兰大学的全球土地分析与发现实验室也是如此。

罗杰·肯特（Roger Kent），鲁尼·卡瑞什（Ronnie Karish），尼克·桑德斯（Nick Sanders），达瑞·伯林（Darryl Berlin）和凯瑟琳·菲拉迪（Catherine Filardi）都对这本书初稿的完成提供了帮助。一切刚开始时，伊丽莎白·广安（Elizabeth Hiroyasu），弗吉尼亚·瑞恩（Virginia Ryan）和杰西卡·里德为我们提供了出色的帮助。杰西卡还读了一些更松散的章节，并在适当的时候鼓励我："这很好，爸爸，真的。"

最后，我们谨向一直保护着照看人类的森林的人们——原住民部落、科学家、环保人士、政府官员和领导人致以最深切的感谢。

玻利维亚埃纳塔华河的鹅卵石

前　言　地球之肺，世界上仅存的五座巨型森林

1. J. P. Brandt, "The Extent of the North American Boreal Zone," *Environmental Reviews*17 (June 2009): 101-161.

2. Joeri Rogelj et al., "Mitigation Pathways Compatible with 1.5℃ in the Context of Sustainable Development," in *Global Warming of 1.5℃. An IPCC Special Report on the Impacts of Global Warming of 1.5℃ above Pre-Industrial Levels and Related Global Greenhouse Gas Emission Pathways, in the Context of Strengthening the Global Response to the Threat of Climate Change, Sustainable Development, and Efforts to Eradicate Poverty* (Geneva: Intergovernmental Panel on Climate Change, 2018), 82.

3. Daniel H. Rothman et al., "Methanogenic Burst in the End-Permian Carbon Cycle," *Proceedings of the National Academy of Sciences of the USA* 111, no. 15 (April 15, 2014): 5462-5467; Hana Jurikova et al., "Permian-Triassic Mass Extinction Pulses Driven by Major Marine Carbon Cycle Perturbations," *Nature Geoscience* 13, no. 11 (November 2020): 745-750; Kunio Kaiho et al., "Pulsed Volcanic Combustion Events Coincident with the End-Permian Terrestrial Disturbance and the Following Global Crisis," *Geology*, November 4, 2020.

4. Kevin A. Simonin and Adam B. Roddy, "Genome Downsizing, Physiological Novelty, and the Global Dominance of Flowering Plants," *PLOS Biology* 16, no. 1 (January 11,

2018): e2003706.

5. Peter Potapov et al., "The Last Frontiers of Wilderness: Tracking Loss of Intact Forest Landscapes from 2000 to 2013," *Science Advances* 3, no. 1 (January 2017): e1600821.

6. Corey J.A. Bradshaw and Ian G. Warkentin, "Global Estimates of Boreal Forest Carbon Stocks and Flux," *Global and Planetary Change* 128 (May 2015): 24–30; "Global CO2 Emissions in 2019—Analysis," IEA, accessed November 16, 2020.

7. Jonah Busch, "What Does the Resurgence in Carbon Pricing Mean for Tropical Deforestation?," Center For Global Development, 2016; Jonah Busch and Jens Engelmann, "The Future of Forests: Emissions from Tropical Deforestation with and without a Carbon Price, 2016–2050," *SSRN Electronic Journal*, 2015.

8. James E. M. Watson et al., "The Exceptional Value of Intact Forest Ecosystems," *Nature Ecology & Evolution* 2, no. 4 (April 2018): 599–610; Brendan Mackey et al., "Policy Options for the World's Primary Forests in Multilateral Environmental Agreements," *Conservation Letters* 8, no. 2 (2015): 139–147.

9. " 'New Species of Monkey' Discovered in Amazon Rainforest," *The Independent*, December 23, 2019.

10. Robert M. W. Dixon and Alexandra Y. Aikhenvald, eds., *The Amazonian Languages*, Cambridge Language Surveys (Cambridge, UK; New York: Cambridge University Press, 1999), 1.

11. Julia E. Fa et al., "Importance of Indigenous Peoples' Lands for the Conservation of Intact Forest Landscapes," *Frontiers in Ecology and the Environment* 18, no. 3 (April 2020).

12. Wayne S. Walker et al., "The Role of Forest Conversion, Degradation, and Disturbance in the Carbon Dynamics of Amazon Indigenous Territories and Protected Areas," *Proceedings of the National Academy of Sciences of the USA* 117, no. 6 (February 2020): 3015–3025; Christoph Nolte et al., "Governance Regime and Location Influence Avoided Deforestation Success of Protected Areas in the Brazilian Amazon," *Proceedings of the National Academy of Sciences of the USA* 110, no. 13 (March 26,

2013): 4956-4961.

13. Philip Connors, *Fire Season: Field Notes from a Wilderness Lookout* (New York: Ecco, 2011).

第 1 章　维护现有森林系统，将管理权还给森林

1. Matt Richtel, "Now It's Not Safe at Home Either. Wildfires Bring Ashen Air into the House," *New York Times*, September 12, 2020, sec. Health.

2. Rogelj et al., "Mitigation Pathways Compatible with 1.5°C in the Context of Sustainable Development"；*Climate Change and Land*. An IPCC special report, accessed November 30, 2019.

3. Frances Seymour and Jonah Busch, *Why Forests? Why Now? The Science, Economics, and Politics of Tropical Forests and Climate Change* (Washington, DC: Center for Global Development, 2016).

4. Rogelj et al., "Mitigation Pathways Compatible with 1.5°C in the Context of Sustainable Development."

5. Seymour and Busch, *Why Forests?*

6. Cheryl Katz, "Small Pests, Big Problems: The Global Spread of Bark Beetles," *Yale Environment 360*, September 21, 2017.

7. *Global Warming of 1.5 oC*, IPCC special report, accessed August 25, 2020; *Graphics—Global Warming of 1.5 oC*, IPCC, accessed August 25, 2020.

8. Scott A. Kulp and Benjamin H. Strauss, "New Elevation Data Triple Estimates of Global Vulnerability to Sea-Level Rise and Coastal Flooding," *Nature Communications* 10, no. 1 (October 29, 2019): 4844.

9. UNFCCC, *Paris Agreement*, accessed Jan-uary 6, 2021.

10. Potapov et al., "The Last Frontiers of Wilderness."

11. Sean L. Maxwell et al., "Degradation and Forgone Removals Increase the Carbon Impact of Intact Forest Loss by 626%," *Science Advances* 5, no. 10 (October 1, 2019):

eaax2546.

12. Bradshaw and Warkentin, "Global Estimates of Boreal Forest Carbon Stocks and Flux" ; "Peatland Fires and Carbon Emissions." Natural Resources Canada, November 8, 2012.

13. Bradshaw and Warkentin, "Global Estimates of Boreal Forest Carbon Stocks and Flux."

14. Y. Pan et al., "A Large and Persistent Carbon Sink in the World's Forests," *Science* 333, no. 6045 (August 19, 2011): 988–993; Bradshaw and Warkentin, "Global Estimates of Boreal Forest Carbon Stocks and Flux."

15. L. L. Bourgeau-Chavez et al., "Mapping Peatlands in Boreal and Tropical Ecoregions," in *Comprehensive Remote Sensing*, Vol. 6 (Amsterdam: Elsevier, 2018), 24–44.

16. James Gorman, "Is This the World's Most Diverse National Park?," *New York Times*, May 22, 2018, sec. Science; "Two-and-a-Half-Year Expedition Ends in World's Most Biodiverse Protected Area: Identidad Madidi Finds 124 Taxa That Are Candidates for New Species to Science," ScienceDaily.

17. Charles Darwin, *On the Origin of Species*, illustrated ed. (New York: Sterling, 2008), 391.

18. Robert H. MacArthur and Edward O. Wilson, *The Theory of Island Biogeography* (Princeton, NJ: Princeton University Press, 1967), 3–4.

19. Smithsonian Institution, "Barro Colorado," Smithsonian Tropical Research Institute (Smithsonian Tropical Research Institute, October 31, 2016).

20. William F. Laurance et al., "Ecosystem Decay of Amazonian Forest Fragments: A 22-Year Investigation," *Conservation Biology* 16, no. 3 (2002).

21. Laurance et al., "Ecosystem Decay of Amazonian Forest Fragments."

22. Laurance et al., "Ecosystem Decay of Amazonian Forest Fragments."

23. Terry Brncic, "Results of the 2016–2017 Large Mammal Survey of the Ndoki-Likouala Landscape" (Wildlife Conservation Society, n.d.).

24. Fabio Berzaghi et al., "Carbon Stocks in Central African Forests Enhanced by Elephant

Disturbance," *Nature Geoscience* 12, no. 9 (September 2019): 725–729.

25. John R. Poulsen, Connie J. Clark, and Todd M. Palmer, "Ecological Erosion of an Afrotropical Forest and Potential Consequences for Tree Recruitment and Forest Biomass," *Biological Conservation*, Special Issue: Defaunation's Impact in Terrestrial Tropical Ecosystems, 163 (July 1, 2013).

26. Carlos A. Peres et al., "Dispersal Limitation Induces Long-Term Biomass Collapse in Overhunted Amazonian Forests," *Proceedings of the National Academy of Sciences of the USA* 113, no. 4 (January 26, 2016): 892–897.

27. Lucas N. Paolucci et al., "Lowland Tapirs Facilitate Seed Dispersal in Degraded Amazonian Forests," *Biotropica* 51, no. 2 (2019): 245–252.

28. Lera Miles et al., "A Safer Bet for REDD+: Review of the Evidence on the Relationship between Biodiversity and the Resilience of Forest Carbon Stocks," Working paper v2, Multiple Benefits Series (Cambridge, UK: UN-REDD Programme, UNEP World Conservation Monitoring Centre, 2010).

29. Ralph Chami et al., "On Valuing Nature-Based Solutions to Climate Change: A Framework with Application to Elephants and Whales," *SSRN Electronic Journal*, 2020.

30. Anand M. Osuri et al., "Contrasting Effects of Defaunation on Aboveground Carbon Storage across the Global Tropics," *Nature Communications* 7 (April 25, 2016).

31. Christer Jansson et al., "Phytosequestration: Carbon Biosequestration by Plants and the Prospects of Genetic Engineering," *BioScience* 60, no. 9 (October 2010).

32. G. Bala et al., "Combined Climate and Carbon-Cycle Effects of Large-Scale Deforestation," *Proceedings of the National Academy of Sciences of the USA* 104, no. 16 (April 17, 2007): 6550–6555.

33. Deborah Lawrence et al., "Biophysical Effects of Forests on Climate: Toward a More Complete View of Climate Mitigation" (unpublished manuscript, 2020).

34. S. Yachi and M. Loreau, "Biodiversity and Ecosystem Productivity in a Fluctuating Environment: The Insurance Hypothesis," *Proceedings of the National Academy*

of Sciences of the USA 96, no. 4 (February 16, 1999): 1463-1468; Clarence L. Lehman and David Tilman, "Biodiversity, Stability, and Productivity in Competitive Communities," *American Naturalist* 156, no. 5 (2000): 19.

第 2 章　未受侵扰的森林，地球运转的核心

1. Dirk Bryant, Daniel Nielsen, and Laura Tangley, *The Last Frontier Forests: Ecosystems & Economies on the Edge: What Is the Status of the World's Remaining Large, Natural Forest Ecosystems?* (Washington, DC: World Resources Institute, Forest Frontiers Initiative, 1997), 11.

2. Alexey Yu Yaroshenko, Peter V. Potapov, and Svetlana A. Turubanova, *The Last Intact Forest Landscapes of Northern European Russia* (Moscow: Greenpeace, Russia, 2001), 28.

3. Dmitry Aksenov and Yekaterina Belozerova, *Atlas of Russia's Intact Forest Landscapes* (Moscow; Washington, DC: Global Forest Watch, 2002).

4. Tony Reichhardt, "Research to Benefit from Cheaper Landsat Images," *Nature* 400, no. 6746 (August 1, 1999): 702.

5. Potapov et al., "The Last Frontiers of Wilderness"; Peter Potapov, "IFL_2016_national_share" (Excel worksheet provided to authors, May 20, 2020).

6. R. Woodroffe, "Edge Effects and the Extinction of Populations Inside Protected Areas," *Science* 280, no. 5372 (June 26, 1998): 2126-2128.

7. L.A. Venier et al., "A Review of the Intact Forest Landscape Concept in the Canadian Boreal Forest: Its History, Value, and Measurement," *Environmental Reviews* 26, no. 4 (December 2018): 369-377.

8. MacArthur and Wilson, *The Theory of Island Biogeography*, 8.

9. H. S. Grantham et al., "Anthropogenic Modification of Forests Means Only 40% of Remaining Forests Have High Ecosystem Integrity," *Nature Communications* 11, no. 1 (December 8, 2020): 5978.

第 3 章 北方森林，泰加林与北美巨型森林

1. "Taiga—Wiktionary," accessed August 25, 2020.

2. Kullervo Kuusela, "The Boreal Forests: An Overview," *Unasylva* 43, no. 170 (1992/3); Taiga Rescue Network, "Boreal Forest Fact Sheet," accessed July 21, 2020.

3. S. A. Bartelev et al., *Russia's Forests: Dominating Forest Types and Their Canopy Density* (Moscow: Russian Academy of Sciences; Global Forest Watch; Greenpeace Russia, 2006).

4. E.-D. Schulze et al., "Succession after Stand Replacing Disturbances by Fire, Wind Throw, and Insects in the Dark Taiga of Central Siberia," *Oecologia* 146, no. 1 (November 1, 2005): 77-88.

5. Anatoly P. Abaimov et al., *Variability and Ecology of Siberian Larch Species*, technical report (Uppsala, Sweden: Swedish University of Agricultural Sci-ences, Department of Silviculture, 1998).

6. Martti Venäläinen et al., "Decay Resistance, Extractive Content, and Water Absorption Capacity of Siberian Larch (*Larix sibirica* Lebed.) Heartwood Timber," *Holzforschung* 60, no. 1 (January 1, 2006): 99-103.

7. V. K. Arsenyev, *Across the Ussuri Kray: Travels in the Sikhote-Alin Mountains*, trans. Jonathan C. Slaght (Bloomington: Indiana University Press, 2016).

8. Jonathan C. Slaght, *Owls of the Eastern Ice: A Quest to Find and Save the World's Largest Owl* (New York: Farrar, Straus and Giroux, 2020), 27-28, 32-33.

9. Arsenyev, *Across the Ussuri Kray*, 84, 295, 370.

10. Potapov, "IFL_2016_national_share."

11. Potapov et al., "The Last Frontiers of Wilderness."

12. "Wildfires in Russia," accessed September 28, 2019.

13. "Wildfires in Russia."

14. "List of Federal Subjects of Russia by GDP per Capita," in *Wikipedia*, August 15, 2020.

15. Josh Newell, *The Russian Far East: A Reference Guide for Conservation and Development*, 2nd ed. (McKinleyville, CA: Daniel & Daniel, 2004), 342.

16. Jeff Wells, Diana Stralberg, and David Childs, *Boreal Forest Refuge: Conserving North America's Bird Nursery in the Face of Climate Change* (Seattle, WA: Boreal Songbird Inititiative, 2018), 6.

17. *Coastal Temperate Rain Forests: Ecological Characteristics, Status and Distribution Worldwide* (Portland, OR: Ecotrust and Conservation International, 1992).

18. Potapov et al., "The Last Frontiers of Wilderness"；Potapov, "IFL_2016_national_share."

19. Matt Bowser, "Spruce Mast Events: Feast or Famine," *US Fish and Wildlife Service Kenai National Wildlife Refuge Notebook* 16, no. 31 (2014): 1-2.

20. Suzanne W. Simard and Daniel M. Durall, "Mycorrhizal Networks: A Review of Their Extent, Function, and Importance," *Canadian Journal of Botany* 82, no. 8 (August 2004).

21. C. R. Stokes, "Deglaciation of the Laurentide Ice Sheet from the Last Glacial Maximum," *Cuadernos de Investigación Geográfica* 43, no. 2 (September 15, 2017).

22. Environment and Climate Change Canada, *Extent of Canada's Wetlands*, 2016.

23. Scott Weidensaul and Jeffrey V. Wells, "Saving Canada's Boreal Forest," *New York Times*, May 30, 2015, sec. Opinion. Wells et al., *Boreal Forest Refuge*, 6-7; "Boreal Birds," Boreal Songbird Initiative, February 28, 2014.

24. Potapov et al., "The Last Frontiers of Wilderness"；Potapov, "IFL_2016_national_share."

25. Chelene C. Hanes et al., "Fire-Regime Changes in Canada over the Last Half Century," *Canadian Journal of Forest Research* 49, no. 3 (March 2019): 256-269; Eric S. Kasischke and Merritt R. Turetsky, "Recent Changes in the Fire Regime across the North American Boreal Region—Spatial and Temporal Patterns of Burning across Canada and Alaska," *Geophysical Research Letters* 33, no. 9 (2006): L09703.

26. Carissa D. Brown and Jill F. Johnstone, "Once Burned, Twice Shy: Repeat Fires

Reduce Seed Availability and Alter Substrate Constraints on *Picea mariana* Regeneration," *Forest Ecology and Management* 266 (February 2012): 34–41.

27. Jill F. Johnstone et al., "Fire, Climate Change, and Forest Resilience in Interior Alaska," *Canadian Journal of Forest Research* 40, no. 7 (July 2010).

28. "Alaska-Canada Climate-Biome Shifts," SNAP, accessed December 6, 2020.

29. Erika L. Rowland et al., "Examining Climate-Biome ('Cliome') Shifts for Yukon and Its Protected Areas," *Global Ecology and Conservation* 8 (October 1, 2016): 1–17.

30. Mark G. Anderson and Charles E. Ferree, "Conserving the Stage: Climate Change and the Geophysical Underpinnings of Species Diversity," ed. Justin Wright, *PLOS ONE* 5, no. 7 (July 14, 2010): e11554.

31. Government of Canada, Indigenous and Northern Affairs Canada, *Remediating Faro Mine in the Yukon*, report, November 24, 2016; Dave Croft, "Massive Faro Mine Clean-up Will Begin in 2022, Two Decades after Closure," CBC, June 27, 2017; "Whitehorse Daily Star: Cost of Faro Project Forecast to Exceed $500 Million This Year," *Whitehorse Daily Star*, accessed March 15, 2021.

32. Croft, "Massive Faro Mine Clean-up Will Begin in 2022."

33. Government of Canada, Indigenous and Northern Affairs Canada, *Faro Mine Remediation Project: Surface Water Quality Monitoring Baseline Report, Winter 2018*, report, August 10, 2018.

34. Alaska Department of Fish and Game, "Bristol Bay Daily Salmon Run Summary," accessed August 31, 2020.

35. Henry Fountain, "An Alaska Mine Project Might Be Bigger Than Acknowledged," *New York Times*, September 21, 2020, sec. Climate.

36. Jackie Hong, "RRDC to Require Non-Kaska Hunters in Ross River Area to Get Special Permit," *Yukon News*, June 22, 2018.

37. Liam Harrap, "Fractured Forest," *Alberta Views—The Magazine for Engaged Citizens* (blog), May 1, 2020.

38. Environment and Natural Resources, Government of the Northwest Territories, "8.2

Seismic Line Density," 2, accessed August 24, 2020.

39. Environment and Climate Change Canada, *Woodland Caribou, Boreal Population* (*Rangifer tarandus caribou): Amended Recovery Strategy Proposed 2019*, November 27, 2020.

40. Environment and Climate Change Canada, *Woodland Caribou (*Rangifer tarandus caribou): Recovery Strategy Progress Report 2012 to 2017*, program results; September 29, 2017; Dave Hervieux et al., "Managing Wolves (*Canis lupus*) to Recover Threatened Woodland Caribou (*Rangifer tarandus caribou*) in Alberta," *Canadian Journal of Zoology* 92, no. 12 (December 2014): 1029–1037; Robert Serrouya et al., "Saving Endangered Species Using Adaptive Management," *Proceedings of the National Academy of Sciences of the USA* 116, no. 13 (March 26, 2019): 6181–6186, "Movement Responses by Wolves to Industrial Linear Features and Their Effect on Woodland Caribou in Northeastern Alberta," *Ecological Applications* 21, no. 8 (December 2011).

41. Xanthe J. Walker et al., "Increasing Wildfires Threaten Historic Carbon Sink of Boreal Forest Soils," *Nature* 572, no. 7770 (August 2019).

第 4 章　南方雨林，亚马孙、刚果与新几内亚雨林

1. Gorman, "Is This the World's Most Diverse National Park?"

2. "Amazon | Places | WWF," World Wildlife Fund, accessed January 26, 2020.

3. "Amazon | Places | WWF."

4. Michael Goulding, Ronaldo Barthem, and Efrem Jorge Gondim Ferreira, *The Smithsonian Atlas of the Amazon* (Washington, DC: Smithsonian Books, 2003), 215–216.

5. Michael T. Coe et al., "The Hydrology and Energy Balance of the Amazon Basin," in *Interactions between Biosphere, Atmosphere and Human Land Use in the Amazon Basin*, ed. Laszlo Nagy, Bruce R. Forsberg, and Paulo Artaxo, Ecological Studies (Berlin, Heidelberg: Springer, 2016), 35–53.

6. Eneas Salati et al., "Recycling of Water in the Amazon Basin: An Isotopic Study," *Water Resources Research* 15, no. 5 (1979): 1250–1258.

7. Thomas E. Lovejoy and Carlos Nobre, "Amazon Tipping Point," *Science Advances* 4, no. 2 (February 2018): eaat2340.

8. José Maria Cardoso Da Silva, Anthony B. Rylands, and Gustavo A. B. Da Fonseca, "The Fate of the Amazonian Areas of Endemism," *Conservation Biology* 19, no. 3 (2005): 689–94; "Amazon | Places | WWF."

9. Rafael F. Jorge, Miquéias Ferrão, and Albertina P. Lima, "Out of Bound: A New Threatened Harlequin Toad (Bufonidae, *Atelopus*) from the Outer Borders of the Guiana Shield in Central Amazonia Described through Integrative Taxonomy," *Diversity* 12, no. 8 (August 2020): 310.

10. Warren Dean, *Brazil and the Struggle for Rubber: A Study in Environmental History*, 1st paperback ed., Studies in Environment and History (Cambridge, UK: Cambridge University Press, 1987), 16–24, 46.

11. Zephyr Frank and Aldo Musacchio, "The International Natural Rubber Market, 1870–1930," EH.net, accessed February 6, 2020.

12. Potapov et al., "The Last Frontiers of Wilderness."

13. "A Taxa Consolidada de Desmatamento Por Corte Raso Para Os Nove Estados Da Amazônia Legal (AC, AM, AP, MA, MT, PA, RO, RR e TO) Em 2019 é de 10.129 Km2" [The consolidated rate of clear-cut deforestation for the nine states of the legal Amazon (AC, AM, AP, MA, MT, PA, RO, RR and TO) in 2019 is 10,129 km2], Coordenação-Geral de Observação Da Terra, Instituto Nacional de Pesquisas Espaciais [General coordination of Earth observation, National Institute for Space Research], accessed August 23, 2020.

14. Reuters, "Brazil Amazon Deforestation Hits 12-Year High Under Bolsonaro," *New York Times*, November 30, 2020, sec. World.

15. Yadvinder Malhi et al., "African Rainforests: Past, Present and Future," *Philosophical Transactions of the Royal Society B: Biological Sciences* 368, no. 1625 (September 5,

2013): 20120312.

16. "The Congo Basin Forest," Global Forest Atlas, accessed Janu-ary 27, 2020.

17. "Congo Basin Ecoregions," Global Forest Atlas.

18. Andrew J. Plumptre et al., "The Biodiversity of the Albertine Rift," *Biological Conservation* 134, no. 2 (January 2007): 178-194.

19. "Sud-Kivu—Democratic Republic of the Congo | Data and Statistics," Knoema, accessed May 28, 2021; "Nord-Kivu—Democratic Republic of the Congo | Data and Statistics," Knoema; "Congo (Dem. Rep.): Provinces, Major Cities & Towns—Population Statistics, Maps, Charts, Weather and Web Infor-mation," .

20. "Population Density (People per Sq. Km of Land Area)—Gabon," data, accessed July 15, 2020.

21. Rhett A. Butler, "The Congo Rainforest," Mongabay, accessed October 5, 2019.

22. Jefferson S. Hall et al., "Resource Acquisition Strategies Facilitate *Gilbertiodendron dewevrei* Monodominance in African Lowland Forests," ed. James Dalling, *Journal of Ecology* 108, no. 2 (March 2020): 433-48, "Tropical Monodominant Forest Resil-ience to Climate Change in Central Africa: A *Gilbertiodendron dewevrei* Forest Pollen Record over the Past 2,700 Years," *Journal of Vegetation Science* 30, no. 3 (2019): 575-586.

23. Greta C. Dargie et al., "Age, Extent and Carbon Storage of the Central Congo Basin Peatland Complex," *Nature* 542 (January 11, 2017): 86.

24. Adam Hochschild, *King Leopold's Ghost: A Story of Greed, Terror, and Heroism in Colonial Africa* (Boston: Houghton Mifflin, 1998).

25. Joseph Conrad, *Heart of Darkness*, ed. Robert Kimbrough, 2nd ed, a Norton Critical Edition (New York: W. W. Norton, 1971), 23, 69; Hochschild, *King Leopold's Ghost*, 49.

26. Hochschild, *King Leopold's Ghost*.

27. Adetunji J Aladesanmi, "*Tetrapleura tetraptera*: Molluscicidal Activity and Chemical Constituents," *African Journal of Traditional, Complementary, and Alternative*

Medicines 4, no. 1 (August 28, 2006): 23–36.

28. "Do Gorillas Use Plants as Medicine?," Dian Fossey Gorilla Fund, August 9, 2009; Don Cousins and Michael A Huffman, "Medicinal Properties in the Diet of Gorillas: An Ethno-Pharmacological Evaluation," *African Study Monographs* 23, no. 2 (June 2002): 65–89; Joel Shurkin, "News Feature: Animals That Self-Medicate," *Proceedings of the National Academy of Sciences of the USA* 111, no. 49 (December 9, 2014): 17339–17341.

29. Jeanna Bryner, "8 Human-Like Behaviors of Primates," livescience.com, July 29, 2011, accessed January 2, 2021.

30. C Sanz and D Morgan, "Chimpanzee Tool Technology in the Goualougo Triangle, Republic of Congo," *Journal of Human Evolution* 52, no. 4 (April 2007): 420–433.

31. S. T. Ndolo Ebika et al., "*Ficus* Species in the Sangha Trinational, Central Africa," *Edinburgh Journal of Botany* 75, no. 3 (November 2018): 377–420.

32. Serge Bahuchet, "Changing Language, Remaining Pygmy," *Human Biology* 84, no. 1 (February 2012): 11–43.

33. Sam Lawson, *Illegal Logging in the Democratic Republic of the Congo*, Chatham House, April 2014, 2.

34. A. A. Warsame, "Democratic Republic of the Congo's Government Reinstates Illegal Logging Concessions in Breach of Its Own Moratorium," *Mareeg.Com Somalia, World News and Opinion.* (blog), February 20, 2018.

35. N. T. Laporte et al., "Expansion of Industrial Logging in Central Africa," *Science* 316, no. 5830 (June 8, 2007): 1451.

36. Dale Peterson, *Eating Apes* (Berkeley: University of California Press, 2004), 46, 156–160.

37. David Morgan et al., "Impacts of Selective Logging and Associated Anthropogenic Disturbance on Intact Forest Landscapes and Apes of Northern Congo," *Frontiers in Forests and Global Change* 2 (July 3, 2019): 28.

38. Potapov et al., "The Last Frontiers of Wilderness."

39. FSC passed a motion: Forest Stewardship Council, General Assembly, September 2014, *Report on Results of Motions Voted on at the 2014 General Assembly*, October, 2014, 11-12.

40. Gillian L. Galford et al., "Will Passive Protection Save Congo Forests?," *PLOS ONE* 10, no. 6 (June 24, 2015): e0128473.

41. Much of our description of New Guinea is based on Bruce M. Beehler, *New Guinea: Nature and Culture of Earth's Grandest Island* (Princeton, NJ: Princeton University Press, 2020), 40.

42. Hugh L. Davies, "The Geology of New Guinea—The Cordilleran Margin of the Australian Continent," *Episodes* 35, no. 1 (March 1, 2012): 87-102.

43. Beehler, *New Guinea*, 27.

44. John Langdon Brooks, *Just before the Origin: Alfred Russel Wallace's Theory of Evolution* (New York: Columbia University Press, 1984), 181-183.

45. Beehler, *New Guinea*, 123.

46. Beehler, *New Guinea*,123-124.

47. Beehler, *New Guinea*, 18.

48. Beehler, *New Guinea*, 49-51.

49. William Souder, "How Two Women Ended the Deadly Feather Trade," *Smithsonian Magazine*, March 2013, accessed January 29, 2020.

50. Phil L. Shearman et al., "Forest Conversion and Degradation in Papua New Guinea 1972-2002," *Biotropica* 41, no. 3 (May 2009): 379-390.

51. Jane E. Bryan and Phil L. Shearman, eds., *The State of the Forests of Papua New Guinea 2014: Measuring Change over the Period 2002-2014* (Port Moresby: University of Papua New Guinea, 2015), 17.

52. Potapov, "IFL_2016_national_share."

53. Mohammed Alamgir et al., "Infrastructure Expansion Challenges Sustainable Development in Papua New Guinea," ed. Govindhaswamy Umapathy, *PLOS ONE* 14, no. 7 (July 24, 2019): e0219408; Papau New Guinea Department of National

Planning & Monitoring, "Medium Term Development Plan III (2018–2022) Volume 1," December 11, 2018; Papau New Guinea Department of National Planning & Monitoring, "Medium Term Development Plan III (2018–2022) Volume 2," December 11, 2018.

54. David Gaveau, "Drivers of Forest Loss in Papua and West Papua," Center for International Forestry Research, 2019.

55. Belinda Arunarwati Margono et al., "Primary Forest Cover Loss in Indonesia over 2000–2012," *Nature Climate Change* 4, no. 8 (August 2014).

56. Susan Schulman, "The $100bn Gold Mine and the West Papuans Who Say They Are Counting the Cost," *The Guardian*, November 2, 2016, sec. Global development; Jane Perlez and Raymond Bonner, "Below a Mountain of Wealth, a River of Waste" *New York Times*, December 27, 2005, sec. World.

57. Gaveau, "Drivers of Forest Loss in Papua and West Papua."

58. "Indonesia's Point Man for Palm Oil Says No More Plantations in Papua," Mongabay Environmental News, March 2, 2020.

第 5 章　思想的森林，多样的人类文化

1. "Wade Davis, Why Indigenous Languages Matter," *Canadian Geographic*, October 1, 2019, accessed August 30, 2020.

2. Wade Davis, *One River: Explorations and Discoveries in the Amazon Rain Forest* (New York: Simon & Schuster, 1996), 218.

3. "UNESCO Atlas of the World's Languages in Danger," accessed March 9, 2021; Lyle Campbell et al., "New Knowledge: Findings from the *Catalogue of Endangered Languages* ('ELCat')," 3rd International Conference on Language Documentation & Conservation, Hawai'i, February 28–March 3, 2013, 17.

4. "How Many Languages Are There in the World?," Ethnologue, May 3, 2016.

5. "About SIL: Our History," SIL International, May 1, 2012.

6. Bill Palmer, ed., *The Languages and Linguistics of the New Guinea Area: A Comprehensive Guide*, The World of Linguistics, Vol. 4 (Berlin: De Gruyter Mouton, 2018).

7. Jared M. Diamond, "The Language Steamrollers," *Nature* 389, no. 6651 (October 1997): 544–546.

8. Palmer, *The Languages and Linguistics of the New Guinea Area*, 1, 9.

9. R. Nugroho, "The Origins and Development of Bahasa Indonesia," *PMLA/Publications of the Modern Language Association of America* 72, no. 2 (April 1957): 23–28.

10. Beehler, *New Guinea*, 33–34.

11. Daniel Nettle, "Explaining Global Patterns of Language Diversity," *Journal of Anthropological Archaeology* 17, no. 4 (December 1998): 354–374.

12. Xia Hua et al., "The Ecological Drivers of Variation in Global Language Diversity," *Nature Communications* 10, no. 1 (December 2019): 2047.

13. Antenor Vaz, *Pueblos Indígenas en Aislamiento: Territorios y desarrollo en la Amazonia y Gran Chaco* [Isolated Indigenous peoples: Territories and development in Amazonia and the Gran Chaco] (New York: Land is Life, 2019).

14. Matthew C. Hansen et al., "The Fate of Tropical Forest Fragments," *Science Advances* 6, no. 11 (March 2020): eaax8574.

15. "Quem São Os Zo'é," [Who are the Zo'é?] National Indian Foundation, accessed March 6, 2020.

16. Hansen et al., "The Fate of Tropical Forest Fragments."

17. Alexandra Y. Aikhenvald, *The Languages of the Amazon* (Oxford: Oxford University Press, 2015), 32–59.

18. Dixon and Aikhenvald, *The Amazonian Languages*, 1.

19. "On Language and Humanity: In Conversation With Noam Chomsky," *The MIT Press Reader* (blog), August 12, 2019.

20. Dixon and Aikhenvald, *The Amazonian Languages*, 1.

21. Aikhenvald, *The Languages of the Amazon*, 385.

22. Aikhenvald, *The Languages of the Amazon*, 169–170.

23. retell events in full dialogue: Aikhenvald, *The Languages of the Amazon*, 250–278.

24. Aikhenvald, *The Languages of the Amazon*, 108; Dixon and Aikhenvald, *The Amazonian Languages*, 354–355.

25. Jonathan Loh and David Harmon, *Biocultural Diversity: Threatened Species, Endangered Languages* (Zeist: WWF–Netherlands, 2014); "What Are the Largest Language Families?," Ethnologue, May 25, 2019; Diamond, "The Language Steamrollers."

26. "Gabon Languages," Ethnologue, accessed February 21, 2021; "Republic of the Congo Languages," Ethnologue, accessed February 21, 2021; "Democratic Republic of the Congo," Ethnologue.

27. Bahuchet, "Changing Language, Remaining Pygmy."

28. Fiona Maisels et al., "Devastating Decline of Forest Elephants in Central Africa," *PLOS ONE* 8, no. 3 (March 4, 2013): e59469.

29. "Scientists Find Elephant Memories May Hold Key to Survival," EurekAlert!, accessed March 27, 2020.

30. Nick Walker, "Mapping Indigenous Languages in Canada," *Canadian Geographic*, December 15, 2017.

31. Gary Holton, Jim Kerr, and Colin West, *Indigenous Peoples and Languages of Alaska*, map (Fairbanks: Alaska Native Language Center and University of Anchorage, 2011).

32. David Nathaniel Berger, *Indigenous World 2019* (Copenhagen: International Working Group for Indigenous Affairs, 2019).

33. "List of Larger Indigenous Peoples of Russia," in *Wikipedia*, February 22, 2020.

34. William Housty et al., "Grizzly Bear Monitoring by the Heiltsuk People as a Crucible for First Nation Conservation Practice," *Ecology and Society* 19, no. 2 (June 27, 2014).

35. Heiltsuk Tribal Council, "Decision of the Heiltsuk Dáduqvlá Committee Regarding the October 13, 2016 Nathan E. Stewart Spill" (Heiltsuk Tribal Council, 2018), 7.

第6章　森林守护者，支持原住民对森林的保护

1. Walker et al., "The Role of Forest Conversion, Degradation, and Disturbance."

2. "Constituição," accessed October 12, 2019.

3. "Resguardos Indígenas en la Amazonía y la Orinoquía" [Indigenous reserves in the Amazon and Orinoco basins], Territorio Indígena y Gobernanza.

4. Fa et al., "Importance of Indigenous Peoples' Lands."

5. Kathryn Baragwanath and Ella Bayi, "Collective Property Rights Reduce Deforestation in the Brazilian Amazon," *Proceedings of the National Academy of Sciences of the USA* 117, no. 34 (August 25, 2020): 20495-20502.

6. Mark Dowie, *The Haida Gwaii Lesson: A Strategic Playbook for Indigenous Sovereignty* (Oakland, CA: Inkshares, 2017), 114-115.

7. Dowie, *The Haida Gwaii Lesson*, 93.

8. Dowie, *The Haida Gwaii Lesson*, 116.

9. "Agreements with First Nations," January 17, 2019.

10. "Half the Yukon Now Covered by Staking Bans," *Yukon News*, February 3, 2017.

11. Heiltsuk Hemas and Heiltsuk Tribal Council, "Declaration of Heiltsuk Title and Rights," 2015.

12. Jason Proctor, "Court Overturns Northern Gateway Pipeline Approval," CBC, June 30, 2016.

13. Claus-M. Naske and Herman E. Slotnick, *Alaska: A History*, 3rd ed. (Norman: University of Oklahoma Press, 2011), 283-308.

14. Michael Grabell and Jennifer LaFleur, "What Are Alaska Native Corporations?," ProPublica, December 15, 2010; "Alaska Native Corporations," .

15. Dixie Dayo and Gary Kofinas, "Institutional Innovation in Less Than Ideal Conditions: Management of Commons by an Alaska Native Village Corporation," *International Journal of the Commons* 4, no. 1 (September 25, 2009): 142.

16. Thomas R. Berger, *Village Journey: The Report of the Alaska Native Review*

Commission (New York: Hill and Wang, 1985), 95.

17. Naske and Slotnick, *Alaska*, 39-48.

18. John F Richards and Ebooks Corporation, *The Unending Frontier: An Environmental History of the Early Modern World* (Berkeley: University of California Press, 2003), 538; Anna Reid, *The Shaman's Coat: A Native History of Siberia* (New York: Walker & Company, 2003), 48-49.

19. Sulyandziga and Sulyandziga, "Russian Federation: Indigenous Peoples and Land Rights."

20. Sulyandziga and Sulyandziga, "Russian Federation: Indigenous Peoples and Land Rights."

21. Jeremy Hance, "Happy Tigers: Siberian Population Continues to Grow," Mongabay, June 9, 2015.

22. OHCHR, "End of Mission Statement by the United Nations Special Rapporteur on the Rights of Indigenous Peoples, Victoria Tauli-Corpuz on Her Visit to the Republic of Congo,"; Ngambouk Vitalis Pemunta, "Fortress Conservation, Wildlife Legislation and the Baka Pygmies of Southeast Cameroon," *GeoJournal* 84, no. 4 (August 1, 2019): 1035-1055; Aili Pyhälä, Ana Osuna Orozco, and Simon Counsell, *Protected Areas in the Congo Basin: Failing Both People and Biodiversity?*, Under the Canopy series (London: Rainforest Foundation UK, 2016).

第 7 章　森林与实体经济，以森林为导向的经济政策

1. Partha Dasgupta, *The Economics of Biodiversity: The Dasgupta Review* (London: HM Treasury, February 2021), 300.

2. Chase D. Brownstein, "Caesar's Bestiary: Using Classical Accounts to Statistically Map Changes in the Large Mammal Fauna of Germany during the Pleistocene and Holocene," *Historical Biology*, October 10, 2018, 1-10.

3. N. Roberts et al., "Europe's Lost Forests: A Pollen-Based Synthesis for the Last 11,000

Years," *Scientific Reports* 8, no. 1 (December 2018): 716.

4. John Perlin, *A Forest Journey: The Role of Wood in the Development of Civilization* (New York: W.W. Norton, 1989), 125–127.

5. Roberts et al., "Europe's Lost Forests."

6. Warren Dean, *With Broadax and Firebrand: The Destruction of the Brazilian Atlantic Forest* (Berkeley: University of California Press, 2008), 45–50.

7. Dean, *With Broadax and Firebrand*.

8. L. Patricia C. Morellato and Célio F. B. Haddad, "Introduction: The Brazilian Atlantic Forest," *Biotropica* 32, no. 4b (2000): 786–792.

9. Jerry Jenkins and Andy Keal, *The Adirondack Atlas: A Geographic Portrait of the Adirondack Park* (Syracuse, NY: Syracuse University Press, Adirondack Museum, 2004), 100–101.

10. Perlin, *A Forest Journey*, 337.

11. Perlin, *A Forest Journey*, 355.

12. Douglas W. MacCleery, *American Forests: A History of Resiliency and Recovery*, FS-540 (Washington, DC: United States Department of Agriculture, Forest Service, 1992), 11.

13. Increase Allen Lapham, "Report on the Disastrous Effects of the Destruction of Forest Trees, Now Going On So Rapidly in the State of Wisconsin," 1867.

14. Coeli M. Hoover, William B. Leak, and Brian G. Keel, "Benchmark Carbon Stocks from Old-Growth Forests in Northern New England, USA," *Forest Ecology and Management* 266 (February 15, 2012): 108–114.

15. Jonathan R. Thompson et al., "Four Centuries of Change in Northeastern United States Forests," ed. Ben Bond-Lamberty, *PLOS ONE* 8, no. 9 (September 4, 2013): e72540.

16. "Landscape History of Central New England," Harvard Forest, accessed September 14, 2019.

17. MacCleery, *American Forests: A History of Resiliency and Recovery*, 3, 11.

18. Adam Smith, *The Wealth of Nations* (Blacksburg, VA: Thrifty Books, 1776), 423.

19. Dryw A. Jones and Kevin L. O'Hara, "Carbon Storage in Young Growth Coast Redwood Stands," in Richard Standiford et al., *Proceedings of Coast Redwood Forests in a Changing California: A Symposium for Scientists and Managers* (Albany, CA: Pacific Southwest Research Station, Forest Service, US Department of Agriculture, January 2012), 515–523; Stephen C. Sillett et al., "Allometric Equations for *Sequoia sempervirens* in Forests of Different Ages," *Forest Ecology and Management* 433 (February 15, 2019): 349–363.

20. Ella Koeze, "How the Economy Is Actually Doing, in 9 Charts," *New York Times*, December 17, 2020, sec. Business.

21. Michael J. Coren and Dan Kopf, "Once Again, a Pandemic Has Stoked Americans' Love for National Parks," Quartz, September 29, 2020, accessed January 4, 2021; Nathan Rott, " 'We Had To Get Out': Despite the Risks, Business Is Booming at National Parks," NPR.

22. Jason Shogren and Michael Toman, "How Much Climate Change Is Too Much? An Economics Perspective," Climate Change Issues Brief (Washington, DC: Resources for the Future, 2000); William D Nordhaus, "A Review of the Stern Review on the Economics of Climate Change," *Journal of Economic Literature* 45, no. 3 (September 2007): 686–702.

23. "Stern Review on the Economics of Climate Change," Final Report, accessed January 9, 2020.

24. Richard S. J. Tol and Gary W. Yohe, "A Review of the Stern Review," *World Economics* 7, no. 4 (2006): 19; Nordhaus, "A Review of the Stern Review on the Economics of Climate Change."

25. Robin McKie, "Nicholas Stern: Cost of Global Warming 'Is Worse than I Feared,' " *The Guardian*, November 6, 2016, sec. Environment.

26. Binyamin Appelbaum, *The Economists' Hour: False Prophets, Free Markets, and the Fracture of Society* (Boston: Little, Brown and Company, 2019), 185–214.

27. Elinor Ostrom, *Governing the Commons: The Evolution of Institutions for Collective*

Action, Canto Classics (Cambridge, UK: Cambridge University Press, 2015), 183–84.

28. Dasgupta, *The Economics of Biodiversity: The Dasgupta Review*, 487.

第 8 章　森林的价值，利用热带雨林的碳金融

1. Charles M. Peters, Alwyn H. Gentry, and Robert O. Mendelsohn, "Valuation of an Amazonian Rainforest," *Nature* 339, no. 6227 (June 1989): 655–656.

2. David P. Kreutzweiser, Paul W. Hazlett, and John M. Gunn, "Logging Impacts on the Biogeochemistry of Boreal Forest Soils and Nutrient Export to Aquatic Systems: A Review," *Environmental Reviews* 16, no. NA (December 2008): 157–179.

3. Kevin A. Baumert, Timothy Herzog, and Jonathan Pershing, *Navigating the Numbers: Greenhouse Gas Data and International Climate Policy* (Washington, DC: World Resources Institute, 2005).

4. Charles W. Schmidt, "Green Trees for Greenhouse Gases: A Fair Trade-Off?," *Environmental Health Perspectives* 109, no. 3 (2001).

5. Nicole R. Virgilio et al., "Reducing Emissions from Deforestation and Degradation (REDD): A Casebook of On-the-Ground Experience" (Arlington, VA: The Nature Conservancy, Conservation International, Wildlife Conservation Society, 2010), 11.

6. Jonah Busch et al., "Potential for Low-Cost Carbon Dioxide Removal through Tropical Reforestation," *Nature Climate Change* 9, no. 6 (June 2019): 463–466.

7. Amy E Duchelle et al., "REDD+: Lessons from National and Subnational Implementation," working paper, Ending Tropical Deforestation: A Stock-Take of Progress and Challenges (Washington, DC, 2018).

8. Seymour and Busch, *Why Forests?*, 365.

9. Márcio Santilli et al., "Tropical Deforestation and the Kyoto Protocol: An Editorial Essay," in *Tropical Deforestation and Climate Change*, ed. Paulo Moutinho and Stephan Schwartzman (Brasília, DF, Brazil; Washington, DC: Instituto de Pesquisa Ambiental da Amazônia; Environmental Defense Fund, 2005), 47–51.

10. Robert Stavins et al., "The US Sulphur Dioxide Cap and Trade Programme and Lessons for Climate Policy," *VoxEU.Org* (blog), August 12, 2012.

11. Seymour and Busch, *Why Forests?*, 368.

12. Seymour and Busch, *Why Forests?*, 384–87; Marigold Norman and Smita Nakhooda, "The State of REDD+ Finance," *SSRN Electronic Journal*, 2015.

13. Climate Focus, *Progress on the New York Declaration on Forests: Finance for Forests—Goals 8 and 9 Assessment Report* (Amsterdam: New York Declaration on Forest Assessment Partners, Climate and Land Use Alliance, 2017), 8.

14. Seymour and Busch, *Why Forests?*, 43; Bronson W. Griscom et al., "Natural Climate Solutions," *Proceedings of the National Academy of Sciences of the USA* 114, no. 44 (October 31, 2017): 11645–11650.

15. Bernardo Strassburg et al., "Reducing Emissions from Deforestation—The 'Combined Incentives' Mechanism and Empirical Simulations," *Global Environmental Change* 19, no. 2 (May 2009): 265–78; Jonah Busch et al., "Comparing Climate and Cost Impacts of Reference Levels for Reducing Emissions from Deforestation," *Environmental Research Letters* 4, no. 4 (October 2009): 044006.

16. Peter Howard and Derek Sylvan, *Expert Consensus on the Economics of Climate Change* (New York: New York University Institute for Policy Integrity, 2015).

17. Hannah Ritchie and Max Roser, "CO$_2$ and Greenhouse Gas Emissions," Our World in Data, May 11, 2017.

18. "Addendum to Letter of Intent between Gabon and CAFI Signed in 2017," September 22, 2019.

19. Gustavo A. B. da Fonseca et al., "No Forest Left Behind," *PLOS Biology* 5, no. 8 (August 14, 2007): e216.

20. David Strelneck and Thaís Vilela, *International Conservation Funding in the Amazon: An Updated Analysis* (Palo Alto, CA: Moore Foundation, Conservation Strategy Fund, 2017).

21. "Brazil's Federal Tax Revenue in 2019 Totals 1.537 Trillion Reais, +1.69% on Year—

Tax Agency," *Reuters*, January 23, 2020; Amazon Fund, *Fundo Amazônia: Relatório de Atividades 2019*, annual report (Brasília, DF, Brazil: Amazon Fund, 2020).

22. Cassie Flynn et al., *Peoples' Climate Vote* (New York: UN Development Program and Oxford University, 2021), 39.

23. "Mapbiomas Brasil," accessed July 27, 2020.

第 9 章 属于人们的森林，增设森林保护区

1. Weiner, *A Little Corner of Freedom*, 28.

2. Vladimir Krever, Mikhail Stishov, and Irina Onufrenya, *National Protected Areas of the Russian Federation: Gap Analysis and Perspective Framework* (Moscow: World Wildlife Fund-Russia, 2009).

3. Weiner, *A Little Corner of Freedom*, 1-5.

4. "National Parks of Russia," in *Wikipedia*, December 23, 2020.

5. "Protected Area Categories," IUCN, May 27, 2016.

6. Aldo Leopold, *A Sand County Almanac, and Sketches Here and There* (New York: Oxford University Press, 1949), 201-207.

7. Jerome Lewis, "Forest Hunter-Gatherers and Their World: A Study of the Mbendjele Yaka Pygmies of Congo-Brazzaville and Their Secular and Religious Activities and Representations" (PhD thesis, London School of Economics and Political Science, 2002); Bahuchet, "Changing Language, Remaining Pygmy."

8. Beehler, *New Guinea*, 33-34.

9. Vladimir V. Pitulko et al., "Early Human Presence in the Arctic: Evidence from 45,000-Year-Old Mammoth Remains," *Science* 351, no. 6270 (January 15, 2016): 260-263.

10. Ciprian F. Ardelean et al., "Evidence of Human Occupation in Mexico around the Last Glacial Maximum," *Nature* 584, no. 7819 (August 2020): 87-92.

11. Roderick Frazier Nash, *Wilderness and the American Mind*, 5th ed. (New Haven: Yale University Press, 2014), 96-121.

12. "Associated Tribes—Yellowstone National Park," US National Park Service, accessed July 29, 2020.

13. Environment and Climate Change Canada, "First New Indigenous Protected Area in Canada: Edéhzhíe Protected Area," backgrounders, gcnws, October 11, 2018.

14. Radio Canada International, "New Indigenous Protected Area Created in the Northwest Territories," Radio Canada International.

15. Ross River Dena Council, *An Indigenous Protected Area in the Ross River Dena Territory in the Yukon*, request for funding from the Canada Nature Fund (Ross River, YT, Canada: Ross River Dena Council, August, 2018).

16. P. Jepson and R. J. Whittaker, "Histories of Protected Areas: Internationalisation of Conservationist Values and Their Adoption in the Netherlands Indies (Indonesia)," *Environment and History* 8, no. 2 (May 1, 2002): 129-172.

17. David Morales-Hidalgo, Sonja N. Oswalt, and E. Somanathan, "Status and Trends in Global Primary Forest, Protected Areas, and Areas Designated for Conservation of Biodiversity from the Global Forest Resources Assessment 2015," *Forest Ecology and Management* 352 (September 2015): 68-77.

18. Ane Alencar et al., *O fogo e o desmatamento em 2019 e o que vem em 2020* [Fire and deforestation in 2019 and what lies ahead in 2020], Nota Técnica no. 3 (Brasília, DF, Brazil: Amazon Environmental Research Institute, April 2020).

19. *Global Forest Resource Assessment 2020*, www.fao.org, accessed August 8, 2020.

20. Potapov et al., "The Last Frontiers of Wilderness."

21. B. Soares-Filho et al., "Role of Brazilian Amazon Protected Areas in Climate Change Mitigation," *Proceedings of the National Academy of Sciences of the USA* 107, no. 24 (June 15, 2010): 10821-10826.

22. Nolte et al., "Governance Regime and Location Influence."

23. Richard Damania and David Wheeler, *Road Improvement and Deforestation in the Congo Basin Countries*, Policy Research Working Papers (Washington, DC: The World Bank, 2015).

24. United Nations Convention on Biological Diversity, "Zero Draft of the Post-2020 Global Biodiversity Framework" (United Nations, January 6, 2020).

25. Janeth Lessmann et al., "Cost-Effective Protection of Biodiversity in the Western Amazon," *Biological Conservation* 235 (July 2019): 250–259.

26. "Global Pet Food Sales 2019," Statista, accessed March 29, 2021.

27. World Bank, "GDP (Current US$)" data, accessed February 18, 2021.

28. Edward O. Wilson, *Half-Earth: Our Planet's Fight for Life* (New York: Liveright Publishing, a division of W. W. Norton, 2016).

29. Judith Schleicher et al., "Protecting Half of the Planet Could Directly Affect Over One Billion People," *Nature Sustainability* 2, no. 12 (December 2019): 1094–1096.

第 10 章　少修一些路，无路化是巨型森林生存的核心

1. Pierre L. Ibisch et al., "A Global Map of Roadless Areas and Their Conservation Status," *Science* 354, no. 6318 (December 16, 2016): 1423–27; personal communication from Pierre Ibisch and Monika Hoffman with updated roadless area figures (December 31, 2019).

2. Gorman, "Is This the World's Most Diverse National Park?"

3. Theodore A. Parker III and Brent Baily, eds., *A Biological Assessment of the Alto Madidi Region and Adjacent Areas of Northwest Bolivia, May 18 –June 15, 1990*, Rapid Assessment Working Papers (Washington, DC: Conservation International, 1991), 9.

4. "Marcha para o Oeste" [Westward march], in *Wikipédia, a enciclopédia livre*, June 5, 2020.

5. Christopher P. Barber et al., "Roads, Deforestation, and the Mitigating Effect of Protected Areas in the Amazon," *Biological Conservation* 177 (September 1, 2014): 203–209.

6. "IIRSA 2000–2010," accessed January 9, 2021.

7. Damania and Wheeler, *Road Improvement and Deforestation*.

8. Laporte et al., "Expansion of Industrial Logging in Central Africa," *Science* 316, no. 5830 (June 2007): 1451.

9. Stephen Blake et al., "Roadless Wilderness Area Determines Forest Elephant Movements in the Congo Basin," *PLOS ONE* 3, no. 10 (October 28, 2008): e3546.

10. Stephen Blake et al., "Forest Elephant Crisis in the Congo Basin," *PLOS Biology* 5, no. 4 (April 3, 2007): e111.

11. Chris J. Johnson et al., "Growth-Inducing Infrastructure Represents Transformative yet Ignored Keystone Environmental Decisions," *Conservation Letters* 13, no. 2 (2020): e12696.

12. Connors, *Fire Season*, 128.

13. Nash, *Wilderness and the American Mind*, 206.

14. "Special Areas; Roadless Area Conservation," Federal Register, January 12, 2001.

15. "Special Areas; Roadless Area Conservation."

16. James Strittholt et al., *Mapping Undisturbed Landscapes in Alaska*, Overview Report (Washington, DC: Conservation Biology Institute, Global Forest Watch, World Resources Institute, 2006).

17. Mike Dombeck, "Turning Back the Clock on Protecting Alaska's Wild Lands," *New York Times*, March 13, 2018, sec. Opinion.

18. "Cotapata National Park and Integrated Management Natural Area," accessed May 27, 2021.

19. John Reid, *Two Roads and a Lake: An Economic Analysis of Infrastructure Development in the Beni River Watershed / Dos Caminos y Un Lago: Análisis Económico Del Desarrollo de Infraestructura En La Cuenca Del Río Beni* (Philo, CA: Conservation Strategy Fund, 1999).

20. Leonardo C. Fleck, Lilian Painter, and Marcos Amend, *Carreteras y áreas protegidas: Un análisis económico integrado de proyectos en el norte de la Amazonía Boliviana* [Roads and protected areas: An integrated economic analysis of projects in the northern Bolivian Amazon], Technical Series no. 12 (La Paz, Bolivia: Conservation Strategy

Fund, 2007), 51.

21. Thais Vilela et al., "A Better Amazon Road Network for People and the Environment," *Proceedings of the National Academy of Sciences of the USA* 117, no. 13 (March 2020): 7095–7102.

22. Damania and Wheeler, *Road Improvement and Deforestation*; Alamgir et al., "Infrastructure Expansion Challenges Sustainable Development in Papua New Guinea."

23. William F. Laurance et al., "A Global Strategy for Road Building," *Nature* 513, no. 7517 (September 2014): 229–232.

24. "Tremarctos Colombia," accessed May 24, 2020.

25. Leonardo C. Fleck, *Eficiência Econômica, Riscos e Custos Ambientais da Reconstrução da Rodovia BR-319* [Economic efficiency, risks and environmental costs of rebuilding the BR-319 highway], Technical Series no. 17 (Lagoa Santa, MG, Brazil: Conservation Strategy Fund, 2009), 55–59.

26. Slaght, *Owls of the Eastern Ice*, 134–136.

27. Government of Canada, Indigenous and Northern Affairs Canada, "How Nutrition North Canada Works," organizational description; promotional material, November 9, 2014.

28. "Subsídios restritos à Amazônia Legal—Negócios— Diário do Nordeste" [Subsidies restricted to the legal Amazon—business section—Diário do Nordeste], accessed August 24, 2020.

第 11 章　促进森林景观恢复，让自然再生

1. Richard Hansen, "The Beginning of the End: Conspicuous Consumption and Environmental Impact of the Preclassic Lowland Maya," in *An Archaeological Legacy: Essays in Honor of Ray T. Matheny*, ed. Deanne G. Matheny, Joel C. Janetski, and Glenna Nielsen (Provo, UT: Museum of Peoples and Cultures, Brigham Young

University, 2012), 263.

2. Busch et al., "Potential for Low-Cost Carbon Dioxide Removal through Tropical Reforestation."

3. Karl-Heinz Erb et al., "Unexpectedly Large Impact of Forest Management and Grazing on Global Vegetation Biomass," *Nature* 553, no. 7686 (January 2018): 73–76.

4. "The Challenge," Bonn Challenge, accessed March 29, 2020.

5. Radhika Dave et al., *Second Bonn Challenge Progress Report: Application of the Barometer in 2018* (Gland, Switzerland: International Union for Conservation of Nature, 2019).

6. T. E. Reimchen et al., "Isotopic Evidence for Enrichment of Salmon-Derived Nutrients in Vegetation, Soil, and Insects in Riparian Zones in Coastal British Columbia," paper presented at the American Fisheries Society Symposium, 2002, 12; Anna Kusmer, "There's Something Fishy about These Trees | Deep Look," KQED.

7. Simon L. Lewis et al., "Restoring Natural Forests Is the Best Way to Remove Atmospheric Carbon," *Nature* 568, no. 7750 (April 2019).

8. Pedro H. S. Brancalion et al., "Global Restoration Opportunities in Tropical Rainforest Landscapes," *Science Advances* 5, no. 7 (July 2019): eaav3223.

9. Cláudio Aparecido de Almeida et al., "High Spatial Resolution Land Use and Land Cover Mapping of the Brazilian Legal Amazon in 2008 Using Landsat-5/TM and MODIS Data," *Acta Amazonica* 46, no. 3 (September 2016): 291–302.

10. IG Último Segundo (with information from the Globo Agency), "Na contramão do país, abertura de pastagens cresce na Amazônia, diz MapBiomas," [Headed in the opposite direction from the rest of the country, clearing for pastures increases in the Amazon according to MapBiomas], Último Segundo, August 29, 2019.

11. P. P. J. van der Tol et al., "The Vertical Ground Reaction Force and the Pressure Distribution on the Claws of Dairy Cows While Walking on a Flat Substrate," *Journal of Dairy Science* 86, no. 9 (September 2003): 2875–2883.

12. "Ground Pressure," in *Wikipedia*, December 19, 2019.

13. Roberto Kishinami et al., *Quanto o Brasil precisa investir para recuperar 12 milhões*

de hectares de floresta? [How much does Brazil need to invest to restore 12 million hectares of forest?] (São Paulo, SP, Brazil: Instituto Escolhas, 2016).

14. Paulo Monteiro Brando et al., "Abrupt Increases in Amazonian Tree Mortality Due to Drought-Fire Interactions," *Proceedings of the National Academy of Sciences of the USA* 111, no. 17 (April 29, 2014): 6347-6352.

15. "A Complex Prairie Ecosystem—Tallgrass Prairie National Preserve (US National Park Service)," 2018.

16. Claudia Azevedo-Ramos and Paulo Moutinho, "No Man's Land in the Brazilian Amazon: Could Undesignated Public Forests Slow Amazon Deforestation?," *Land Use Policy* 73 (April 2018): 125-127.

17. "Undesirable Russian Forest," accessed March 29, 2020.

18. Lisa Friedman, "A Trillion Trees: How One Idea Triumphed Over Trump's Climate Denialism," *New York Times*, February 12, 2020, sec. Climate.

19. "One Trillion Trees—Uniting the World to Save Forests and Climate," World Economic Forum, accessed April 11, 2020.

20. Jean-Francois Bastin et al., "The Global Tree Restoration Potential," *Science* 365, no. 6448 (July 5, 2019): 76-79.

21. "Global Forest Resource Assessment 2020," xii, 15; Food and Agriculture Organization of the United Nations, *Global Forest Resources Assessment 2015*, Desk Reference (Rome, 2015), 3.

22. Theodore Schleifer, "Marc Benioff Picks a New Fight with Silicon Valley—Over Trees," Vox, January 21, 2020.

结　语　守护人类未来，一份来自森林的邀约

1. Kazuhiro Sumitomo et al., "Conifer-Derived Monoterpenes and Forest Walking," *Mass Spectrometry* 4, no. 1 (2015): A0042.

未来，属于终身学习者

我这辈子遇到的聪明人（来自各行各业的聪明人）没有不每天阅读的——没有，一个都没有。巴菲特读书之多，我读书之多，可能会让你感到吃惊。孩子们都笑话我。他们觉得我是一本长了两条腿的书。

——查理·芒格

互联网改变了信息连接的方式；指数型技术在迅速颠覆着现有的商业世界；人工智能已经开始抢占人类的工作岗位……

未来，到底需要什么样的人才？

改变命运唯一的策略是你要变成终身学习者。未来世界将不再需要单一的技能型人才，而是需要具备完善的知识结构、极强逻辑思考力和高感知力的复合型人才。优秀的人往往通过阅读建立足够强大的抽象思维能力，获得异于众人的思考和整合能力。未来，将属于终身学习者！而阅读必定和终身学习形影不离。

很多人读书，追求的是干货，寻求的是立刻行之有效的解决方案。其实这是一种留在舒适区的阅读方法。在这个充满不确定性的年代，答案不会简单地出现在书里，因为生活根本就没有标准确切的答案，你也不能期望过去的经验能解决未来的问题。

而真正的阅读，应该在书中与智者同行思考，借他们的视角看到世界的多元性，提出比答案更重要的好问题，在不确定的时代中领先起跑。

湛庐阅读App：与最聪明的人共同进化

有人常常把成本支出的焦点放在书价上，把读完一本书当作阅读的终结。其实不然。

时间是读者付出的最大阅读成本

怎么读是读者面临的最大阅读障碍

"读书破万卷"不仅仅在"万"，更重要的是在"破"！

现在，我们构建了全新的"湛庐阅读"App。它将成为你"破万卷"的新居所。在这里：

● 不用考虑读什么，你可以便捷找到纸书、电子书、有声书和各种声音产品；

● 你可以学会怎么读，你将发现集泛读、通读、精读于一体的阅读解决方案；

● 你会与作者、译者、专家、推荐人和阅读教练相遇，他们是优质思想的发源地；

● 你会与优秀的读者和终身学习者为伍，他们对阅读和学习有着持久的热情和源源不绝的内驱力。

下载湛庐阅读 App，

坚持亲自阅读，

有声书、电子书、阅读服务，

一站获得。

CHEERS

本书阅读资料包

给你便捷、高效、全面的阅读体验

本书参考资料

- ☑ **参考文献**
  为了环保、节约纸张，部分图书的参考文献以电子版方式提供

- ☑ **主题书单**
  编辑精心推荐的延伸阅读书单，助你开启主题式阅读

- ☑ **图片资料**
  提供部分图片的高清彩色原版大图，方便保存和分享

相关阅读服务

- ☑ **电子书**
  便捷、高效，方便检索，易于携带，随时更新

- ☑ **有声书**
  保护视力，随时随地，有温度、有情感地听本书

- ☑ **精读班**
  2~4周，最懂这本书的人带你读完、读懂、读透这本好书

- ☑ **课　程**
  课程权威专家给你开书单，带你快速浏览一个领域的知识概貌

- ☑ **讲　书**
  30分钟，大咖给你讲本书，让你挑书不费劲

湛庐编辑为你独家呈现
助你更好获得书里和书外的思想和智慧，请扫码查收！

(阅读资料包的内容因书而异，最终以湛庐阅读App页面为准)

著作权合同登记号 图字：11-2023-074
Ever Green by John W. Reid and Thomas E. Lovejoy
Copyright © 2022 by John W. Reid and Thomas E. Lovejoy
Published by arrangement with Aevitas Creative Management, through The Grayhawk Agency Ltd.
All rights reserved.

图书在版编目（CIP）数据

地球之肺与人类未来 /（美）约翰·里德，（美）托马斯·洛夫乔伊著；王志彤译 . — 杭州：浙江科学技术出版社，2023.4
书名原文：Ever Green
ISBN 978-7-5739-0569-7

Ⅰ.①地… Ⅱ.①约… ②托… ③王… Ⅲ.①森林—普及读物 Ⅳ.① S7-49

中国国家版本馆 CIP 数据核字（2023）第 048071 号

书　　名　地球之肺与人类未来
著　　者　[美]约翰·里德　[美]托马斯·洛夫乔伊
译　　者　王志彤

出版发行　浙江科学技术出版社
　　　　　地址：杭州市体育场路 347 号　邮政编码：310006
　　　　　办公室电话：0571-85176593
　　　　　销售部电话：0571-85062597
　　　　　网址：www.zkpress.com
　　　　　E-mail:zkpress@zkpress.com
印　　刷　唐山富达印务有限公司

开　　本　710×965　1/16　　　　印　　张　21.75
字　　数　287 000
版　　次　2023 年 4 月第 1 版　　　印　　次　2023 年 4 月第 1 次印刷
书　　号　ISBN 978-7-5739-0569-7　　定　　价　119.90 元

责任编辑　刘雯静　　　　　　　　**责任美编**　金　晖
责任校对　李亚学　　　　　　　　**责任印务**　田　文